普通高等教育精品系列教材

U0169613

结构有限元教程

郭空明　徐亚兰
师　阳　崔明涛　编著

西安电子科技大学出版社

内 容 简 介

本书是为工科学生编写的一本利用有限元方法进行结构分析的教材。本书内容覆盖面广，主要包括静力学、稳定性和动力学三大部分，其中静力学部分基本涵盖了常用的结构单元。书中还给出了丰富的ANSYS算例和一些MATLAB程序。

本书可作为机械、土木、航天、航空、船舶等专业本科生的有限元分析教材或参考书。

图书在版编目(CIP)数据

结构有限元教程 / 郭空明等编著. —西安：西安电子科技大学出版社，2022.8
ISBN 978-7-5606-6491-0

Ⅰ. ①结… Ⅱ. ①郭… Ⅲ. ①有限元法—高等学校—教材 Ⅳ. ①O241.82

中国版本图书馆CIP数据核字(2022)第084194号

策　　划　戚文艳
责任编辑　杨　薇
出版发行　西安电子科技大学出版社(西安市太白南路2号)
电　　话　(029)88202421　88201467　　邮　　编　710071
网　　址　www.xduph.com　　电子邮箱　xdupfxb001@163.com
经　　销　新华书店
印刷单位　陕西天意印务有限责任公司
版　　次　2022年8月第1版　　2022年8月第1次印刷
开　　本　787毫米×1092毫米　1/16　　印张　10
字　　数　233千字
印　　数　1～2000册
定　　价　25.00元
ISBN 978-7-5606-6491-0/O

XDUP　6793001-1

***** **如有印装问题可调换** *****

— 序 —

有限元方法发展至今已成为一种具有普适性的偏微分方程求解方法，可在统一的方法框架下对科学和工程领域中不同类型的偏微分方程进行分析和求解。有限元方法思想的提出、理论研究的深入以及算法的发展，一方面极大地促进了计算作为现代科学研究三大手段之一的观念的形成，另一方面，也极大地推动了计算机辅助工程(CAE)产业的形成。有限元方法作为数值方法已发展出了专门的软件，用以求解不同类型和边界条件的偏微分方程，另外，众多专门的 CAE 软件也已在工业领域中广泛应用，成为不可或缺的分析工具。

有限元方法的思想是基于最小势能原理和里茨法在 20 世纪 40 年代产生的，并随电子计算机的诞生和应用，于 20 世纪 50 年代在结构分析中付诸实现。可以看到：一方面，经典力学两百多年的发展为有限元方法的提出奠定了理论基础，一是给出了刻画宏观物体机械运动规律的力学变分原理，二是建立了分析固体和流体的连续介质力学；另一方面，计算机及算法软件技术的发展则为有限元方法的实现提供了技术基础。高性能计算机、并行计算和 GPU 技术极大地提高了计算效率，从而大幅提升了有限元方法的求解速度和精度，扩展了其应用领域，使得开展深入的基础研究和大规模的工程计算成为可能。

进入 21 世纪后，众多国家意识到计算科学的重要性，并将其视为 21 世纪最重要的技术领域之一，提升至科技领导地位和国家关键竞争力的高度。鉴于有限元方法的提出、发展和广泛深入的应用对计算科学这一新领域形成的关键作用，以及有限元方法在广泛工程领域中成为不可或缺的设计和分析工具的现实，在高等学校的工科专业中开设有限元方法的课程是非常必要的。毋庸置疑，有限元方法的学习不仅可以培养学生综合应用力学理论进行数值计算、编制程序、使用软件和计算机等的能力，还能提升学生自主学习、动手解决实际问题的能力，是培养学生探索精神和增强创新能力的重要手段。

西安电子科技大学郭空明博士等教师结合多年来有限元方法的教学经验，特别是针对工科学生特点和需求，编写了这本《结构有限元教程》。本书内容浅显易懂，实践性强，在内容的编排上既有侧重和简略，又不失全面性，有助于学生掌握有限元方法的精髓，从而提高学生的软件应用能力和解决实际问题的能力。

期望本书的出版能够帮助学生更好地了解有限元方法的思想和相关力学原理，帮助学生掌握有限元方法和相关软件并切实应用于实际结构的分析，为我国高等学校有限元方法的教学发展提供有益的参考。

西安交通大学教授 王铁军

2022 年 4 月 5 日于西安

—前　言—

有限元方法是目前工程中求解场问题的重要方法。在结构分析领域，有限元方法是目前最主流的求解手段。正因如此，有限元方法被大部分高校的力学、土木工程、机械工程等本科专业列为必修课程或核心选修课程。然而，有限元方法在理论上具有较高的难度，也是本科生普遍反映比较难学的课程之一，因此，作者结合多年从教积累，编写了这本浅显易懂的、适合本科生学习和自学的结构分析有限元教材。

本书具有以下特点：

(1) 通俗易懂。在结构问题的处理上，本书回避了加权余量法，采用更易理解的最小势能原理。另外在许多环节上，为了使学生更容易看懂，舍弃了一定的数学严谨性，行文也力求浅显易懂。

(2) 内容全面。虽然本书篇幅不大，但由于各内容有详略的区分，因此内容相对全面，除静力学之外，还包含稳定性和动力学的内容。

(3) 实践性强。除了理论知识外，书中有大量ANSYS算例，对于桁架、平面三角形以及模态分析问题，还附上了MATLAB程序代码。

为了方便阅读，在此说明，本书中用“矢量”一词表示三维或二维物理空间中有大小、有方向的量，而用“向量”一词表示线性代数中的列矩阵。另外，为了节省篇幅，对于上文已出现过的ANSYS操作，略去了其详细实现过程，没有ANSYS基础的读者，建议逐一学习本书中的ANSYS算例。

本书得到西安电子科技大学教材基金资助(BB2116)。本书的编写参考了许多同行的著作，在此表示感谢。特别感谢西安交通大学江俊教授为本书作序。书中的一些插图由硕士生耿伟娟绘制，在此一并表示感谢。

由于本人水平有限，书中难免存在疏漏和不妥之处，敬请批评指正，邮箱：kmguo@xidian. edu. cn。

最后以一首打油小诗结束前言：

小小有限元，竟有大神通。
上可搞火箭，下可做潜艇。
引领科学路，助力大工程。
愿以此小书，奉献涓埃功。

郭空明

2022年1月

—目　录—

第 1 章　绪　　论

1.1　场问题

工程实际和学术研究中的许多问题都需要求解给定区域内分布的物理量，这类问题称为场问题。例如求解给定区域内任一点的温度，或者给定区域内任一点的流速。由于温度是标量，因此温度场是标量场，而速度场是矢量场。

不同的场遵循其相应的物理规律。物理规律一般用各种方程来描述，这些方程称为控制方程。常见的方程种类有代数方程、积分方程和微分方程，其中微分方程最为常见。对于场问题而言，物理量一般是 x、y、z 三个空间坐标变量的函数，如果物理量随时间变化，还要多一个变量 t，因此场问题的微分方程一般都是偏微分方程。例如流体力学中的纳维-斯托克斯(Navier-Stokes equations)方程就是一个著名的偏微分方程。而材料力学中的梁的挠曲线方程，虽然是场问题，但是只有一个变量 x，故是一维场问题，此时偏微分方程简化为常微分方程。

相同类型的物理问题，其控制方程的形式是相同的。对于相同类型的不同具体问题，物理参数会有所不同，如流体的密度、黏性，固体的弹性模量等。而对解影响更大的是边界条件的差异，边界条件可以理解为区域边界上的受力、约束等。例如材料力学中梁挠度的微分方程，在受力和约束不一样时，挠度的具体表达式自然也不一样。对于流体力学中的纳维-斯托克斯方程，我们学过两种简单的情形，即泊肃叶(Poiseuille)流和库埃特(Couette)流，这两类流场的边界条件不同，因此，虽然微分方程相同，但流场的具体表达式却不一样。

前面列举的梁的挠度方程、泊肃叶流和库埃特流中，待求区域的形状较为简单，相应的边界条件也较为简单，因此可以获得场问题的精确表达式。但是对于许多工程实际问题，待求区域的形状比较复杂，只能求出物理量的近似数值解。结构有限元主要研究位移、应力、应变在给定固体结构中的分布。材料力学的研究对象是细长的杆状物体。结构力学主要研究桁架和刚架结构。但如果要对形状更具有一般性的物体进行强度、刚度、稳定性的研究，就需要以弹性力学的知识为基础。与材料力学相比，弹性力学的研究对象更具有一般性，所做出的假设更少，但对于形状复杂的物体，仍需要采用数值方法。

目前，偏微分方程的数值方法有差分法、有限元法、有限体积法、无网格法、水平集法、区域分解法、谱方法等。针对特定的问题还有无限元法和边界元法。其中差分法是一种经典的求解方法，该方法将微分方程离散为差分方程进行求解，一般采用结构化网格，结构化网格的数学定义略显复杂，简单来说就是有明显规律的网格，例如二维区域的矩形网格和三维区域的正六面体网格。差分法由于采用了结构化网格，导致对复杂边界的适应性不好。而有限体积法和有限元法由于采用了非结构化网格，因此对复杂区域的适应性更好。有限体积法有明确的物理意义，体现了控制体内物理量的守恒，目前是求解流体力学问题的主流数值方法。而有限元方法最经典的应用领域就是结构力学和固体力学领域，后来又扩展到求解其他场问题，如电磁场、温度场、流场等。

1.2 结构分析

结构分析指的是对结构的力学分析。本书中将承受载荷的物体或物体系称为结构。例如桥梁的作用就是承受载荷，而雷达天线虽然不是用来受载，但其在工作环境中也会受到风载、温度等各种载荷的影响。

按几何形状分类，结构可以分为以下几类：

(1) 杆系结构：主要是指杆和梁，杆和梁的特点是一个方向(长度方向)的尺寸远大于另外两个方向。传统结构力学课程中的结构通常指杆系结构。

(2) 薄壁结构：其几何特征是一个方向(厚度方向)的尺寸远小于另外两个方向，如板和壳。天线结构的面板就是典型的薄壁结构。

(3) 实体结构：指三个方向尺寸相近的结构，如一些大型天线座的混凝土基座。

许多复杂的实际结构都可以看作这三种基本类型的组合。

结构分析的主要任务是研究结构的强度、刚度和稳定性。结构力学根据其研究性质和对象的不同分为结构静力学、结构动力学、结构稳定性理论等。

结构静力学是结构力学中首先发展起来的分支，它主要研究工程结构在静载荷作用下的变形和应力状态。静载荷是指不随时间变化的外加载荷。而随时间变化较慢的载荷，也可近似地看作静载荷。结构静力学是结构力学其他分支学科的基础。

结构动力学是研究工程结构在动载荷作用下的响应和特性的分支学科。动载荷是指随时间而改变的载荷，此时由结构加速度导致的惯性力不可忽略。在动载荷作用下，结构的位移、应力、应变也都是时间的函数。结构动力学分析类型包括模态分析、谐响应分析、时间历程分析、随机响应分析等。

结构稳定性理论是材料力学中压杆稳定性理论的延续。现代工程中大量使用细长杆件和薄壁结构，其在不受纵向(指沿着杆轴线或者平行于板面)的压力时，可以承受横向(指垂直于杆轴线或者板面)的载荷。但受纵向压力过大时会发生失稳(又称为屈曲)，此时结构未受力时的平衡位置不再稳定，从而降低以至完全丧失对横向载荷的承载能力。结构稳定性理论中最重要的内容是确定结构的失稳临界载荷，保证结构的直线平衡状态、平面平衡状态是稳定的。

正如前文所述，目前除了形状较为简单的结构外，结构分析的主要手段是有限元方法。在一种新型产品实现之前，需要使用 CAE(Computer Aided Engineering)对产品的数字化模型进行仿真以确定其是否满足性能的要求。不过，对于一般的民用领域，各类产品的设计已有明确的标准，或者产品的力学性能的要求不高(如手机壳)，因此结构分析在这些领域并不起到至关重要的作用。而对于复杂和极端工况下的力学问题，尤其在一些关键的核心技术与设备方面，结构分析就显得尤为重要了。例如，雷达天线反射面对精度要求很高，也要求结构必须具有足够的刚度；在航空航天领域，新结构必须要满足复杂工况下的力学性能，同时也要保障其他方面的性能并兼顾成本。

1.3　有限元基本思想

有限元法(finite element method)，全称是有限单元法或者有限元素法，其基本思想之一，就是把一个区域人为地进行**网格**(mesh)划分，将其分割成有限个**单元**(element)，用这有限个容易分析的单元来表示复杂的对象，单元与单元之间通过有限个**结点**(node)相互连接。图 1-1 给出了将一个区域分割为三角形单元的示意图，由于区域是曲线边界，因此这种分割是近似的。

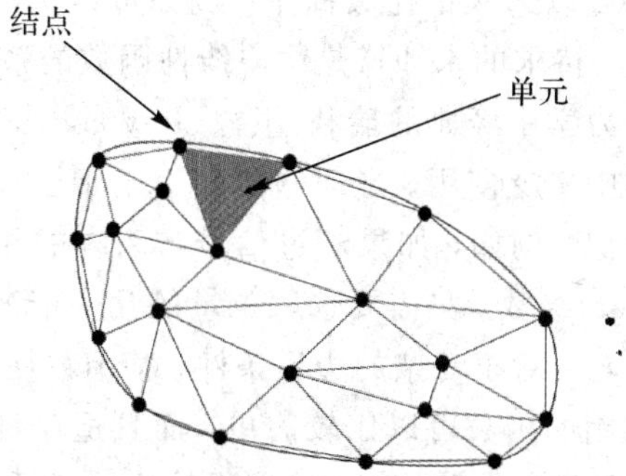

图 1-1　有限元法中的单元与结点

因为采用的单元数量有限，故这种方法称为有限元法。注意，在有限元模型中，相邻单元的作用通过结点传递，而单元边界是不传递力的。这是有限元数学模型与实际结构的重要区别。图 1-2 给出了两种 3 结点三角形单元的连接。左图中，三角形单元的连接是正确的。而右图的连接是不正确的，两个三角形单元虽然看起来有一部分公共边，但没有公共结点，也就是说其实根本就没有形成连接。

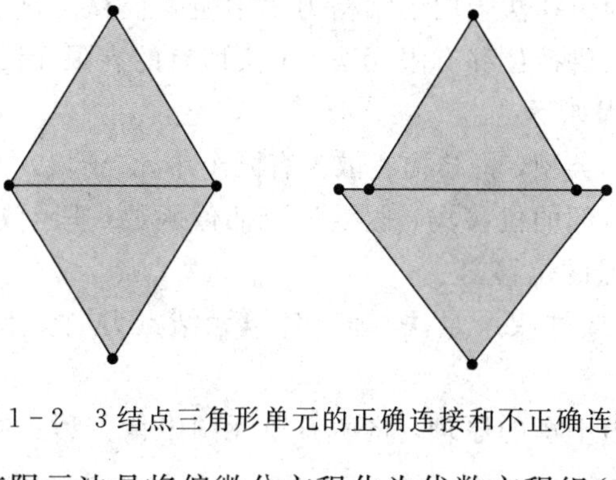

图 1-2　3 结点三角形单元的正确连接和不正确连接

从数学的角度看，有限元法是将偏微分方程化为代数方程组(对于含时间变量的问题，如振动问题，则化为常微分方程组，变量仍为时间)进行求解。目前对于大型代数方程组的计算方法已比较成熟，因此可以快速地计算出结果。

有限元法的另一个重要思想是采用分片插值，或者称为离散逼近。其中的"片"也就是单元。例如，考虑一个定义在[0, L]区间上的待求函数 $f(x)$，一种传统的方法是全域逼近，采用一系列光滑的基函数 $\varphi_i(x)$ 来逼近，其中每一个基函数都定义在整个[0，L]区间上(不分片)，通常还要求每一个基函数都满足与待求函数相同的边界条件，即

$$\varphi_i(0) = f(0),\quad \varphi_i(L) = f(L) \tag{1-1}$$

将待求函数 $f(x)$ 表示为这 n 个基函数的加权和：

$$f(x) = \sum_{i=1}^{n} c_i \varphi_i(x) \tag{1-2}$$

其中 c_i 为权系数。利用相应的极值原理，如第 2 章将要讲述的最小势能原理，可以确定权系数，进而得到待求函数的近似表达式。

而如果将[0，L]区间划分为 n 个子域，每个子域定义一个函数用来逼近待求函数 $f(x)$，则子域上的函数就可以选取得比较简单，例如可以选取线性函数 $a+bx$。这样做其实就是用折线来逼近曲线。待求的未知量是每段线性函数的系数 a 和 b。

全域逼近的方法就是力学中经典的瑞利-里兹(Rayleigh-Ritz)方法，该方法在梁、板结构的静力学和动力学分析中广泛使用。当问题的解适用于全域逼近时，只需要少量几个基函数就可以得到很好的近似。例如，如果学过信号与系统的相关知识的话，一定知道对于方波信号的傅里叶(Fourier)级数，只需要选取少量的几个谐波便有较好的逼近精度。但基函数的选取需要一定的技巧。对于复杂的边界条件，基函数往往难以选取。

而子域逼近的方法采用的函数可以比较简单，而且适应性更好。缺点是由于采用的函数较为简单，因此需要将区间大量分片，才能取得较好的逼近精度。而分片越多，要求的待定系数就越多。

全域方法由于不需要太多基函数，计算量较小，因此早期在简单结构的分析中广为应用。但随着计算机技术的飞速发展，子域逼近方法的计算量过大已不再成为障碍。有限元法就是基于子域逼近的方法，其中的单元就是子域。

根据待求物理量的不同，有限元法分为位移法和力法两大基本类型。其中位移法以结点位移为待求物理量，求出结点位移后再求解应变、应力。力法以结点力为待求物理量。材料力学中的方法，都是先求内力，再求应力，然后求应变、位移。不过目前有限元法主要使用的是位移法，这是因为位移法吸取了结构力学中矩阵位移法这一强大工具，便于计算机进行规范化求解。本书只讲授位移有限元法，下文所有的有限元法均指的是位移有限元法。

有限元法的基本流程如下：

(1) 确定采用的单元类型，将结构离散为有限个单元(子域)。

(2) 对单元(子域)内部的位移场，假设一个插值函数(基函数)，用单元结点的位移插值表示单元内部任何一点的位移。

(3) 根据能量原理(或加权余量法)确定各单元结点力向量和结点位移向量之间的关系，即单元平衡方程。

(4) 根据各结点受力平衡的原理，将所有单元的平衡方程进行组装，得到结构整体的平衡方程。

(5) 施加边界条件，将外载荷等效到结点上，求解整体平衡方程，得到每个结点的位移。

(6) 再回到每个单元，根据插值函数以及几何方程、物理方程，求解任一点的应力、应变。

以上流程中，首先考虑自行编程实现有限元法的情形，如果单元插值函数已经给定，就不用步骤(2)。同时步骤(3)的公式不需要从头推导，只需要对各单元完成一次积分。如果采用杆、梁这样的单元，那么各单元的平衡方程形式上类似，只是物理参数有所不同，直接使用现成的矩阵表达式即可。

如果采用商用软件，那么步骤(2)～(4)和步骤(6)的细节都无须考虑，只需要选用合适的单元，划分网格，施加边界条件，求解并查看结果。不过，由于软件中的每一步操作都有许多设置选项，因此如果没有有限元的相关理论基础，是难以掌握商用软件的使用方法的。

1.4 有限元发展史

利用“化整为零，积零为整”的思想解决复杂问题的这一思路由来已久，例如我国古代数学家发明的割圆术就采用了这一思想。

不过有限元法的大部分理论基础来源于西方。德国数学家高斯(Gauss)提出了高斯消元法和加权余量法(又称为加权残值法)。其中前者在线性代数中已经早有接触，这一方法在有限元法中用来求解各结点的位移，而后者则用来将场问题的偏微分方程写成对单元的积分形式(又称为弱形式)，进而生成单元的平衡方程。加权残值法适用于任何场问题的有限元平衡方程推导，包括固体和流体力学、温度场、电磁场等等，但其公式推导较为复杂，要经常采用分部积分的手段，而且其物理意义不是很明确。另一位数学家拉格朗日(Lagrange)提出了泛函分析的方法，这是将偏微分方程改写为积分形式的另一途径，本书采用的最小势能原理就是一种泛函分析的方法。在19世纪末及20世纪初，瑞利和里兹提出了对全域运用基函数展开来逼近待求函数的方法。20世纪初，数学家伽辽金(Галёркин)提出了加权余量法中的伽辽金法，这是加权余量法中应用较多的一种方法。

以上数学家的工作为有限元法打下了很好的理论基础，但那一时期子域逼近的思想尚未被提出。1943年，数学家库朗(Courant)首次提出在未知函数定义域内分片地使用基函数来逼近待求函数的思想，这实际上就是有限元法的思路。随着计算机技术的发展，20世纪50年代，这种方法首先应用于航空领域，美国学者克劳夫(Clough，1996年当选为中国工程院外籍院士)以及波音公司的工作人员特纳(Turner)将机翼分割为若干个三角形区域进行计算，并发表论文介绍了这一工作。这一研究成果常被认为是有限元法提出的标志。1960年，克劳夫在后续的研究中首次使用了“有限元”这一术语。另一方面，20世纪60年代中期，我国的冯康教授也独立地提出了有限元法，并将其应用于水坝的应力分析中。因此，我们要相信，外国人能做到的，我们也能独立地做出来，要有信心解决我国当前科技发展中的一系列“卡脖子”问题。

随着有限元理论的不断发展和成熟，有限元法也从最初求解结构力学问题扩大到求解几乎所有的偏微分方程，同时随着计算机技术的快速发展，一系列有限元商用计算软件蓬勃发展，使得有限元法进一步为更广大的科研工作者所运用。

当前，有限元法还在继续发展。理论方面，诞生了一系列新型的有限元方法，其中我国学者们在其中也有突出的贡献。而在应用方面，有两个主要的发展趋势，一是从求解线性问题逐渐扩展到求解非线性问题。常见的一类非线性问题就是大变形问题(几何非线性)。我们在材料力学中学习的内容大部分基于小变形假设，认为结构受载后变形量较小，仍可以在未变形的结构上进行分析(压杆稳定性问题除外)。而大变形问题不能再使用小变形假设，这就给问题的求解带来了困难。除了几何非线性之外，有限元法还可用于求解材料非线性(弹塑性、黏弹性、蠕变等)和边界条件非线性(接触、摩擦等)等非线性问题。二是从求解单一物理场问题扩展到求解多场耦合问题。所谓多场耦合是指多个物理场之间的相互作用，此类问题在航空航天等领域非常突出。一种典型的多场耦合问题就是流固耦合问题。以机翼为例，首先，流场会导致机翼受力产生变形，然后机翼的变形又会改变流场的分布，从而改变机翼的受力，机翼受力的改变又会导致其变形的改变，变形的改变又导致流场的变化，如此形成双向耦合。而工程中另一类常见的多场问题是温度场和位移场之间的相互作用，温度场会导致物体产生热变形，理论上，变形又会影响物体的温度变化，但研究表明，这一影响可以忽略不计，因此热应力问题通常不作为耦合问题来考虑，在求解时直接施加温度场进行求解即可。

目前，有限元软件大部分都可以求解非线性问题，一些软件也可以求解多场耦合问题，但是这些软件的使用门槛还比较高。以使用有限元软件求解流固耦合问题为例，使用者不但需要掌握有限元法的相关知识，还需要精通流体力学的计算。随着现代科学学科的不断分工细化，掌握多门学科的全面型人才越来越少，因此此类问题目前还是工程中的一个难点。

1.5 有限元编程与软件

目前，实现有限元法的手段有两类，一是编程实现，二是采用商用软件。编程的好处是所有底层代码由研究人员自行掌控，可以比较方便地实现其所需要的任何功能。通常对于商用软件不能直接处理的问题(如对结构的振动施加反馈控制)，或者要采用新型的单元时，则需要编程实现。常用的编程语言有 FORTRAN、C、MATLAB 等。其中 FORTRAN 作为早期的科学计算专用语言，由于存在大量遗留代码，目前还是有不少研究人员采用这一语言。而新编写的程序一般采用 C 或者 C++语言。以上语言都属于编译型语言，运行速度较快。而 MATLAB 语言属于解释型语言，运行速度相对较慢，但 MATLAB 自带各种处理矩阵的函数，使用非常方便。由于本书不涉及大规模的计算，因此采用 MATLAB 进行编程，这样可以回避矩阵处理代码的编写，将注意力集中在有限元法的本身。

对于复杂的实际工程问题，一般还是采用有限元商用软件来进行研究。这是因为复杂形状结构的网格划分是一个难点，自编程序实现比较困难，而目前的商用软件大都自带网格划分算法。另一方面实际工程问题需要划分大量单元，计算量较大，商用软件自带的各种算法非常高效。最后，商用软件具有强大的结果可视化功能，可以使计算结果一目了然。而且与自编程序相比，商用软件的计算结果更为可信。由于商用软件划分网格的功能非常强大，因此也可以采用商用软件进行几何建模并划分网格，再将网格文件导出，然后自行编程。另外，很多软件也具备了二次开发的功能，允许用户自定义新的单元，并在软件基础上进行编程开发。

有限元商用软件一般有三个模块，一是前处理模块，用于选择单元、划分网格、输入材料特性等。二是计算模块，主要是选择求解类型(静力学、模态分析、谐响应分析、稳定性分析等)，并选取合适的求解参数。三是后处理模块，用于查看各类结果，如弯矩图、应力云图、变形示意图等。

有限元商用软件种类非常多，常见的商用软件有 ANSYS、NASTRAN、Abaqus、COMSOL 等。其中，ANSYS 在国内应用较广泛，因此本书选用 ANSYS 软件进行讲授。后续将会对该软件进行进一步的介绍。

NASTRAN 软件由美国国家航空航天局开发，在航天、航空、船舶等领域应用广泛。国内很多研究所都采用 NASTRAN 软件进行相关的结构分析。不过该软件没有前后处理模块，常与 PATRAN 软件配合使用。

Abaqus 软件的特点是具有强大的求解非线性问题的能力，而且软件有汉化版。但由于进入中国市场较晚，目前学习资料还较欠缺。

COMSOL 脱胎于 MATLAB 偏微分方程工具箱，不但可以求解各类物理场问题，还可以直接对偏微分方程进行求解。由于 COMSOL 对所有物理场的求解都采用有限元方法(其他软件对于流体问题一般采用有限体积法)，更容易实现多场耦合。但 COMSOL 用于几何建模不太方便，难以生成复杂形状的结构，而且与其他软件相比，并非专精于结构分析，因此通常用于学术研究，而非工程应用。

习题

1.1 查阅资料，列举我国科研工作者在有限元领域做出的贡献。

1.2 查阅资料，列举机电设备、电子装备(如雷达天线、印制电路板)中有哪些结构分析问题。

1.3 查阅资料，了解我国有限元商用软件的发展现状，并展开讨论。

第2章 基础知识

本章讲授有限元法的预备知识。对于固体力学问题，除了普遍适用的加权余量法以外，推导其有限元平衡方程常用的特色方法有虚功原理和最小势能原理。其中虚功原理是理论力学虚位移原理的进一步延伸，它和加权余量法有类似之处，特点是比较抽象，为了便于理解本书采用最小势能原理来推导单元的平衡方程。要介绍变分原理——最小势能原理，需要引入应变能和外力势能的概念。此外本章还要对矩阵位移法进行介绍，该方法是将各个单元平衡方程组装成整体平衡方程的手段。为了简单，采用一维弹簧体系阐述矩阵位移法，并引出单元刚度矩阵、总体刚度矩阵的重要概念。最后，对后续使用的 MATLAB 和 ANSYS 软件进行了简单介绍。

本章中，变分法、瑞利-里兹法的相关内容是为了保证概念的来龙去脉具有完整性，这些内容仅要求了解其概念，而其他内容都是重点，要求熟练掌握。

2.1 泛函与变分

由于最小势能原理本质上是一类泛函的变分原理，因此首先对泛函做一简单介绍。为了避免烦冗的数学定义，这里的介绍比较简单。

我们在初中就学过函数的极值问题，在大学的高等数学课程中又学过多元函数的极值问题。现在考虑更进一步的情形。

最经典的变分问题是最速下降线问题，这类问题在棉纺织厂等工厂的货物运输中具有重要意义。如图 2-1 所示，质点受重力作用从 A 点到 B 点沿一条曲线路径自由下滑，不考虑摩擦力，求质点下降最快的一种路径。

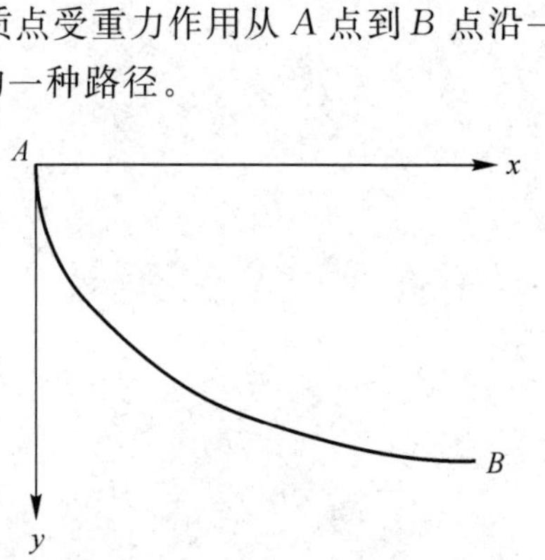

图 2-1 最速下降线问题

许多读者一开始看到这个问题，都觉得显然是直线路径最快。事实上，直线虽然是距离最短，但质点在直线路径上下滑的速度并不快，因此时间并不是最短。可以推导出，下降

时间 t 与曲线 $y(x)$ 有关，其表达式为

$$t[y(x)]=\int_0^x \frac{\sqrt{1+\left(\frac{\mathrm{d}y}{\mathrm{d}x}\right)^2}}{\sqrt{2gy}}\mathrm{d}x \tag{2-1}$$

其中 g 为重力加速度。可以看出，时间 t 依赖于函数 $y(x)$ 的具体表达式，它是 $y(x)$ 的函数。我们称 t 为 $y(x)$ 的泛函，这个泛函中的 $y(x)$ 就相当于函数中的自变量。因为曲线 $y(x)$ 上有无穷多个点，因此也可以把泛函看成具有无穷多个自变量的函数。

对于函数的极值问题，其必要条件是在极值点处导数为 0。而对于泛函而言，针对上一问题，若曲线 $y(x)$ 使 t 取极值，则有必要条件：

$$\delta t = 0 \tag{2-2}$$

δt 称为泛函 t 的变分，它与函数的微分类似，可以理解为函数 $y(x)$ 整体产生微小变化后，导致 t 产生的微小变化。

根据欧拉(Euler)-泊松(Possion)方程，可以推导出曲线满足的微分方程，欧拉-泊松方程的表述如下：

若泛函

$$U[y(x)]=\int_{x_1}^{x_2} F(x,\ y,\ y',\ y'',\cdots,\ y^{(n)})\mathrm{d}x \tag{2-3}$$

本节“x”表示对 x 求号端点 x_1、x_2 上给定了函数值以及直到 $n-1$ 阶导数的值。则泛函取得极值的条件

$$\delta U[y(x)]=0 \tag{2-4}$$

可以化为

$$\frac{\partial F}{\partial y}-\frac{\mathrm{d}}{\mathrm{d}x}\left(\frac{\partial F}{\partial y'}\right)+\frac{\mathrm{d}^2}{\mathrm{d}x^2}\left(\frac{\partial F}{\partial y''}\right)-\cdots+(-1)^n\frac{\mathrm{d}^n}{\mathrm{d}x^n}\left(\frac{\partial F}{\partial y^{(n)}}\right)=0 \tag{2-5}$$

关于泛函和变分的其他知识，感兴趣的同学可参考其他书籍。

2.2　应变能与外力势能

变形固体的应变能可以类比于弹簧的弹性势能。弹性结构受力产生变形时，其内部将储存能量，卸载后，这种能量具有使结构恢复原形状的能力，该能量称为**应变能**，对于一般的线弹性体，可用以下公式计算应变能 U：

$$U=\frac{1}{2}\iiint[\sigma_x\varepsilon_x+\sigma_y\varepsilon_y+\sigma_z\varepsilon_z+\tau_{yz}\gamma_{yz}+\tau_{zx}\gamma_{zx}+\tau_{xy}\gamma_{xy}]\mathrm{d}x\mathrm{d}y\mathrm{d}z \tag{2-6}$$

其中的应力、应变各分量都是空间坐标 x，y，z 的函数，因此应变能是一个泛函。定义两个向量：

$$\boldsymbol{\sigma}=[\sigma_x\quad \sigma_y\quad \sigma_z\quad \tau_{yz}\quad \tau_{zx}\quad \tau_{xy}]^{\mathrm{T}},\quad \boldsymbol{\varepsilon}=[\varepsilon_x\quad \varepsilon_y\quad \varepsilon_z\quad \gamma_{yz}\quad \gamma_{zx}\quad \gamma_{xy}]^{\mathrm{T}} \tag{2-7}$$

上式可以写成内积的形式：

$$U=\frac{1}{2}\iiint\boldsymbol{\sigma}^{\mathrm{T}}\boldsymbol{\varepsilon}\mathrm{d}x\mathrm{d}y\mathrm{d}z \tag{2-8}$$

为了更容易看出应变能的泛函特点，考虑我们在材料力学中学过的细长梁，假设其挠曲线为 $v(x)$，可以推导出其应变能为(推导过程见第 3 章)

$$U=\frac{1}{2}\int\sigma_x\varepsilon_x\mathrm{d}\Omega=\frac{1}{2}\int_0^l EI\left(\frac{\mathrm{d}v}{\mathrm{d}x^2}\right)^2\mathrm{d}x \tag{2-9}$$

其中，E 为弹性模量，I 为相对于截面 z 轴的惯性矩。可以很明显看出，应变能是函数 $\nu(x)$ 的泛函。梁弯曲的形状不同，其内部储存的应变能显然也不同。

结构受力时的总势能包含两部分，除了应变能之外，还有外力势能。**外力势能**定义为外力在结构从变形状态恢复至原状态时所做的功，数值上等于结构以恒定力从未变形状态加载到变形状态时做功的负值。虽然此概念看起来比较复杂，但计算起来还是很容易的，只需要将载荷乘以作用点位移再冠以负号即可。例如，有一梁结构，在某点受到一个力 F，该点的挠度为 v，则力 F 的外力势能为 $V=-Fv$。

外力势能总为负值，为了更好地理解这一点，以重力势能为例，我们计算重力势能时，总要选取一个零势能面，所谓的重力势能其实就是物体从当前位置运动到零势能面时，重力所做的功。若物体的位置低于零势能面，则物体向上运动时，重力就做负功，重力势能为负。

对于弹性结构，通常取结构的卸载状态作为参考状态。为了进一步简化问题，考虑一水平放置的弹簧，左端点固定，右端点受到向左的力 F 后产生压缩量 x。现在如果希望弹簧恢复到参考状态，也就是未变形状态，右端点需要向右移动，在此过程中力 F 与右端点移动方向相反，因此做功为负。

本书中我们把力和力偶统称为力，把线位移和角位移统称为位移。当结构受多个力时，将所有力的外力势能相加便是总的外力势能。注意，力偶要和转角相乘得到功。例如，有一梁结构，在 A 点受到一个力 F，在 B 点受到一个力偶 M，A 点的挠度为 v，B 点的转角为 θ，没有其他外载，则外力势能为 $V=-Fv-M\theta$。需要注意的是，A 点的挠度 v 是两个载荷共同引起的，B 点的转角 θ 亦然。如果将所有外力列成一个向量 $\boldsymbol{F}$，所有受力点位移列成一个向量 $\boldsymbol{q}$，则外力势能为两者的内积冠以负号：

$$V=-\boldsymbol{F}^{\mathrm{T}}\boldsymbol{q} \tag{2-10}$$

如果结构受到的力为分布力，则需要进行积分。例如，梁受到分布力 $q(x)$，挠曲线为 $v(x)$，则外力势能为

$$V=-\int_0^l q(x)v(x)\mathrm{d}x \tag{2-11}$$

2.3 最小势能原理

最小势能原理又称为势能驻值原理。结构的**总势能** Π 定义为应变能和外力势能之和：

$$\Pi=U+V \tag{2-12}$$

最小势能原理的表述为：对于平衡的弹性体，在一切容许的位移场函数中，真实位移场函数使总势能取最小值。所谓“容许”，可以理解为位移满足给定的边界条件。而真实的位移场函数不但要满足边界条件，还要满足受力平衡条件。例如，对于一长度为 l 的简支梁，所有满足 $v(0)=v(l)=0$ 的函数都是容许的位移场函数，但在给定载荷下，真实的位移场函数是唯一的。由于总势能是位移场函数的泛函，最小势能也可以描述成：对于真实位移，有

$$\delta\Pi=0 \tag{2-13}$$

例 2-1 对于一个刚度为 k 的弹簧在外力 F 作用下产生压缩变形的情形，不使用胡克

(Hooke)定律，建立其方程。

分析：这个例子并不是连续弹性体，只需要一个自变量 x(变形量)便可以描述总势能，因此总势能不再是泛函，而是一个函数，不再需要求变分，只需求导即可。

解　假设变形量为 x，结构的总势能为弹性势能和外力势能之和：

$$\Pi = U + V = \frac{1}{2}kx^2 - Fx \tag{2-14}$$

根据最小势能原理，真实位移使结构总势能为驻值：

$$\frac{\mathrm{d}\Pi}{\mathrm{d}x} = 0 \tag{2-15}$$

可得

$$F = kx \tag{2-16}$$

例 2-2　用变分法推导长度为 l，两端固支的梁在分布载荷 $q(x)$作用下的挠曲线 $\nu(x)$满足的方程。

解　挠度在边界上满足：

$$v(0) = v(l) = \left.\frac{\mathrm{d}v}{\mathrm{d}x}\right|_{x=0} = \left.\frac{\mathrm{d}v}{\mathrm{d}x}\right|_{x=l} = 0 \tag{2-17}$$

根据式(2-9)和式(2-11)，结构的总势能为

$$\Pi = U + V = \int_0^l \left[\frac{1}{2}EI\left(\frac{\mathrm{d}^2 v}{\mathrm{d}x^2}\right)^2 - q(x)v(x)\right]\mathrm{d}x \tag{2-18}$$

真实位移使总势能取驻值，需要满足条件式(2-13)，根据欧拉-泊松方程，可以得到挠曲线满足的微分方程：

$$EI\frac{\mathrm{d}^4 v}{\mathrm{d}x^4} = q \tag{2-19}$$

这个方程其实就是我们材料力学中学过的梁的挠曲线满足的微分方程，只不过因为多求了两次导数，方程的右端是分布力函数，而不是弯矩函数。

从以上例子可以看出。变分原理可以在不列写平衡方程的情况下，求出待求函数满足的微分方程。在第一个例子里面，因为总势能不是泛函，而是函数，得到的是代数方程。

但如果需要求出待求函数，还需要对其满足的微分方程进行求解。而微分方程我们通过其他手段本来也就可以推导，因此，变分原理看起来似乎没有提供什么帮助。但事实上，它提供了另外一种思路，我们写出总势能表达式后，不要使用欧拉-泊松方程，而是将待求函数用一些基函数进行加权逼近，那么这时候，总势能就变成了有限个权系数的多元函数，那么再根据极值条件，就像例 2-1 一样，我们就可以得到求解起来容易得多的代数方程，而非微分方程。这种方法称为变分问题的直接法。

下面我们通过一个例子介绍全域逼近的方法，也就是瑞利-里兹法。

例 2-3　用瑞利-里兹法计算平面简支梁(长度为 l，抗弯刚度为 EI)在均布载荷 q 下的挠曲线。

解　将挠曲线表示为如下三角函数组的加权和：

$$\sin\frac{\pi x}{l},\ \sin\frac{3\pi x}{l},\ \sin\frac{5\pi x}{l},\ \sin\frac{7\pi x}{l},\cdots \tag{2-20}$$

可以看出这些函数都满足当 $x=0$ 和 $x=l$ 时，取值为零的简支边界条件。因此它们的

加权和也满足边界条件。这里由于是均布力，挠曲线必然相对于 $x=0.5l$ 具有对称性，所以只选取了奇次谐波，因为奇次谐波是对称的，而偶次谐波是反对称的。如果也使用偶次谐波，计算后会发现其权系数都为 0。

选取前两个谐波，将挠度近似为

$$\nu(x) = c_1 \cdot \sin\frac{\pi x}{l} + c_2 \cdot \sin\frac{3\pi x}{l} \tag{2-21}$$

应变能为

$$\begin{aligned}
U &= \frac{1}{2}\int \sigma_x \varepsilon_x \mathrm{d}\Omega \\
&= \frac{1}{2}\int_0^l EI\left(\frac{\mathrm{d}^2 v}{\mathrm{d}x^2}\right)^2 \mathrm{d}x \\
&= \frac{1}{2}\int_0^l EI\left[c_1^2\left(\frac{\pi}{l}\right)^4 \sin^2\left(\frac{\pi x}{l}\right) + c_2^2\left(\frac{3\pi}{l}\right)^4 \sin^2\left(\frac{3\pi x}{l}\right) + 2c_1c_2\left(\frac{3\pi}{l}\right)^4 \sin\left(\frac{\pi x}{l}\right)\sin\left(\frac{3\pi x}{l}\right)\right]\mathrm{d}x \\
&= \frac{EI}{2}\left[c_1^2\left(\frac{\pi}{l}\right)^4 \frac{l}{2} + c_2^2\left(\frac{3\pi}{l}\right)^4 \frac{l}{2}\right]
\end{aligned} \tag{2-22}$$

外力势能为

$$V = -\int_0^l q\left(c_1 \sin\frac{\pi x}{l} + c_2 \sin\frac{3\pi x}{l}\right)\mathrm{d}x = -q\left(c_1\frac{2l}{\pi} + c_2\frac{2l}{3\pi}\right) \tag{2-23}$$

可以看出，应变能和外力势能都是两个权系数的函数。总势能为 $\Pi=U+V$，其取驻值的必要条件是，对两个权系数求偏导为零，即

$$\begin{cases}
\dfrac{\partial \Pi}{\partial c_1} = \dfrac{EI}{2}\left[2c_1\left(\dfrac{\pi}{l}\right)^4 \dfrac{l}{2}\right] - q\dfrac{2l}{\pi} = 0 \\
\dfrac{\partial \Pi}{\partial c_2} = \dfrac{EI}{2}\left[2c_2\left(\dfrac{3\pi}{l}\right)^4 \dfrac{l}{2}\right] - q\dfrac{2l}{3\pi} = 0
\end{cases} \tag{2-24}$$

求解这个代数方程组便可以得到权系数，进而得到挠曲线的近似表达式：

$$v(x) = \frac{4l^4}{EI\pi^5}q\sin\frac{\pi x}{l} + \frac{4l^4}{243EI\pi^5}q\sin\frac{3\pi x}{l} \tag{2-25}$$

读者们可以将 $x=0.5l$ 代入该表达式，计算中点挠度，并与材料力学中的结果进行比较。可以发现该表达式有很好的精度。如果希望进一步提高精度，则可以再多选取几个谐波项，但谐波越多，公式推导的计算量就越大，而精度的提高幅度则越来越小。

可以看出，全域基函数展开逼近的方法可以将求解微分方程转化为求解代数方程，而且当基函数选取合适时，只需要少量几个基函数就能有很好的精度。但基函数的选取依赖经验，当问题复杂时，很难找到合适的基函数。有限元方法也可以将求解微分方程转化为求解代数方程，所不同的是它采用了分片插值，也就是引入了单元的概念。

2.4　矩阵位移法

首先引入**自由度**的概念。这个概念我们在许多课程中都接触过。一般把自由度定义为确定系统位形所需要的独立坐标数。这个定义适用于大学物理、振动力学、结构力学等课程，在结构有限元课程中也是适用的，而在分析力学课程中不适用(因为牵涉到非完整约束)。

所谓的位形，可以理解为位置和形态。例如在空间问题中，一个质点有3个平动自由度，一个刚体上虽然有无穷多个点，但这些点之间不能产生相对变形，因此只有3个平动自由度和3个转动自由度。而对于可变形体，可以这么理解：存在无穷多个可以产生独立位移的点，因此可以将其当作无限自由度的系统(虽然这样的说法并不是很严谨)。例如梁的挠度，需要用一条曲线来刻画，曲线上有无穷多点。而结构有限元法，包括上文的瑞利—里兹法，其作用都是将无限自由度的连续体离散为有限自由度，此时泛函将退化为更容易处理的函数。

考虑如图2-2所示的一维弹簧系统。两个弹簧的刚度分别为k_1和k_2，三个结点的位移分别为u_1、u_2、u_3，受力为F_1、F_2、F_3，求结点的静力位移。这个问题中，弹簧只作为纯粹的弹性元件处理，我们只考虑三个离散结点的位移情况，因为是一维问题，每个结点有1个自由度，系统共有3个自由度。

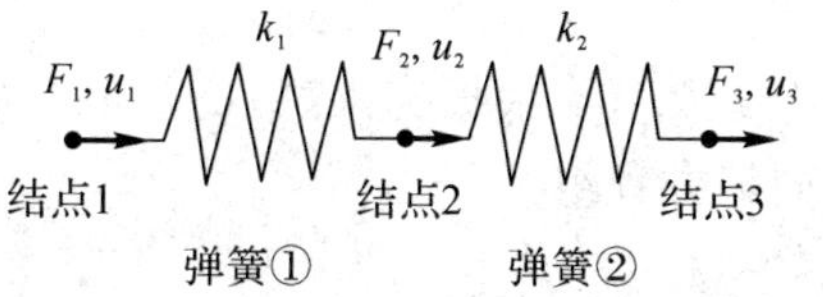

图2-2　一维弹簧系统

由于各结点受力平衡，建立系统位移向量和力向量之间的方程组，便可进行分析求解。首先根据受力平衡和弹簧的胡克(Hooke)定律，可以列出三个结点的平衡方程，并将其整理成：

$$\begin{cases} k_1(u_1-u_2)=F_1 \\ -k_1(u_1-u_2)+k_2(u_2-u_3)=F_2 \\ -k_2(u_2-u_3)=F_3 \end{cases} \tag{2-26}$$

其中，方程左侧是弹簧施加给结点的力，可以理解为内力，而右侧是结点所受外力。显然该方程的物理意义是结点所受内力和外力平衡。将其整理成矩阵形式：

$$\begin{bmatrix} k_1 & -k_1 & 0 \\ -k_1 & k_1+k_2 & -k_2 \\ 0 & -k_2 & k_2 \end{bmatrix}\begin{bmatrix} u_1 \\ u_2 \\ u_3 \end{bmatrix}=\begin{bmatrix} F_1 \\ F_2 \\ F_3 \end{bmatrix} \tag{2-27}$$

问题就转化为非齐次方程组(2-27)的求解问题。其中的系数矩阵称为**刚度矩阵**。与单个弹簧的平衡方程$kx=F$相比，此时的位移和力都是向量，因此刚度系数(弹性系数)扩充为一个矩阵。该矩阵为方阵，其维数等于自由度数。在本课程中，刚度矩阵的概念非常重要，可以认为，建立结构的静力学有限元模型实际上就是求解其刚度矩阵。为了阐明刚度矩阵的物理意义，将其按列分块，利用分块矩阵乘法，将式(2-27)写成：

$$u_1\begin{bmatrix} k_1 \\ -k_1 \\ 0 \end{bmatrix}+u_2\begin{bmatrix} -k_1 \\ k_1+k_2 \\ -k_2 \end{bmatrix}+u_3\begin{bmatrix} 0 \\ -k_2 \\ k_2 \end{bmatrix}=\begin{bmatrix} F_1 \\ F_2 \\ F_3 \end{bmatrix} \tag{2-28}$$

令$u_1=1$，$u_2=u_3=0$，式(2-28)成为

$$\begin{bmatrix} k_1 \\ -k_1 \\ 0 \end{bmatrix} = \begin{bmatrix} F_1 \\ F_2 \\ F_3 \end{bmatrix} \tag{2-29}$$

可以看出，刚度矩阵第1列的物理意义是：当第1个自由度产生单位位移，其他自由度位移均为零时，需要在所有结点上施加的力。

注意，为了使第1个自由度产生单位位移，必然需要在该自由度上施加力。而为了保证其他自由度不产生位移，也需要在其上施加力。由于自由度2和自由度1有弹簧相连接，因此第2个自由度上需要加力，而第3个自由度不需要。

显然刚度矩阵的所有列都有这样的物理意义，因此可以得到刚度矩阵中元素 k_{ij} 的物理意义：使自由度 j 产生单位位移，而其他自由度位移为零时，需要在自由度 i 上施加的力。一些课程，例如振动力学，就是通过这个物理意义来推导刚度矩阵的。一些有限元教材也用这个物理意义来推导杆、梁单元的刚度矩阵。显然，由于力和位移的方向相同，刚度矩阵的对角元素一定为正。

注意该方程组的系数行列式为零，根据克莱姆(Cramer)法则，位移没有唯一解。利用增广矩阵的初等变换，可得同解方程组：

$$\begin{bmatrix} k_1 & -k_1 & 0 \\ 0 & k_2 & -k_2 \\ 0 & 0 & 0 \end{bmatrix} \begin{bmatrix} u_1 \\ u_2 \\ u_3 \end{bmatrix} = \begin{bmatrix} F_1 \\ F_1 + F_2 \\ F_1 + F_2 + F_3 \end{bmatrix} \tag{2-30}$$

可以看出：

(1) 当 $F_1+F_2+F_3=0$ 时，方程组有无穷多解，选 u_3 为自由未知量，令 $u_3=C$，其通解为

$$\begin{bmatrix} \dfrac{F_1}{k_1} + \dfrac{F_1 + F_2}{k_2} \\ \dfrac{F_1 + F_2}{k_2} \\ 0 \end{bmatrix} + C \begin{bmatrix} 1 \\ 1 \\ 1 \end{bmatrix} \tag{2-31}$$

(2) 当 $F_1+F_2+F_3\neq 0$ 时，方程组无解。

下面分析结果的物理意义，可以看出，因为系统没有被固定，因此可以自由移动。当 $F_1+F_2+F_3=0$ 时，系统受外力平衡，此时有解，各结点之间的相对位移为固定值。由于系统自由，可以做刚体运动，将每个结点位移上加一个相同位移 C(刚体移动)之后，仍满足平衡条件。因此特解就对应于结点之间的相对位移，这部分是在受力时固定不变的，而导出组的通解对应于刚体位移，这部分位移不受力也会产生，这正是其对应的齐次线性方程组的解。

当 $F_1+F_2+F_3\neq 0$ 时，系统无论如何都不会平衡，方程组无解。

实际工程中，结构系统都是受约束的，当约束足够时，结构的位移有且只有唯一解。现在假设自由度3被固定在墙面上，那么有 $u_3=0$。另一方面墙面会给自由度3一个约束力，该约束力是未知的，设其为 F_r，则方程组(2-27)变为

$$\begin{bmatrix} k_1 & -k_1 & 0 \\ -k_1 & k_1+k_2 & -k_2 \\ 0 & -k_2 & k_2 \end{bmatrix}\begin{bmatrix} u_1 \\ u_2 \\ 0 \end{bmatrix}=\begin{bmatrix} F_1 \\ F_2 \\ F_3+F_r \end{bmatrix} \tag{2-32}$$

该方程并不是线性代数课程中的标准形式方程组，因为此时方程左端的结点位移向量中有已知量，而右端的力向量中有未知量。将其重新整理为

$$\begin{bmatrix} k_1 & -k_1 & 0 \\ -k_1 & k_1+k_2 & 0 \\ 0 & -k_2 & -1 \end{bmatrix}\begin{bmatrix} u_1 \\ u_2 \\ F_r \end{bmatrix}=\begin{bmatrix} F_1 \\ F_2 \\ F_3 \end{bmatrix} \tag{2-33}$$

由于弹簧刚度都不为零，显然此时系数矩阵行列式不为零，根据克莱姆法则，方程组有唯一解，也就是说有唯一的位移和约束力，求解便可得到未知的位移和约束力。

不过，在矩阵位移法中，通常不采用这种重新排列的方法。结构分析中，最常见的约束就是令一些自由度的位移为 0。回到式(2-32)，可以看出，由于 $u_3=0$，矩阵第三列元素全部都将乘以 0，也就是没发挥作用。我们可以将矩阵第三列元素和 u_3 一起去掉，此时方程变为

$$\begin{bmatrix} k_1 & -k_1 \\ -k_1 & k_1+k_2 \\ 0 & -k_2 \end{bmatrix}\begin{bmatrix} u_1 \\ u_2 \end{bmatrix}=\begin{bmatrix} F_1 \\ F_2 \\ F_3+F_r \end{bmatrix} \tag{2-34}$$

式(2-34)包含三个方程，其中第三个方程有未知约束力，我们先不考虑第三个方程，也就是将其去掉，此时方程进一步化为

$$\begin{bmatrix} k_1 & -k_1 \\ -k_1 & k_1+k_2 \end{bmatrix}\begin{bmatrix} u_1 \\ u_2 \end{bmatrix}=\begin{bmatrix} F_1 \\ F_2 \end{bmatrix} \tag{2-35}$$

现在这个方程就是标准的未知向量在左，已知向量在右的形式了，可以求解得到未知位移。求解得到未知位移后，利用式(2-34)的第三个方程可以求出约束力。对比式(2-35)和式(2-33)可以看出，由于第 3 个自由度受约束为零，因此将矩阵的第 3 列、第 3 行，位移和力向量的第 3 行先全部划去。因此这种施加约束的方法通常俗称为划行划列法，即把被约束为零的自由度所对应的行和列全部划去。

以上的体系只有两个弹簧，如果有大量弹簧串联，例如有 $N-1$ 根弹簧，那么就有 N 个结点和 N 个自由度，刚度矩阵将会是 N 阶。如果我们再去逐一对结点列写平衡方程则会很烦琐，甚至不可能。下面我们引入单元的概念，并展示如何通过这一概念，运用规范化的方法(有利于计算机处理)生成系统的刚度矩阵。

回到式(2-27)，我们着眼于等式左端，也就是内力。显然弹簧体系的内力由弹簧提供，也就是三个结点的刚度由两根弹簧提供。我们将左端项分解为两根弹簧的贡献之和(根据下标)：

$$\begin{bmatrix} k_1 & -k_1 & 0 \\ -k_1 & k_1 & 0 \\ 0 & 0 & 0 \end{bmatrix}\begin{bmatrix} u_1 \\ u_2 \\ u_3 \end{bmatrix}+\begin{bmatrix} 0 & 0 & 0 \\ 0 & k_2 & -k_2 \\ 0 & -k_2 & k_2 \end{bmatrix}\begin{bmatrix} u_1 \\ u_2 \\ u_3 \end{bmatrix} \tag{2-36}$$

可以看出若把两个矩阵中的零元素全部去掉，则它们具有相同的形式。下面我们推导图 2-3 中单根弹簧的平衡方程。

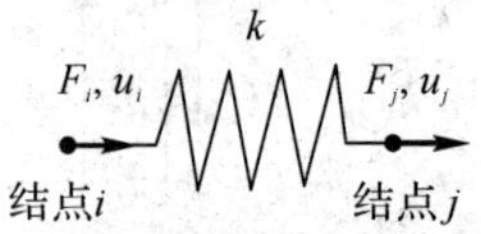

图 2-3　单根弹簧的结点位移与受力

为了与整体结点的编号相区分，单根弹簧的第一个结点用 i 表示，第二个用 j 表示。虽然用结点平衡推导非常简单，但这里我们采用最小势能原理，因为后续章节中单元的平衡方程都需要最小势能原理来推导。而且，我们把位移和力写成向量进行整体运算。为此定义：

$$\boldsymbol{q}^{\mathrm{e}} = [u_i \quad u_j]^{\mathrm{T}}, \quad \boldsymbol{f}^{\mathrm{e}} = [F_i \quad F_j]^{\mathrm{T}} \tag{2-37}$$

首先写出弹簧的弹性势能(应变能)：

$$U^{\mathrm{e}} = \frac{1}{2}k\ (u_i - u_j)^2 \tag{2-38}$$

并将系数 1/2 右侧的部分整理成二次型的形式：

$$U^{\mathrm{e}} = \frac{1}{2}\boldsymbol{q}^{\mathrm{eT}}\boldsymbol{K}^{\mathrm{e}}\boldsymbol{q}^{\mathrm{e}} \tag{2-39}$$

其中：

$$\boldsymbol{K}^{\mathrm{e}} = \begin{bmatrix} k & -k \\ -k & k \end{bmatrix} \tag{2-40}$$

总势能为

$$\Pi^{\mathrm{e}} = \frac{1}{2}\boldsymbol{q}^{\mathrm{eT}}\boldsymbol{K}^{\mathrm{e}}\boldsymbol{q}^{\mathrm{e}} - \boldsymbol{f}^{\mathrm{eT}}\boldsymbol{q}^{\mathrm{e}} \tag{2-41}$$

这个总势能是 u_i 和 u_j 的函数，分别对两个变量求偏导并使之为零，便可以得到平衡方程，但我们现在要将位移作为一个向量进行整体运算，为此，引入两个运算关系：

若 $\boldsymbol{p}$、$\boldsymbol{q}$ 为列向量，$\boldsymbol{K}$ 为矩阵，有：

$$\frac{\partial(\boldsymbol{q}^{\mathrm{T}}\boldsymbol{K}\boldsymbol{q})}{\partial\boldsymbol{q}} = (\boldsymbol{K} + \boldsymbol{K}^{\mathrm{T}})\boldsymbol{q} \tag{2-42}$$

$$\frac{\partial(\boldsymbol{p}^{\mathrm{T}}\boldsymbol{q})}{\partial\boldsymbol{q}} = \boldsymbol{p} \tag{2-43}$$

利用这两个运算规则，运用最小势能原理：

$$\frac{\partial\Pi^{\mathrm{e}}}{\partial\boldsymbol{q}^{\mathrm{e}}} = 0 \tag{2-44}$$

并注意矩阵 $\boldsymbol{K}^{\mathrm{e}}$ 的对称性，可以得到单个弹簧的平衡方程：

$$\boldsymbol{K}^{\mathrm{e}}\boldsymbol{q}^{\mathrm{e}} = \boldsymbol{f}^{\mathrm{e}} \tag{2-45}$$

显然矩阵 $\boldsymbol{K}^{\mathrm{e}}$ 是单根弹簧的刚度矩阵，这里每根弹簧可以看成一个单元，因此这里我们把它叫做**单元刚度矩阵**。相应地，弹簧体系的刚度矩阵称为**总体刚度矩阵**。有限元方法中的一个重要步骤就是将所有单元刚度矩阵组装得到总体刚度矩阵。

通过式(2-36)可以看出，我们可以将每个单元刚度矩阵都扩充为与总体刚度矩阵相同的阶数(其他部分补零)，再将所有扩充后的单元刚度矩阵相加得到总体刚度矩阵。但如果系统单元和结点数很多，例如，假设有 99 根弹簧串联，那么系统有 100 个结点，每个扩充后的单元刚度矩阵有 10000 个元素，但只有 4 个元素不为零。显然这种做法太过于浪费内存。

下面介绍利用单元刚度矩阵组装得到总体刚度矩阵的常用方法——**直接刚度法**。该方法本质与上文扩充的方法是一致的，具体做法是，先生成一个维数和总体刚度矩阵一致的空矩阵，再把每个单元刚度矩阵的元素添加到相应的位置上。

对照式(2-36)和式(2-40)，可以看出关键是要确定单元刚度矩阵元素在总体刚度矩阵中的位置，而这一点是由弹簧单元的自由度 u_i 和 u_j 分别对应总体结构中哪个自由度决定的。我们可以根据之前讲过的刚度矩阵元素的物理意义来确定各元素的位置，但下面我们再换一个视角。

先考虑弹簧单元①，它的 u_i 和 u_j 分别对应总体结构中的 u_1 和 u_2。其平衡方程的左侧(内力部分)为

$$\begin{bmatrix} k_1 & -k_1 \\ -k_1 & k_1 \end{bmatrix}\begin{bmatrix} u_1 \\ u_2 \end{bmatrix}=\begin{bmatrix} k_1 u_1 - k_1 u_2 \\ -k_1 u_1 + k_1 u_2 \end{bmatrix} \tag{2-46}$$

显然，单元刚度矩阵的：

第 1 行第 1 列元素表示自由度 u_1 所受内力表达式中 u_1 前面的系数；

第 1 行第 2 列元素表示自由度 u_1 所受内力表达式中 u_2 前面的系数；

第 2 行第 1 列元素表示自由度 u_2 所受内力表达式中 u_1 前面的系数；

第 2 行第 2 列元素表示自由度 u_2 所受内力表达式中 u_2 前面的系数。

对于总体刚度矩阵也有这样的性质，例如式(2-27)中总体刚度矩阵中第 i 行第 j 列就表示第 i 个自由度所受内力表达式中，第 j 个自由度前面的系数。

为了帮助我们将单元刚度矩阵中的元素对号入座，这里我们把刚度矩阵的行和列都标上对应的自由度，对于弹簧单元①的单元刚度矩阵：

$$\begin{array}{cc} u_1 & u_2 \end{array}$$
$$\begin{bmatrix} k_1 & -k_1 \\ -k_1 & k_1 \end{bmatrix}\begin{matrix} u_1 \\ u_2 \end{matrix} \tag{2-47}$$

对于弹簧单元②的单元刚度矩阵：

$$\begin{array}{cc} u_2 & u_3 \end{array}$$
$$\begin{bmatrix} k_2 & -k_2 \\ -k_2 & k_2 \end{bmatrix}\begin{matrix} u_2 \\ u_3 \end{matrix} \tag{2-48}$$

生成一个空矩阵：

$$\begin{array}{ccc} u_1 & u_2 & u_3 \end{array}$$
$$\begin{bmatrix} 0 & 0 & 0 \\ 0 & 0 & 0 \\ 0 & 0 & 0 \end{bmatrix}\begin{matrix} u_1 \\ u_2 \\ u_3 \end{matrix} \tag{2-49}$$

添加弹簧单元①单元刚度矩阵的各元素：

$$\begin{array}{ccc} u_1 & u_2 & u_3 \end{array}$$
$$\begin{bmatrix} k_1 & -k_1 & 0 \\ -k_1 & k_1 & 0 \\ 0 & 0 & 0 \end{bmatrix}\begin{matrix} u_1 \\ u_2 \\ u_3 \end{matrix} \tag{2-50}$$

再添加弹簧单元②单元刚度矩阵的各元素：

$$\begin{matrix} & u_1 & u_2 & u_3 & \\ & \begin{bmatrix} k_1 & -k_1 & 0 \\ -k_1 & k_1+k_2 & -k_2 \\ 0 & -k_2 & k_2 \end{bmatrix} & & & \begin{matrix} u_1 \\ u_2 \\ u_3 \end{matrix} \end{matrix} \tag{2-51}$$

由于系统只有两个单元，我们就完成了总体刚度矩阵的组装。而单元平衡方程中的另外两部分，一是结点位移向量，二是结点力向量，直接从整体的角度写出即可，这两部分不需要从单元的角度生成。

也可以从应变能(弹性势能)的角度考虑总体刚度矩阵的组装的本质。结构总的弹性势能为两根弹簧弹性势能之和：

$$\begin{aligned} & \frac{1}{2}\begin{bmatrix} u_1 \\ u_2 \end{bmatrix}^{\mathrm{T}}\begin{bmatrix} k_1 & -k_1 \\ -k_1 & k_1 \end{bmatrix}\begin{bmatrix} u_1 \\ u_2 \end{bmatrix}+\frac{1}{2}\begin{bmatrix} u_2 \\ u_3 \end{bmatrix}^{\mathrm{T}}\begin{bmatrix} k_2 & -k_2 \\ -k_2 & k_2 \end{bmatrix}\begin{bmatrix} u_2 \\ u_3 \end{bmatrix} \\ = & \frac{1}{2}\begin{bmatrix} u_1 \\ u_2 \\ u_3 \end{bmatrix}^{\mathrm{T}}\begin{bmatrix} k_1 & -k_1 & 0 \\ -k_1 & k_1 & 0 \\ 0 & 0 & 0 \end{bmatrix}\begin{bmatrix} u_1 \\ u_2 \\ u_3 \end{bmatrix}+\frac{1}{2}\begin{bmatrix} u_1 \\ u_2 \\ u_3 \end{bmatrix}^{\mathrm{T}}\begin{bmatrix} 0 & 0 & 0 \\ 0 & k_2 & -k_2 \\ 0 & -k_2 & k_2 \end{bmatrix}\begin{bmatrix} u_1 \\ u_2 \\ u_3 \end{bmatrix} \\ = & \frac{1}{2}\begin{bmatrix} u_1 \\ u_2 \\ u_3 \end{bmatrix}^{\mathrm{T}}\begin{bmatrix} k_1 & -k_1 & 0 \\ -k_1 & k_1+k_2 & -k_2 \\ 0 & -k_2 & k_2 \end{bmatrix}\begin{bmatrix} u_1 \\ u_2 \\ u_3 \end{bmatrix} \end{aligned} \tag{2-52}$$

从应变能叠加的角度来看，上文在刚度矩阵的行和列标注的自由度，也可以认为是矩阵元素在应变能二次型中对应的两个自由度乘积的系数。

总结一下，可以看出，本节介绍的直接刚度法，尽管为了讲解该方法做了大量的铺垫，实际使用起来却非常简单，关键需要搞清楚每个单元的各个自由度对应的是总体结构的哪些自由度即可。后续讲到的各种单元类型，其组装刚度矩阵的方法都是万变不离其宗。

本节的许多概念和方法非常重要，后续讲到的各种单元的有限元方法，都是先根据最小势能原理得到单元刚度矩阵(实际上，只要把单元应变能写成类似式(2-39)的形式，其中的矩阵就是单元刚度矩阵，无须再使用最小势能原理)，然后组装得到总体刚度矩阵。最后施加约束进行求解。

2.5 刚度矩阵的性质

无论是单元刚度矩阵还是总体刚度矩阵，都具有一些共同的性质，总结如下：

(1) 刚度矩阵是方阵。因为其关联的结点力向量、位移向量具有相同的维数，其维数等于系统的自由度数。

(2) 刚度矩阵是对称矩阵。这一点可用结构力学中的互等定理来证明，本书从略。

(3) 刚度矩阵主对角线元素为正。见上一节。

(4) 若未施加足够约束，则刚度矩阵是奇异矩阵。从上一节可以看出，若不施加约束，结构就会产生刚体位移，位移没有唯一解。

(5) 刚度矩阵是半正定的。当结构产生位移时，应变能总是大于等于零(产生刚体位移时为零)，因此假设刚度矩阵为 $\boldsymbol{K}$，对于任意非零向量 $\boldsymbol{q}$，都有：

$$q^{T}Kq \geqslant 0 \tag{2-53}$$

只有在纯刚体位移的时候该二次型取零。因此结构施加约束(划行划列)后，总体刚度矩阵便成为正定矩阵。当然约束要足够，保证结构没有刚体位移。

(6) 稀疏性。大型结构离散后结点很多，而某一结点仅与周围少数单元结点相关，因此总体刚度矩阵中存在大量零元素，结点越多整体刚度矩阵越稀疏。

2.6　MATLAB 简介

MATLAB 是美国 MathWorks 公司出品的商业数学软件，可以实现数据可视化、数值计算、符号运算等功能。目前 MATLAB 已经集成了大量工具箱，具备信号处理、图像处理、控制系统仿真、机器人仿真、机器学习等高级特性。国内许多高校都采购了这一软件。

由于 MATLAB 是国内主流的数学软件，学习资料非常之多，多数读者之前可能已经用过该软件(例如线性代数课程用 MATLAB 进行矩阵运算，大学物理实验用 MATLAB 作图等)，这里不再对其详细介绍，主要提几个要点。

(1) 学习 MATLAB 要善于查找函数的用法，可以在 MATLAB 界面右上角的搜索栏中搜索。不过，在使用前，建议进入预设项，点击左侧的帮助，文档位置选择“安装在本地”。这样搜索时 MATLAB 便会使用本地文档，速度更快。

(2) MATLAB 程序中的语句，如果后面不加分号，则语句的结果将会输出在命令窗口中。这一特性便于程序调试。

(3) MATLAB 编程有两种文件，一是脚本文件(Script)，其实就是把许多命令写在一个文件中逐条运行。运行完毕后所有变量都会保存在工作空间(系统内存)中。脚本文件运行速度慢，但因为运行完之后可以看到所有变量的值，调试方便。

二是函数文件(function)，函数文件的第一行格式为

```
function [out1, out2, ..., outN] = myfun(in1, in2, in3, ..., inN)
```

其中 out1，out2，...，outN 为输出变量，in1，in2，in3，...，inN 为输入变量。myfun 为函数名。函数既可以没有输入变量，也可以没有输出变量。运行完毕后只有输出变量保存在工作空间中，运行速度比脚本文件快。

2.7　ANSYS 简介

ANSYS 软件是美国 ANSYS 公司研制的大型通用有限元分析软件，可与多数计算机辅助设计(CAD)软件接口。除了进行结构分析以外、ANSYS 软件还可以进行流场、电磁场、温度场等计算，该软件在核工业、航空航天、机械、能源、电子、船舶等领域都有着广泛的应用。由于在国内相对主流，ANSYS 软件的学习资料也非常多。

ANSYS 软件有两种输入方式。一是图形用户界面(Graphical User Interface，GUI)，通过点选菜单的方式进行交互式操作，简单易学，本书主要介绍这种方法。二是命令流，也就是基于 ANSYS 的 APDL(ANSYS Parametric Design Language)语言，直接输入命令进行操作，也可以把所有命令写在一个文档中导入软件运行。优点有：

(1) 修改简单。例如我们希望改变弹性模量重新计算，只需要在命令流文本中修改

即可。

(2) 可使用控制命令(判断、循环语句)。

(3) 交流和保存方便。如果在使用过程中遇到了问题，希望在相关论坛上提问，只需要附上命令流文本，对方就容易看出你的问题出在哪里。如果发 db 文件，不但要上传附件，而且还可能因为版本问题导致对方打不开。同样，命令流文本文件也方便保存。

ANSYS 主要的文件类型如表 2-1 所示，其中 db 文件是模型文件。日志文件记录了每一步的操作命令(命令流)，也包含一些不必要的操作，如转动视角。除了这些不必要操作外，与自己书写命令流相比，日志文件给出的命令流比较烦琐。

表 2-1　ANSYS 主要文件类型

文件类型	后缀	作　用	文件格式
数据库文件	.db	存储输入数据和计算数据	二进制
日志文件	.log	记录操作过程(命令流)	文本
错误文件	.err	存储出错信息	文本
结果文件	.rst	存储计算结果	二进制

ANSYS 安装完成后我们会发现有很多程序，其中结构分析可以使用 Mechanical APDL 或者 Workbench。前者又称为经典界面，我们平时说的 ANSYS 就是指 Mechanical APDL。而 Workbench 界面更为友好，几何建模方便。但由于软件为“傻瓜式”，封装了许多底层功能，导致设置不如 Mechanical APDL 灵活。例如，对于直线，Workbench 默认将其作为梁单元，如果用户想使用杆单元则必须插入命令流。因此本书的内容都是针对 Mechanical APDL。

进入 Mechanical APDL 后，除了图形界面外，还有一个类似于 dos 和命令提示符的输出窗口。这个窗口显示软件的文本输出，通常在其他窗口后面，需要查看时可提到前面。错误提示和警告都会显示在该窗口，如果软件没有正确进行计算，则可以到这个窗口查看是否有错误信息。当然也可以查看文件目录下有没有生成一个 err 文件，若有，可以打开查看错误原因。

使用 ANSYS 时非常重要的一点是要注意 ANSYS 的单位制。ANSYS 中所有输入数据和输出数据都是没有单位的，需要自己知道自己输入的是什么单位，然后分析出计算结果中各物理量的单位。例如，对于一般的结构分析问题，所有的单位基本由长度、力和时间的量纲推导得出。我们通常采用国际单位制：米，千克，牛，秒。这样计算出的应力单位就是帕。这套单位制最简单，也不容易出错。但如果长度单位用毫米，力单位用牛，时间单位用秒，那么质量单位就必须用吨，计算出的应力单位为兆帕。如果学过流体力学的量纲分析法，那么对这部分内容应该已经很熟悉了。

ANSYS 最后需要注意的一点是保存工作进度，早期 ANSYS 没有后退功能，现在新版本的 ANSYS 可以后退，但只能撤销一步，因此要注意保存工作进度。用界面工具条的 save db 可以保存数据，但要注意，下次打开 db 文件需要点击工具上的 resum。当然还可以用其他方法，例如采用 save as 覆盖原文件，这样下次直接打开 db 文件就可以继续了。

虽然 ANSYS 没有后退功能，但我们可以借助于 log 文件实现后退任意步的功能。打开 log 文件，将不需要的近几步操作删掉，然后新建一个模型，将刚才处理过的 log 文件导入，方法是：[Utility Menu]→[file]→[Read Input From]。这样软件会重新执行余下的所有命令，也就达到了后退任意步的目的。

ANSYS 随着版本不同会有些许变化。例如早期 ANSYS 是有平面单元的，近年来的版本取消了这个功能，另外还有杆单元横截面积设置、梁单元加载等都随着版本有一些变化，在借助资料学习 ANSYS 的时候一定要注意。

习题

2.1　查阅资料，了解力学变分原理中的经典问题：悬链线问题。

2.2　利用矩阵位移法求解图 2-4 中弹簧系统的位移和约束力。

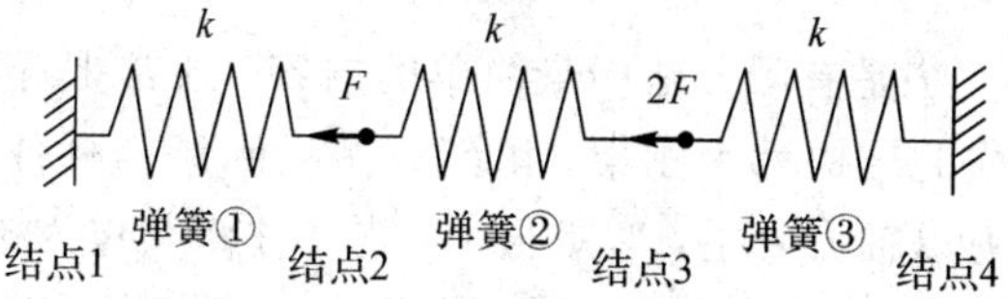

图 2-4　两端受约束的弹簧系统

第 3 章 杆梁结构有限元方法

3.1 杆系结构概述

杆系结构的有限元方法是有限元法中最简单的内容，通常把杆(不承受弯矩)铰接组成的结构称为桁架，梁组成的结构称为刚架。虽然许多实际结构杆件之间并非铰接，但实际工况中，如果结构的内力以轴力为主，弯矩很小，也往往将其作为桁架处理。

结构力学课程中桁架和刚架的矩阵位移法和桁架和刚架的有限元法看起来相似(尤其是对于桁架，用起来是一样的)，但还是有细微的差别。

例如，结构力学中，对于杆、梁单元，通常采用刚度矩阵的物理意义直接推导其单元刚度矩阵，而有限元法中是基于假设的位移场模式进行推导的。此外，结构力学中，对于桁架和刚架结构，将其进行自然离散，也就是一根杆、梁就是一个单元。在有限元方法中，桁架也是自然离散，但刚架根据不同的需要可以一段梁划分为多个单元。尤其是当单根梁受均布力时，有限元法可以将其离散为多个单元来直接逼近精确解，而结构力学中先将均布力等效，计算完成后还需要对受到均布力的梁进行单独处理。

需要注意，杆和梁体系，尤其是铰接杆体系并不一定都能作为结构。下面对杆系的几何构造分析理论进行简单的介绍。

为了简化概念，我们只考虑与基础(地基)相连的体系，对于完全不与基础相连的自由体系不予考虑。我们把不考虑材料应变条件下，能维持几何形状和位置不变的体系称为**几何不变体系**，反之称为**几何可变体系**。也就是说把体系中的材料全换成刚体，如果体系还能产生位移，那么体系就是几何可变的。例如，单摆可以看成一根杆件构成的几何可变体系，我们在“机械原理”中学过的四连杆机构也是几何可变体系。一般结构都必须是几何不变才能具有承载能力。几何可变体系又分为两类：一类是常变体系，体系可产生有限位移；另一类是瞬变体系，体系可产生无限小位移，随后变为几何不变体系。例如图 3－1 所示的体系就是典型的瞬变体系，当杆 1 和 2 共线时，圆弧 a 和 b 在 A 点相切，因此 A 点可沿公切线方向做微小运动，这一瞬间体系是可变体系。当 A 点发生微小位移后，杆 1 和 2 不再共线，体系不再是可变体系。瞬变体系可产生非常大的内力，因此也是不适合作为结构使用的。

传统的结构力学中，通常采用二元体规则、两刚片规则和三刚片规则来判断平面体系的几何不变性。在有限元方法中可以根据总体刚度矩阵来判断，如果施加约束后，总体刚度矩阵仍然是奇异矩阵，那就说明体系仍是几何可变的。许多商用软件也都会对刚度矩阵的奇异性进行提示。

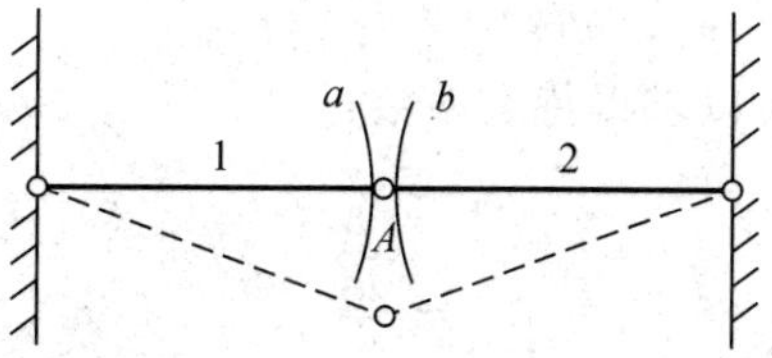

图 3 - 1　瞬变体系

3.2　杆单元

首先考虑桁架结构。桁架结构由只承受轴向拉压力的杆单元组成。杆单元如图 3 - 2 所示，横截面面积为 A，长度为 l，弹性模量为 E，单元有两个结点。由于这里是把三维的实体简化成了一维，所以可以认为每个结点实际上代表了一个横截面。由于杆在轴向拉压时，横截面上所有点的轴向位移都等于轴线上点的轴向位移，所以每个结点有一个自由度，其位移和受力如图 3 - 2 所示。单元坐标系只有一个 x 轴，方向从结点 i 指向结点 j。这里先考虑外力全部作用在结点上的情形。如果有非结点载荷，可以等效到结点上。结点位移向量和结点力向量分别为

$$\boldsymbol{q}^{\mathrm{e}} = [u_i \quad u_j]^{\mathrm{T}}, \quad \boldsymbol{f}^{\mathrm{e}} = [F_{xi} \quad F_{xj}]^{\mathrm{T}} \tag{3-1}$$

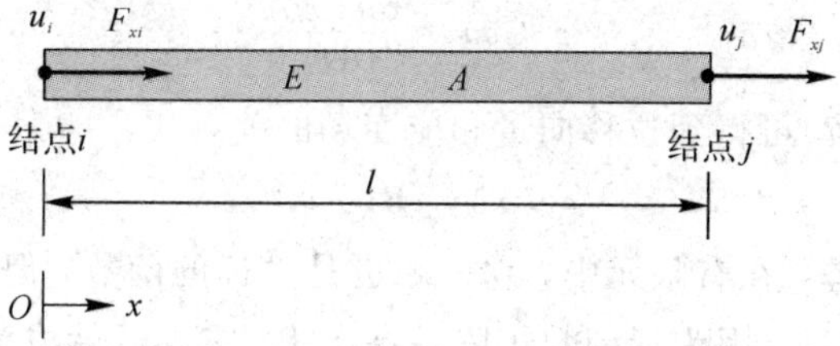

图 3 - 2　单元坐标系中的一维杆单元

我们的目的是用最小势能原理推导杆单元的平衡方程，得到杆单元位移向量和结点力向量之间的联系，也就是单元刚度矩阵。由于杆单元是连续弹性体，因此不能采用上一章推导弹簧刚度矩阵的方法，必须用公式(2 - 8)计算应变能，该公式需要已知应力场和应变场的表达式。

有限元法的直接待求量是结点位移，也就是说未知量是 $\boldsymbol{q}^{\mathrm{e}}$，必须将其他物理场都用结点位移来表示，特别是公式(2 - 8)中的应力场和应变场。在单元刚度矩阵的推导中，通常的做法如下：先假设一个插值函数，用结点位移表示单元整个的位移场，然后利用位移场表达式推导应力场和应变场，显然此时的应力场和应变场也是用结点位移表示的。最后利用最小势能原理就可以得到单元结点的平衡方程。这一流程适用于本书中所有类型的单元。

首先第一步用结点位移表示单元整个的位移场。通常选取多项式作为插值函数，因为多项式求导和积分都比较方便。这里用 u_i 和 u_j 插值位移场 $u(x)$，因为只有 $u(0) = u_i$ 和 $u(l) = u_j$ 这两个条件，所以插值多项式只能用一次式(两个待定系数)，设其为

$$u(x)=a_0+a_1x \tag{3-2}$$

根据结点自由度条件，可以求得待定系数：

$$\begin{cases}a_0=u_i\\ a_1=\dfrac{u_j-u_i}{l}\end{cases} \tag{3-3}$$

将式(3-3)代入式(3-2)，并按 u_i 和 u_j 合并同类项可得：

$$u(x)=\left(1-\frac{x}{l}\right)u_i+\frac{x}{l}u_j \tag{3-4}$$

定义**形函数矩阵**：

$$\boldsymbol{N}(x)=[N_i(x)\quad N_j(x)]=\left[1-\frac{x}{l}\quad \frac{x}{l}\right] \tag{3-5}$$

其中 N_i 和 N_j 为对应于结点 i 和 j 的形状函数。则式(3-4)可以写成：

$$u(x)=\boldsymbol{N}(x)\boldsymbol{q}^{\mathrm{e}} \tag{3-6}$$

可以看出，通过形函数矩阵可以用结点位移表示位移场函数。这里由于位移场只有 x 方向的分量，因此形状函数矩阵是一个行向量。当最终求出结点位移后，便可根据形状函数矩阵插值得到单元内任一点的位移。

下一步用结点位移表示应变场。根据弹性力学理论，结构的位移场和应变场之间存在关系式，这里我们直接给出(在下一章予以推导)：

$$\varepsilon_x(x)=\frac{\mathrm{d}u(x)}{\mathrm{d}x} \tag{3-7}$$

将式(3-6)代入式(3-7)可得到位移向量和应变场的关系式：

$$\varepsilon_x(x)=\boldsymbol{B}(x)\boldsymbol{q}^{\mathrm{e}} \tag{3-8}$$

其中 $\boldsymbol{B}(x)$称为**几何矩阵**，在有限元中，它一般也是坐标的函数，但这里是常数矩阵。显然它由形函数矩阵求导得到。因为形函数矩阵是一次式，求导后就成为常数矩阵：

$$\boldsymbol{B}(x)=\left[-\frac{1}{l}\quad \frac{1}{l}\right] \tag{3-9}$$

最后考虑用结点位移表示应力场。这里只有一个应变分量和应力分量，有：

$$\sigma_x(x)=\boldsymbol{S}(x)\boldsymbol{q}^{\mathrm{e}} \tag{3-10}$$

其中：

$$\boldsymbol{S}(x)=E\boldsymbol{B}(x)=\left[-\frac{E}{l}\quad \frac{E}{l}\right] \tag{3-11}$$

叫做**应力矩阵**。它也是常数矩阵，说明在杆单元内部，应力和应变都是常量。而位移是 x 的一次式。

可以验证，用几何矩阵和应力矩阵乘以结点位移得到的应力、应变均满足受拉为正，受压为负。这是因为在推导过程中用了弹性力学关系式(3-7)，而弹性力学中关于正应力、正应变符号的规定与材料力学一致。

下面我们利用式(2-8)、式(3-8)和式(3-10)来推导单元的应变能表达式。由于杆单元是我们接触的第一个连续体单元，这里给出详细的推导过程：

$$
\begin{aligned}
U^{e} &= \frac{1}{2}\int_{\Omega^{e}} \sigma_{x}(x)^{\mathrm{T}} \varepsilon_{x}(x)\,\mathrm{d}\Omega \\
&= \frac{1}{2}\int_{\Omega^{e}} (\boldsymbol{S}(x)\boldsymbol{q}^{e})^{\mathrm{T}}(\boldsymbol{B}(x)\boldsymbol{q}^{e})\,\mathrm{d}\Omega = \frac{1}{2}\int_{\Omega^{e}} \boldsymbol{q}^{e\mathrm{T}}\boldsymbol{S}^{\mathrm{T}}(x)\boldsymbol{B}(x)\boldsymbol{q}^{e}\,\mathrm{d}\Omega \\
&= \frac{1}{2}\boldsymbol{q}^{e\mathrm{T}}\left(\int_{\Omega^{e}} \boldsymbol{S}^{\mathrm{T}}(x)\boldsymbol{B}(x)\,\mathrm{d}\Omega\right)\boldsymbol{q}^{e} \\
&= \frac{1}{2}\boldsymbol{q}^{e\mathrm{T}}\left(\int_{\Omega^{e}} \boldsymbol{B}^{\mathrm{T}}(x)E\boldsymbol{B}(x)\,\mathrm{d}\Omega\right)\boldsymbol{q}^{e} \\
&= \frac{1}{2}\boldsymbol{q}^{e\mathrm{T}}\left(EA\int_{0}^{l}\begin{bmatrix}-\frac{1}{l} & \frac{1}{l}\end{bmatrix}^{\mathrm{T}}\begin{bmatrix}-\frac{1}{l} & \frac{1}{l}\end{bmatrix}\mathrm{d}x\right)\boldsymbol{q}^{e} \\
&= \frac{1}{2}\boldsymbol{q}^{e\mathrm{T}}EAl\begin{bmatrix}\frac{1}{l^{2}} & -\frac{1}{l^{2}} \\ -\frac{1}{l^{2}} & \frac{1}{l^{2}}\end{bmatrix}\boldsymbol{q}^{e} = \frac{1}{2}\boldsymbol{q}^{e\mathrm{T}}\begin{bmatrix}\frac{EA}{l} & -\frac{EA}{l} \\ -\frac{EA}{l} & \frac{EA}{l}\end{bmatrix}\boldsymbol{q}^{e}
\end{aligned}
\tag{3-12}
$$

而单元的总势能为

$$
\Pi^{e} = \frac{1}{2}\boldsymbol{q}^{e\mathrm{T}}\begin{bmatrix}\frac{EA}{l} & -\frac{EA}{l} \\ -\frac{EA}{l} & \frac{EA}{l}\end{bmatrix}\boldsymbol{q}^{e} - \boldsymbol{f}^{e\mathrm{T}}\boldsymbol{q}^{e} \tag{3-13}
$$

运用最小势能原理可得

$$
\begin{bmatrix}\frac{EA}{l} & -\frac{EA}{l} \\ -\frac{EA}{l} & \frac{EA}{l}\end{bmatrix}\boldsymbol{q}^{e} = \boldsymbol{f}^{e} \tag{3-14}
$$

可见杆单元的单元刚度矩阵即为

$$
\boldsymbol{K}^{e} = \begin{bmatrix}\frac{EA}{l} & -\frac{EA}{l} \\ -\frac{EA}{l} & \frac{EA}{l}\end{bmatrix} \tag{3-15}
$$

其形式与弹簧单元刚度矩阵很相似，这是因为在这种假设的位移模式下，杆单元可以看成刚度为 EA/l 的弹簧。

最后讨论载荷作用点不是单元结点的情形，在这种情况下，我们只需要正常按公式计算外力势能即可，因为位移场或者非结点位移均可以用结点位移来表示，最终可以得到非结点载荷在结点处的等效值。例如，在杆单元中点处($x=0.5l$)作用有 x 方向集中载荷 F，则外力势能计算如下：

$$
V^{e} = -Fu\left(\frac{l}{2}\right) = -F\boldsymbol{N}\left(\frac{l}{2}\right)\boldsymbol{q}^{e} = -F\begin{bmatrix}\frac{1}{2} & \frac{1}{2}\end{bmatrix}\begin{Bmatrix}u_{i} \\ u_{j}\end{Bmatrix} = -\left(\frac{F}{2}u_{i} + \frac{F}{2}u_{j}\right) \tag{3-16}
$$

可以看出相当于把这个力均分给了两个结点。如果力不是作用在中点，则两个结点分到的力会不同。接下来考虑杆单元作用有 x 方向均布载荷，其强度为 p，则外力势能计算如下：

$$
\begin{aligned}
V^{e} &= -\int_{0}^{l} pu(x)\,\mathrm{d}x = -\int_{0}^{l} p\boldsymbol{N}(x)\boldsymbol{q}^{e}\,\mathrm{d}x = -p\,\boldsymbol{q}^{e}\int_{0}^{l}\boldsymbol{N}(x)\,\mathrm{d}x \\
&= -p\int_{0}^{l}\begin{bmatrix}1-\frac{x}{l} & \frac{x}{l}\end{bmatrix}\mathrm{d}x\boldsymbol{q}^{e} = -p\begin{bmatrix}\frac{l}{2} & \frac{l}{2}\end{bmatrix}\boldsymbol{q}^{e} = -\left(\frac{pl}{2}u_{i} + \frac{pl}{2}u_{j}\right)
\end{aligned}
\tag{3-17}
$$

由式(3－17)可知，由于载荷是均布的，也相当于把总的载荷均分给了两个结点。

例 3－1　如图 3－3 所示为一维杆结构，图中 $l=1$ m，横截面积和弹性模量分别为 $A=10^{-3}\text{m}^2$、$E=200$ GPa。其左端固定，受到强度为 $p=10$ kN/m 的均布载荷。杆结构划分为两个单元，单元和结点编号如图所示。使用有限元方法计算结构的约束力、位移场、应力场。

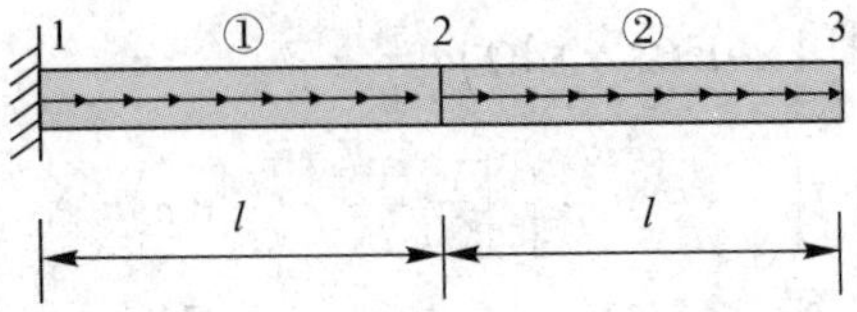

图 3－3　受均布载荷的一维杆结构

分析：单元刚度矩阵之前我们已经推导完成，可以直接使用。关键是要把均布载荷等效到结点上。刚才我们已经讲过，如果一个杆单元受到均布力，则将均布力的总量均分到两个结点上。所以有些读者会不假思索地认为：三个结点各分到总载荷的 1/3。这种想法是错误的。对于单元①，结点 1 分到 $pl/2$，结点 2 分到 $pl/2$。对于单元②，结点 2 分到 $pl/2$，结点 3 分到 $pl/2$。所以最终结点 1 分到 $pl/2$，结点 2 分到 pl，结点 3 分到 $pl/2$。因此可以看出，对总体结构而言，分布载荷并不是均分到各个结点上。载荷的等效都是针对单元的，对于连接多个单元的结点，必须在各单元进行等效后，再将该结点等效的载荷加起来。

解　各单元局部结点编号与总体结点编号的对应关系见表 3－1。

表 3－1　一维杆结构局部和总体结点编号对应关系

单　元	结点 i	结点 j
①	1	2
②	2	3

由于两单元横截面积、弹性模量，长度均相同，其刚度矩阵的表达式也相同：

$$\boldsymbol{K}^{(1)}=\boldsymbol{K}^{(2)}=\begin{bmatrix}\dfrac{EA}{l} & -\dfrac{EA}{l}\\ -\dfrac{EA}{l} & \dfrac{EA}{l}\end{bmatrix}\tag{3-18}$$

采用直接刚度法组装总体刚度矩阵，并写出等效的结点载荷向量，可得结构的平衡方程：

$$\begin{bmatrix}\dfrac{EA}{l} & -\dfrac{EA}{l} & 0\\ -\dfrac{EA}{l} & \dfrac{2EA}{l} & -\dfrac{EA}{l}\\ 0 & -\dfrac{EA}{l} & \dfrac{EA}{l}\end{bmatrix}\begin{bmatrix}u_1\\ u_2\\ u_3\end{bmatrix}=\begin{bmatrix}\dfrac{pl}{2}+R_1\\ pl\\ \dfrac{pl}{2}\end{bmatrix}\tag{3-19}$$

其中 R_1 为未知约束力。施加如下约束：

$$\begin{bmatrix}\dfrac{2EA}{l} & -\dfrac{EA}{l}\\ -\dfrac{EA}{l} & \dfrac{EA}{l}\end{bmatrix}\begin{bmatrix}u_2\\ u_3\end{bmatrix}=\begin{bmatrix}pl\\ \dfrac{pl}{2}\end{bmatrix}\tag{3-20}$$

代入数值求解可得：$u_2=0.075$ mm，$u_3=0.1$ mm。

取总体刚度矩阵第 1 行的 2、3 列元素与向量$[u_2 \quad u_3]^{\mathrm{T}}$相乘，可得：

$$\begin{bmatrix}-\frac{EA}{l} & 0\end{bmatrix}\begin{bmatrix}u_2\\u_3\end{bmatrix}=-15\ \mathrm{kN} \tag{3-21}$$

也即

$$\frac{pl}{2}+R_1=-15\ \mathrm{kN} \tag{3-22}$$

可以求得约束力 $R_1=-20$ kN。

为了得到位移场，需要利用结点位移在单元内部分片插值。对于单元①，根据公式(3-4)，其位移场为

$$u_x^{(1)}(x)=\left(1-\frac{x}{l}\right)u_1+\frac{x}{l}u_2=0.00075x\ (\mathrm{m}) \tag{3-23}$$

对于单元②，其位移场为

$$u_x^{(2)}(x)=\left(1-\frac{x}{l}\right)u_2+\frac{x}{l}u_3=0.00075+0.00025x\ (\mathrm{m}) \tag{3-24}$$

注意这里的 x 是单元内部的局部坐标。同样根据公式(3-10)，可以求得单元①的应力场为

$$\sigma_x^{(1)}(x)=\boldsymbol{S}(x)\boldsymbol{q}^{\mathrm{e}}=\begin{bmatrix}-\frac{E}{l} & \frac{E}{l}\end{bmatrix}\begin{bmatrix}u_1\\u_2\end{bmatrix}=15\ \mathrm{MPa} \tag{3-25}$$

单元②的应力场为

$$\sigma_x^{(2)}(x)=\boldsymbol{S}(x)\boldsymbol{q}^{\mathrm{e}}=\begin{bmatrix}-\frac{E}{l} & \frac{E}{l}\end{bmatrix}\begin{bmatrix}u_2\\u_3\end{bmatrix}=5\ \mathrm{MPa} \tag{3-26}$$

讨论：可以看出，计算出的位移场和应力场分别为一次式和常数，这与之前我们提到的杆单元的性质是吻合的。根据材料力学知识可知，如果杆单元只在结点处受力，那么其内部位移场就是一次函数(直线方程)，此时得出的结果就是材料力学意义上的精确解。

因此，对于一维杆结构，我们要在集中力作用处划分出结点，这样计算出的结果就是精确解。例如，如果这个题目不是分布力，而是在 $x=0.6l$ 处有一个集中力，那么我们在 $x=0.6l$ 处将杆划分成两个单元，就可以求得精确解。

然而这个题目杆受到均布力，根据材料力学知识容易求出其位移场是 x 的二次式，应力场是 x 的一次式。对于分布载荷，无论划分多少个单元都不能得到精确解，此时位移场是用折线近似二次曲线，应变场是用分段常值函数(阶梯函数)来近似斜直线。单元越多，逼近效果就越好。特别地，对于等截面的杆以及后续的梁，这里不加证明地给出一条性质：即使对它们进行了载荷等效，计算出的结点处的位移总是精确的。读者们可以尝试将该题目中的杆划分为不同的单元数，并将求得的结点位移与精确解相比较。

对于二维及以上的桁架结构，则必须遵循一根杆一个单元的方案，因为杆单元的结点是铰接的，如果将一根桁架杆划分成多个单元，会导致其结构变成几何可变体系。不过因为桁架结构的定义就是要求所有载荷作用在铰接点处，所以也没有多划分单元的必要。

3.3 杆单元坐标变换

本节考虑平面桁架和空间桁架，主要以平面桁架为主。先考虑图 3-4 所示的平面杆单元，这里每个结点加入了 y 方向的位移自由度。y 坐标轴由 x 坐标轴逆时针旋转 90°得到。单元的结点位移向量为

$$\boldsymbol{q}^{\mathrm{e}} = [u_i \quad v_i \quad u_j \quad v_j]^{\mathrm{T}} \tag{3-27}$$

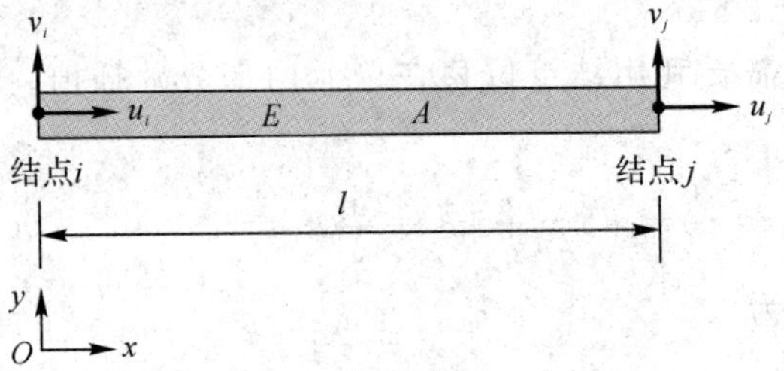

图 3-4　单元坐标系中的平面杆单元

注意，无论对于单元还是整体结构，在排列位移向量中的自由度时，都是先按结点编号顺序进行整体排列，再将同一个结点的不同自由度进行内部排列。在小变形前提下，单元的应变能表达式与 y 方向的位移自由度无关，仍是式(3-12)，但此时的结点位移向量扩充了，因此单元刚度矩阵为

$$\boldsymbol{K}^{\mathrm{e}} = \frac{EA}{l}\begin{array}{c} \begin{matrix} u_i & v_i & u_j & v_j \end{matrix} \\ \begin{bmatrix} 1 & 0 & -1 & 0 \\ 0 & 0 & 0 & 0 \\ -1 & 0 & 1 & 0 \\ 0 & 0 & 0 & 0 \end{bmatrix} \end{array}\begin{matrix} u_i \\ v_i \\ u_j \\ v_j \end{matrix} \tag{3-28}$$

对于实际的桁架结构，各杆件的方向不同，单元坐标系方向不一致。而结构中各结点的位移都是在总体坐标系下给出的。因此需要将单元坐标系下的位移转换成总体坐标系下的位移，才能使用直接刚度法组装总体刚度矩阵。此时单元刚度矩阵的形式也要进行相应的转换。

考虑图 3-5 所示的杆单元。在总体坐标系中，总体坐标系基向量为：$[1 \quad 0]^{\mathrm{T}}$，$[0 \quad 1]^{\mathrm{T}}$，单元坐标系基向量为$[\cos(x, x') \quad \cos(x, y')]^{\mathrm{T}}$，$[\cos(y, x') \quad \cos(y, y')^{\mathrm{T}}]$。其中 $\cos(x, x')$表示 x 轴与 x' 轴夹角的余弦，称为方向余弦，其他分量的意义类似。

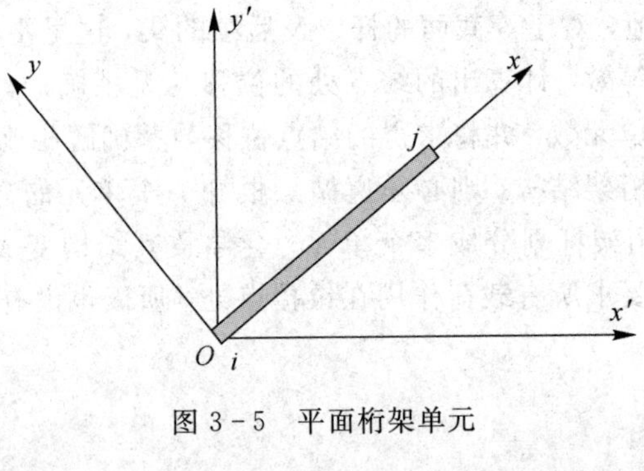

图 3-5　平面桁架单元

根据线性代数知识，单元坐标系到总体坐标系之间的基过渡矩阵 $\boldsymbol{T}$ 应满足：

$$\begin{bmatrix}1 & 0\\0 & 1\end{bmatrix}=\begin{bmatrix}\cos(x,x') & \cos(y,x')\\\cos(x,y') & \cos(y,y')\end{bmatrix}\boldsymbol{T} \tag{3-29}$$

显然，$\boldsymbol{T}$ 是等式右端第一个矩阵的逆矩阵，由于该矩阵是正交矩阵，所以将其转置就可得到 $\boldsymbol{T}$ 矩阵：

$$\boldsymbol{T}=\begin{bmatrix}\cos(x,x') & \cos(x,y')\\\cos(y,x') & \cos(y,y')\end{bmatrix} \tag{3-30}$$

将总体坐标系的位移分量右上角加一撇以示区别。不同坐标系下位移分量之间满足关系：

$$\begin{bmatrix}u\\v\end{bmatrix}=\boldsymbol{T}\begin{bmatrix}u'\\v'\end{bmatrix} \tag{3-31}$$

对于杆单元，在结构小变形的前提下，计算应变能只用到单元坐标系下 x 方向的位移自由度。因此在式(3-31)中，只考虑单元坐标系下 x 方向的位移自由度：

$$u=[\cos(x,x') \quad \cos(x,y')]\begin{bmatrix}u'\\v'\end{bmatrix} \tag{3-32}$$

同时，在下文中，$\boldsymbol{q}^{\mathrm{e}}$ 和 $\boldsymbol{K}^{\mathrm{e}}$ 仍取回式(3-1)和式(3-15)的形式。平面杆单元每个结点的转换关系相同，对于全部两个结点，转换关系如下：

$$\begin{bmatrix}u_i\\u_j\end{bmatrix}=\begin{bmatrix}\cos(x,x') & \cos(x,y') & 0 & 0\\0 & 0 & \cos(x,x') & \cos(x,y')\end{bmatrix}\begin{bmatrix}u_i'\\v_i'\\u_j'\\v_j'\end{bmatrix} \tag{3-33}$$

因为两个结点的转换是互不影响的，所以矩阵第 1 行 3、4 列元素，第 2 行 1、2 列元素都为零。

定义平面杆单元的坐标变换矩阵为

$$\boldsymbol{T}^{\mathrm{e}}=\begin{bmatrix}\cos(x,x') & \cos(x,y') & 0 & 0\\0 & 0 & \cos(x,x') & \cos(x,y')\end{bmatrix} \tag{3-34}$$

定义总体坐标系下的单元位移向量为

$$\boldsymbol{q}^{\mathrm{e}'}=[u_i' \quad v_i' \quad u_j' \quad v_j']^{\mathrm{T}} \tag{3-35}$$

则式(3-33)可以写成：

$$\boldsymbol{q}^{\mathrm{e}}=\boldsymbol{T}^{\mathrm{e}}\boldsymbol{q}^{\mathrm{e}'} \tag{3-36}$$

单元的应变能为

$$U^{\mathrm{e}}=\frac{1}{2}\begin{bmatrix}u_i\\u_j\end{bmatrix}^{\mathrm{T}}\begin{bmatrix}\dfrac{EA}{l} & -\dfrac{EA}{l}\\-\dfrac{EA}{l} & \dfrac{EA}{l}\end{bmatrix}\begin{bmatrix}u_i\\u_j\end{bmatrix}=\frac{1}{2}\boldsymbol{q}^{\mathrm{e}'\mathrm{T}}\boldsymbol{T}^{\mathrm{eT}}\boldsymbol{K}^{\mathrm{e}}\boldsymbol{T}^{\mathrm{e}}\boldsymbol{q}^{\mathrm{e}'} \tag{3-37}$$

显然

$$\boldsymbol{K}^{\mathrm{e}'}=\boldsymbol{T}^{\mathrm{eT}}\boldsymbol{K}^{\mathrm{e}}\boldsymbol{T}^{\mathrm{e}} \tag{3-38}$$

式(3-38)是总体坐标系下的单元刚度矩阵。这个矩阵乘法的计算结果可以写出，但是没有必要。在编程时通常利用式(3-38)进行计算，而不是直接写出其表达式，因为这个全局坐标下的单元刚度矩阵元素较多，在直接使用时特别容易敲错。而式(3-38)的矩阵乘法通常交给计算机完成，不容易出错。

方向余弦通常利用单元两个结点的坐标差进行计算：

$$\begin{cases}\cos(x,\ x')=\dfrac{x_j-x_i}{l}\\[2ex]\cos(x,\ y')=\dfrac{y_j-y_i}{l}\end{cases}\tag{3-39}$$

其中 x_i、y_i、x_j、y_j 分别是总体坐标系下结点 i 的 x、y 坐标以及结点 j 的 x、y 坐标。杆件长度 l 同样由单元两个结点的坐标差进行计算：

$$l=\sqrt{(x_j-x_i)^2+(y_j-y_i)^2}\tag{3-40}$$

可以看出，这些计算都只用到坐标相对量，所以只要总体坐标系的 x 和 y 轴方向确定，其原点可以任意选取，计算出的单元刚度矩阵是一样的，从而组装的总体刚度矩阵也是一样的，由于坐标系平移也不影响外载荷，所以坐标系平移不影响计算的结果。这一点对于其他结构的有限元建模也是一样的，总体坐标系平移不影响刚度矩阵和计算结果。

若总体坐标系做旋转，计算的结果会有一个坐标变换(式(3-31))。

空间桁架的坐标变换与平面桁架类似，区别在于此时矩阵 $\boldsymbol{T}^{\mathrm{e}}$ 的表达式为

$$\boldsymbol{T}^{\mathrm{e}}=\begin{bmatrix}\cos(x,x') & \cos(x,y') & \cos(x,z') & 0 & 0 & 0\\ 0 & 0 & 0 & \cos(x,x') & \cos(x,y') & \cos(x,z')\end{bmatrix}\tag{3-41}$$

对于桁架结构，需要将单元刚度矩阵转换到总体坐标系下，再将其组装为总体刚度矩阵。而载荷一般都是在总体坐标系下给出的，因此无须转换。

例 3-2　如图 3-6 所示的三杆桁架结构，单元和结点编号如图所示。图中单元②的长度为 1 m，各杆横截面积和弹性模量分别为 $A=10^{-4}\ \mathrm{m}^2$、$E=200$ GPa，$F=10$ kN。求结点位移、约束力、各杆应力。

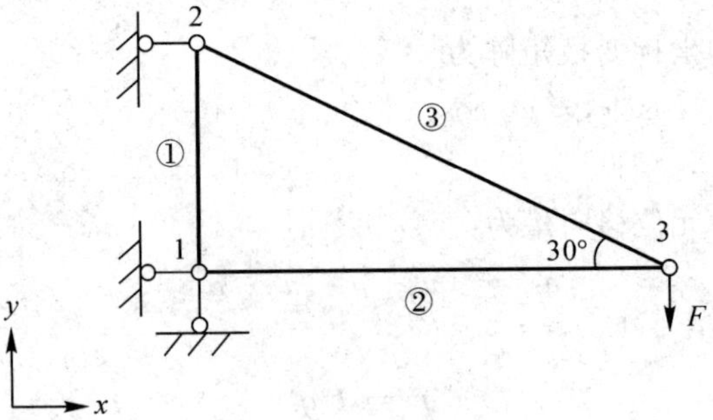

图 3-6　三杆桁架结构

分析与求解　各单元局部结点编号与总体结点编号的对应关系见表 3-2。

表 3-2　一维杆结构局部和总体结点编号对应关系

单　元	结点 i	结点 j
①	1	2
②	3	1
③	2	3

注意这个对应关系是自由选取的。例如，也可以把单元②的结点 i 对应结点 1，结点 j 对应结点 3。对应关系不同，会影响单元坐标轴的方向，进而使坐标转换矩阵差一个符号。不过从式(3-37)可以看出，负负得正，对于转换出的刚度矩阵没有影响。

　　总体坐标轴原点可以取在任意位置，这里为了方便，取在结点 1 处。此时各结点坐标如表 3-3 所示。

表 3-3　一维杆结构局部和总体结点编号对应关系

结　点	x 坐标/m	y 坐标/m
1	0	0
2	0	0.5
3	1	0

　　结点坐标用来计算各杆件的长度，以及通过各杆件 x 轴在总体坐标系中的方向以确定各方向余弦。当然我们在人工计算时，有些物理量一眼就能看出来，特别是各杆件长度。但是编程时，就完全需要用表 3-2 和表 3-3 的信息进行计算。

　　我们之前已组装过总体刚度矩阵，但之前的单元都是每个结点只有 1 个自由度的情形。如果一个结点有多个自由度，就可以把单元刚度矩阵分块，以块为单元进行组装，而不用以元素为单元逐一组装。这里以单元②为例说明组装总体刚度矩阵的过程。经过计算，单元②在总体坐标系下的刚度矩阵为

$$\boldsymbol{K}^{(2)} = 10^7 \begin{array}{c} \begin{matrix} u_3 & v_3 & u_1 & v_1 \end{matrix} \\ \begin{bmatrix} 2 & 0 & -2 & 0 \\ 0 & 0 & 0 & 0 \\ -2 & 0 & 2 & 0 \\ 0 & 0 & 0 & 0 \end{bmatrix} \begin{matrix} u_3 \\ v_3 \\ u_1 \\ v_1 \end{matrix} \end{array} \qquad (3-42)$$

结构总体的位移向量如下：

$$\boldsymbol{q} = \begin{bmatrix} u_1 & v_1 & u_2 & v_2 & u_3 & v_3 \end{bmatrix}^{\mathrm{T}} \qquad (3-43)$$

总体刚度矩阵各行各列对应的自由度如下(其中的元素用小圆圈表示)：

$$\begin{array}{c} \begin{matrix} u_1 & v_1 & u_2 & v_2 & u_3 & v_3 \end{matrix} \\ \begin{bmatrix} \circ & \circ & \circ & \circ & \circ & \circ \\ \circ & \circ & \circ & \circ & \circ & \circ \\ \circ & \circ & \circ & \circ & \circ & \circ \\ \circ & \circ & \circ & \circ & \circ & \circ \\ \circ & \circ & \circ & \circ & \circ & \circ \\ \circ & \circ & \circ & \circ & \circ & \circ \end{bmatrix} \begin{matrix} u_1 \\ v_1 \\ u_2 \\ v_2 \\ u_3 \\ v_3 \end{matrix} \end{array} \qquad (3-44)$$

　　可以看出，在总体位移向量中，单元同一个结点的所有自由度总是相邻的。所以可以将(3-42)按结点编号分成如下 4 个子块：

$$\boldsymbol{K}^{(2)} = \begin{array}{c} \begin{matrix} 3 & \quad 1 \end{matrix} \\ \begin{bmatrix} (1) & (2) \\ \hline (3) & (4) \end{bmatrix} \begin{matrix} 3 \\ 1 \end{matrix} \end{array} \qquad (3-45)$$

由于每个子块中有 4 个元素，这 4 个元素填入总体刚度矩阵后，仍然是相邻的，且相对位置不变。下一步关键是要确定各子块在总体坐标系中的位置，也就是行、列的起始位置。这里以子块 2 为例，先分析行。由于子块 2 的行对应结点 3，每个结点有 2 个自由度，所以结点 3 的 x 自由度、y 自由度在结构总体自由度中的位置分别为 $3\times2-1$ 和 3×2。也就是说子块 2 的第 1 行对应总体刚度矩阵的第 5 行。然后分析列，同样道理，子块 2 的第 1 列对应总体刚度矩阵的第 $1\times2-1=1$ 列。因此子块 2 在总体刚度矩阵对应的是，$3\times2-1$ 到 3×2 行，$1\times2-1$ 到 1×2 列的 4 个元素。

我们后续进行其他单元总体刚度矩阵的组装时，也都按这种分块的方法组装。假设一个单元有 n 个结点，每个结点有 k 个自由度，则单元刚度矩阵可以分为 n^2 个子块，每个子块为 k 阶方阵。假设某子块的行对应结点 i，列对应结点 j，则该子块在总体刚度矩阵的位置是：$i\times k-(k-1)$ 行至 $i\times k$ 行，$j\times k-(k-1)$ 行至 $j\times k$ 列。

将三个单元组装完成后，可得总体刚度矩阵。详细过程不再写出，教师教学时可以作为课堂练习，让学生指出各单元刚度矩阵中子块的位置。

结构的载荷向量为

$$f=[R_{1x}\quad R_{1y}\quad R_{2x}\quad 0\quad 0\quad -F]^{\mathrm{T}} \tag{3-46}$$

其中前三个元素为未知约束力。结构的平衡方程如下(这里书写时保留小数点后两位，实际计算时由于使用 MATLAB，用的位数远多于小数点后两位)：

$$10^7\begin{bmatrix}2 & 0 & 0 & 0 & -2 & 0\\ 0 & 4 & 0 & -4 & 0 & 0\\ 0 & 0 & 1.43 & -0.72 & -1.43 & 0.72\\ 0 & -4 & -0.72 & 4.36 & 0.72 & -0.36\\ -2 & 0 & -1.43 & 0.72 & 3.43 & -0.72\\ 0 & 0 & 0.72 & -0.36 & -0.72 & 0.36\end{bmatrix}\begin{bmatrix}u_1\\ v_1\\ u_2\\ v_2\\ u_3\\ v_3\end{bmatrix}=\begin{bmatrix}R_{1x}\\ R_{1y}\\ R_{2x}\\ 0\\ 0\\ -10000\end{bmatrix} \tag{3-47}$$

划去 1～3 行，1～3 列，可得

$$10^7\begin{bmatrix}4.36 & 0.72 & -0.36\\ 0.72 & 3.43 & -0.72\\ -0.36 & -0.72 & 0.36\end{bmatrix}\begin{bmatrix}v_2\\ u_3\\ v_3\end{bmatrix}=\begin{bmatrix}0\\ 0\\ -10000\end{bmatrix} \tag{3-48}$$

求解可得

$$[v_2\quad u_3\quad v_3]^{\mathrm{T}}=10^{-3}(-0.25\quad -1\quad -5)^{\mathrm{T}}\quad(\mathrm{m}) \tag{3-49}$$

结构的位移向量为

$$[u_1\quad v_1\quad u_2\quad v_2\quad u_3\quad v_3]^{\mathrm{T}}=10^3[0\quad 0\quad 0\quad -0.25\quad -1\quad -5]^{\mathrm{T}}(\mathrm{m}) \tag{3-50}$$

利用总体刚度矩阵中被约束的自由度所对应行、未被约束自由度所对应列，可求得约束力：

$$10^7\begin{bmatrix}0 & -2 & 0\\ -4 & 0 & 0\\ -0.72 & -1.43 & 0.72\end{bmatrix}10^{-3}\begin{bmatrix}-0.25\\ -1\\ -5\end{bmatrix}=10^4\begin{bmatrix}2\\ 1\\ -2\end{bmatrix}\quad(\mathrm{N}) \tag{3-51}$$

注意在使用 MATLAB 进行计算时，由于二进制浮点数计算的问题，有时会出现把 1 计算成 0.99999…的情形。二进制浮点数的这个缺点在工程应用中问题还不算很大(但在金融领域就不合适了)。

各单元应力场的计算需要将每个单元的两结点位移利用式(3－36)转换到局部坐标系下，再用式(3－10)求解。以单元②为例：

$$\sigma_x^{(2)}(x)=\boldsymbol{S}\boldsymbol{q}^{\mathrm{e}}=\boldsymbol{S}\boldsymbol{T}^{\mathrm{e}}\,\boldsymbol{q}'^{\mathrm{e}}$$

$$=\begin{bmatrix}-\dfrac{E}{l} & \dfrac{E}{l}\end{bmatrix}\begin{bmatrix}-1 & 0 & 0 & 0\\ 0 & 0 & -1 & 0\end{bmatrix}\begin{bmatrix}u_3\\ v_3\\ u_1\\ v_1\end{bmatrix}$$

$$=\frac{E}{l}(u_3-u_1)=-200\ \mathrm{MPa} \tag{3-52}$$

对于结点 i 和 j，其在总位移向量中的自由度编号分别为 $i\times2-(2-1)$ 至 $i\times2$；$j\times2-(2-1)$ 至 $j\times2$。注意这里的 i 和 j 一定要按照表 3－2 中对应关系选取，不然算出的结果差一个符号。

同样可算出其他两个单元的应力场如下：

$$\begin{cases}\sigma_x^{(1)}(x)=-100\ \mathrm{MPa}\\ \sigma_x^{(3)}(x)=223.61\ \mathrm{MPa}\end{cases} \tag{3-53}$$

总结：本题虽然是一道例题，但是讲得非常详细，其中一些要点具有共性。例如单元刚度矩阵分块组装的方法，在后续的单元也会用到，一定要熟练掌握。

3.4　桁架结构 MATLAB 编程

下面给出例题 3－2 桁架结构的 MATLAB 程序，程序流程与上一节的例题基本一致，主要增加了结构变形可视化的环节。程序具有一定的通用性，只要修改其中的单元矩阵和结点矩阵(对应表 3－2 和表 3－3)、约束自由度编号、载荷列阵，就可以直接用于计算其他的平面桁架结构。

程序 1　平面桁架结构有限元静力学程序。

```
%平面桁架结构有限元静力学程序，带变形图
%清空工作空间
clear all
%各杆弹性模量与截面积
E=2e11*[1 1 1];
A=1e-4*[1 1 1];
%单元连接的结点(表 3-2)
element=[1 2; 3 1; 2 3];
%结点坐标(表 3-3)
node=[0 0; 0 0.5; 1 0];
%统计单元和结点的个数
Nele=size(element, 1);
Nnode=size(node, 1);
%被约束为零的自由度编号
cdof=[1 2 3]';
```

```
%载荷列向量。未知约束力处先设置为0，因为随后要划掉，不影响计算的结果
p=[0 0 0 0 0 -10e3]';
%画出模型(单元和结点)
for i=1：Nele
line([node(element(i，1)，1)，node(element(i，2)，1)]，[node(element(i，1)，2)，...
  node(element(i，2)，2)]，'color'，'k'，'LineWidth'，1)；
end
hold on
axis equal
plot(node(：，1)，node(：，2)，'ko'，'MarkerSize'，10)；
%计算每个单元的杆长和坐标变换矩阵 T，这里用 cell 来存储多个矩阵
L=zeros(Nele，1)；
S=cell(Nele，1)；
T=cell(Nele，1)；
for i=1：Nele
   %取出单元的结点编号
   n1=element(i，1)；
   n2=element(i，2)；
   %取出第一个结点的 x、y 坐标
   x1=node(n1，1)；
   y1=node(n1，2)；
   %取出第二个结点的 x、y 坐标
   x2=node(n2，1)；
   y2=node(n2，2)；
   %计算长度
   L(i)=sqrt((x1-x2)^2+(y1-y2)^2)；
   %计算方向余弦，生成坐标转换矩阵
   nx=(x2-x1)/L(i)；
   ny=(y2-y1)/L(i)；
   T{i}=[nx ny 0 0；
         0 0 nx ny]；
end
%初始化总体刚度矩阵
K=zeros(2*Nnode)；
%组装总体刚度矩阵
for i=1：Nele
   %单元坐标系下的单元刚度矩阵
   Ke0=(E(i)*A(i)/L(i))*[1 -1；
                         -1 1]；
   %总体坐标系下的单元刚度矩阵
   Ke=T{i}'*Ke0*T{i}；
   %取出单元的结点编号
   n1=element(i，1)；
```

```
59      n2＝element(i, 2);
60      ％将刚度矩阵分成四块累加入总体刚度矩阵
61      K(n1 * 2−1: n1 * 2, n1 * 2−1: n1 * 2)＝K(n1 * 2−1: n1 * 2, n1 * 2−1: n1 * 2)＋Ke
        (1: 2, 1: 2);
62      K(n1 * 2−1: n1 * 2, n2 * 2−1: n2 * 2)＝K(n1 * 2−1: n1 * 2, n2 * 2−1: n2 * 2)＋Ke
        (1: 2, 3: 4);
63      K(n2 * 2−1: n2 * 2, n1 * 2−1: n1 * 2)＝K(n2 * 2−1: n2 * 2, n1 * 2−1: n1 * 2)＋Ke
        (3: 4, 1: 2);
64      K(n2 * 2−1: n2 * 2, n2 * 2−1: n2 * 2)＝K(n2 * 2−1: n2 * 2, n2 * 2−1: n2 * 2)＋Ke
        (3: 4, 3: 4);
65  end
66  ％施加约束
67  ％把所有自由度写成一个数组
68  fdof＝[1: 2 * Nnode]';
69  ％删去被约束的自由度
70  fdof(cdof)＝[];
71  ％根据剩下的自由度提取出相应的行和列组成约束后的刚度矩阵和载荷向量
72  Ks＝K(fdof, fdof);
73  ps＝p(fdof);
74  ％求解
75  us＝ Ks\ps;
76  ％还原为所有自由度的位移
77  ％先生成全为 0 的矩阵
78  u＝zeros(2 * Nnode, 1);
79  ％将未被约束的自由度填入
80  u(fdof)＝us;
81  ％计算变形示意图中的结点位置坐标
82  node_d＝zeros(size(node));
83  ％因为是小变形, 设置一个放大系数对位移进行放大, 但不能太大
84  Scl＝20;
85  for i＝1: Nnode
86      ％在结点原位置上加入 x 方向位移量
87          node_d(i, 1)＝node(i, 1)＋Scl * u(2 * i−1);
88      ％在结点原位置上加入 y 方向位移量
89          node_d(i, 2)＝node(i, 2)＋Scl * u(2 * i);
90  end
91  ％画出变形示意图
92  for i＝1: length(element)
93  line([node_d(element(i, 1), 1), node_d(element(i, 2), 1)], ...
94      [node_d(element(i, 1), 2), node_d(element(i, 2), 2)], ...
95      'color', 'k', 'LineStyle', '－－', 'LineWidth', 1);
96  end
97  plot(node_d(: , 1), node_d(: , 2), 'ko', 'MarkerSize', 10);
```

```
axis off
%计算所有约束力，cdof 是被约束的自由度编号，fdof 是未被约束的自由度编号
pr=K(cdof, fdof) * us;
%计算各单元应力
sigma=zeros(Nele, 1);
for i=1: Nele
    n1=element(i, 1);
    n2=element(i, 2);
    sigma(i)=E(i) * [(-1)/L(i)  1/L(i)] * T{i} * [u(n1 * 2-1) u(n1 * 2) u(n2 * 2-1)
    u(n2 * 2)]';
end
%在命令窗口写出结果
format long
u
sigma
pr
```

该程序主要为了说明计算的流程，因此并未进行过度优化。例如，MATLAB 中，矩阵元素是按列排列的，因此本程序中存储单元和结点信息的矩阵如果都转置一下，也就是把单元的结点编号和结点坐标都按列存储，则读写效率会更高。此外，由于每个单元的坐标转换矩阵在计算单元应力时还要使用，因此利用 MATLAB 的 cell 数组将这些矩阵储存起来。其实，由于这些矩阵比较容易计算，而存储后读取它们需要访问内存，所以可能还没有重新计算一遍来得快。同学们可以针对规模较大的桁架，就刚才所说的两点进行数值试验。

3.5　桁架结构 ANSYS 计算

算例 3-1　仍然针对例 3-2，给出 ANSYS 软件计算的简单流程。

(1) 定义工作名。执行[Utility Menu]→[file]→[Change Jobname]命令，在弹出的[Change Jobname]对话框中输入工作文件名(也可以保留默认名不更改，默认名为 file)。对话框中的“New log and error files?”建议勾上，这样将生成新的 log 和 err 文件。

(2) 选择问题类型。执行[Main Menu]→[Preferences]命令，在弹出的[Preferences for GUI Filtering]对话框中勾选[Structural](结构)。这一步起一个过滤功能，在后续的软件各选项中，将只列出与结构分析类型有关的选项。

(3) 选择单元类型。执行[Main Menu]→[Preprocessor]→[Element Type]→[Add/Edit/Delete]命令，会弹出[Element Types]对话框，点击[Add]，又会弹出[Libarary of Element Types]对话框，选择[Link-3D finit stn 180](LINK180 单元)。

(4) 设置材料属性。执行[Main Menu]→[Preprocessor]→[Material Props]→[Material Models]命令，在弹出的[Define Material Model Behavior]对话框中选择[Structural]→[Linear]→[Elastic]→[Isotropic]，会弹出新的对话框，在 EX 中填入弹性模量，在 PRXY 中填入泊松比。杆单元虽然不用泊松比，但不填会弹出警告，所以需要填一个合理值，如 0.3。

(5) 定义杆单元面积。执行[Main Menu]→[Preprocessor]→[Sections]→[Link]→[Add]命令，在弹出的[Add Link Section]对话框中，输入截面编号 1(本例中所有杆单元截面积相同)，点击[OK]后弹出新对话框，在[Link area]中填入截面面积 0.0001 或者 1e-4。

(6) 几何建模：生成关键点。执行[Main Menu]→[Preprocessor]→[Modeling]→[Create]→[KeyPoints]→[In Active CS]命令，在弹出的对话框中输入结点编号(NPT)以及三个坐标(X，Y，Z)。点击[Apply]依次生成三个关键点(0，0，0)，(1，0，0)和(0，0.5，0)，最后点击[OK]。低版本的 ANSYS 在 GUI 中是可以使用平面杆单元的，但近年来高版本取消了这个功能，因此模型是三维的，还必须输入 z 坐标，这里 z 坐标全设置为 0。

在输入结点编号时，可以在 NPT 中输入 next，这样系统将依次编号，不容易出错。另外，坐标不填则默认取 0，因此为 0 的坐标可以不填。也就是说，对话框弹出后，我们在[NPT]中键入 next，点击[Apply]；在第一个坐标输入 1，点击[Apply]；删掉第一个坐标的 1，在第二个坐标输入 0.5，点击[OK]，即可生成三个关键点。

(7) 几何建模：生成线。执行[Main Menu]→[Preprocessor]→[Modeling]→[Create]→[Lines]→[Lines]→[Straight Line]，会弹出[Create Straight Line]对话框，用鼠标拾取两个点便可自动生成一条直线。生成全部三条直线后，点击[OK]关掉对话框。

(8) 划分单元。执行[Main Menu]→[Preprocessor]→[Meshing]→[MeshTool]，弹出[MeshTool]对话框，在[Size Controls]模块中，点击[Lines]右侧的[Set]按钮，会弹出一个新对话框。在弹出的对话框中点击[Pick All]选中所有线，又会弹出[Element Sizes on Picked Lines]对话框，在该对话框中的[NDIV]后面填 1(每根线分 1 个单元)，点击[OK]。此时已完成设置，每根线划分一个单元，但尚未完成划分。在[MeshTool]对话框中点击[Mesh]按钮，在弹出的[Mesh Lines]对话框中点击[Pick All]，即可完成单元划分，此时线的颜色会改变，表示线已经成为杆单元。

(9) 合并对象，压缩编号。由于可能会在同一位置生成重复单元，或者一些结点虽然位置重合，但计算机也会认为是两个点，所以需要进行模型检查，删去重复对象，并把距离非常小的多个结点等效成 1 个。这个例子中虽然该操作不必要，但是建议养成检查的好习惯。下一个算例会说明检查的必要性。检查的方法是：执行[Main Menu]→[Preprocessor]→[Numbering Ctrls]→[Merge Items]命令，在弹出的对话框中找到[Label]，选择[All]，点击[OK]，便可合并重复单元和结点。可以在输出窗口查看合并信息。

删除重复单元和结点后，编号可能会不连续。执行[Main Menu]→[Preprocessor]→[Numbering Ctrls]→[Compress Numbers]，在弹出的对话框中找到[Label]，选择[Elements](单元)或是[Nodes](结点)，便可对单元或结点压缩编号，使编号变得连续。编号连续与否其实不影响计算，但结点编号连续，便于对单元和结点进行一些后续操作。

为了验证编号的连续性，执行[Utility Menu]→[List]→[Element]→[Numbers＋Attributes]命令，即可查看单元信息，类似地，也可以查看结点信息。

(10) 求解：施加约束。执行[Main Menu]→[Solution]→[Define Loads]→[Apply]→[Structural]→[Displacement]→[On Nodes]命令。在弹出对话框后，首先拾取点(1,0,0)，在新弹出的对话框中，找到[Lab2]，选中 UZ(z 方向平动自由度)施加约束。对话框中的

[VALUE]不填，默认为0，点击[OK]。然后再拾取点(0, 0, 0)，选中UX、UY、UZ施加约束。最后再拾取点(0, 0.5, 0)，选中UX、UZ施加约束。注意，由于是平面问题，所有结点z方向的自由度都要施加约束。施加约束后，结点上会根据约束类型显示相应图标。

(11) 求解：施加载荷。执行[Main Menu]→[Solution]→[Define Loads]→[Apply]→[Structural]→[Force/Moment]→[On Nodes]命令。在弹出对话框后，拾取最右方的结点，在新弹出的对话框中，Lab选FY(y方向)，VALUE填入−10000或−1e4，点击[OK]。受载荷的结点会出现红色箭头，表示载荷的方向。如果是斜向载荷，可以分解为两个或三个分量后进行加载。对于加载，ANSYS的默认处理方式是：在同一结点上前后加了两个载荷，若载荷在同一方向，则后加载荷会覆盖之前的载荷。若两载荷不在同一方向，则会叠加。

(12) 计算：执行[Main Menu]→[Solution]→[Solve]→[Current LS]命令，分析当前的负载步骤命令，弹出对话框，点击[OK]，开始运行分析。分析完毕后，弹出提示计算完成的对话框，点击[Close]将其关闭。

(13) 后处理：变形图。执行[Main Menu]→[General Postproc]→[Plot Results]→[Deformed Shape]命令，弹出对话框，可以绘制桁架变形示意图。

(14) 后处理：位移云图。执行[Main Menu]→[General Postproc]→[Plot Results]→[Contour Plot]→[Nodal Solu]命令，在弹出的对话框中找到[Nodal Solution]下的[DOF Solution]，可以选中不同方向的位移或者总位移，点击[OK]画出桁架位移云图。

(15) 后处理：位移列表。执行[Main Menu]→[General Postproc]→[List Results]→[Nodal Solu]命令，在弹出的对话框中找到[Nodal Solution]下的[DOF Solution]，可以选中不同方向的位移或者总位移，点击[OK]即可列出各结点位移情况。

(16) 后处理：约束力列表。执行[Main Menu]→[General Postproc]→[List Results]→[Reaction Solu]命令，可在弹出的对话框中进行选择，列出约束力。

(17) 后处理：应力。为了显示应力，需要将单元显示为实际的三维形状。执行[Utility Menu]→[Plot Ctrls]→[Style]→[Size and Shape]命令，在弹出的对话框中，将[/ESHAPE]打钩。

执行[Main Menu]→[General Postproc]→[Plot Results]→[Contour Plot]→[Element Solu]命令，在弹出的对话框中找到[Element Solution]下的[Stress]，可以选择各种应力及相关物理量进行云图绘制。同样用[List Results]也可以列出单元的各种应力。注意应力的x、y、z是指单元坐标系的分量，对于杆，只有x应力能画出结果，y和z应力云图都是全红(代表全为0)。

(18) 后处理：轴力图。对于杆梁这种一维单元，内力不能直接给出，必须建立单元表。方法是：执行[Main Menu]→[General Postproc]→[Element Table]→[Define Table]。在弹出的[Element Table Data]对话框中点击[Add]，又会弹出新对话框以定义单元表项，如图3-7所示。在图中的两个窗口里依次选择[By sequence num]和[SMISC]，在右侧下方文本框中[SMISC]右侧输入1，点击[OK]，关闭对话框。之后，执行[Main Menu]→[General Postproc]→[Plot Results]→[Contour Plot]→[Line Elem Res]命令，在弹出的对

话框中，[LabI]和[LabJ]都选择[SMIS1]，点击[OK]就可画出轴力图。

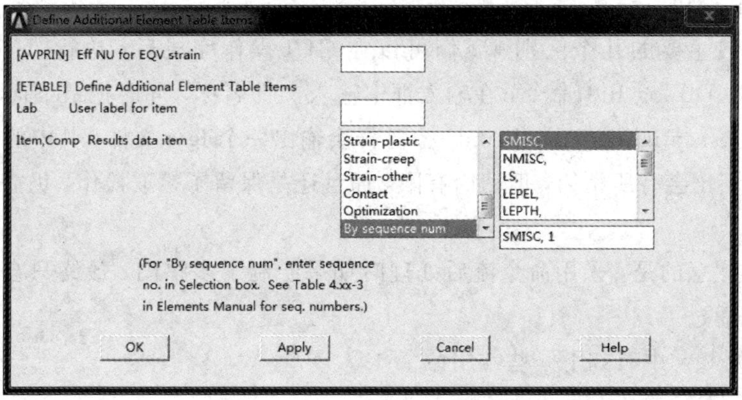

图 3-7　杆单元定义单元表项

注意，由于桁架、刚架等结构网格划分比较简单，因此其实可以跳过几何建模，直接生成结点和单元。这里为了说明有限元的流程，仍然保留了几何建模—划分网格的过程。

在做完这个算例后，可以打开 log 文件查看一下。虽然生成的 log 文件可以直接导入重新运行，但是与真正的用户书写的 APDL 命令流还是有很大区别，主要体现在：

(1) 有很多无用的代码，例如 log 文件中/PREP7 前面的一大段代码，对于每个算例都是一样的，可以删除(不过/BATCH 后的一行显示了操作时间，如果用户没有重新生成 log 文件，或是虽然起了新名字，但是之前有重名 log 文件，就会导致多个模型的操作放在同一个 log 文件下，通过时间就可以知道自己最近的操作对应的代码在哪里)。另外有时还会出现一些在用户使用过程中产生的无用命令，例如转动视角、删掉加错的载荷等。

(2) 代码中有很多！*，这表示点选菜单的操作，这显然是 GUI 代码特有的，APDL 语言是用不到的。

(3) 在 GUI 中划分单元时，需要用鼠标拾取需要划分单元的直线，在施加约束时，需要用鼠标拾取需要施加约束的结点等。对应 log 文件中的代码是一条 FLST 命令，跟着一条或几条 FITEM 命令，再跟着一条带有一个 P51X 的操作命令。如果自己写 APDL 命令流，直接指出需要操作的对象编号即可，用不到 FLST、FITEM 和 P51X。

例如，在这个算例的 log 文件中，线划分网格的代码是拾取方法，对应的命令流非常冗长：

```
FLST, 5, 3, 4, ORDE, 2
FITEM, 5, 1
FITEM, 5, -3
CM, _Y, LINE
LSEL, , , , P51X
CM, _Y1, LINE
CMSEL, , _Y
! *
LESIZE, Y1, , , 1, , , , , 1
```

如果写 APDL 命令流的话，只需要一行：

```
LESIZE, ALL, , , 1, , , , , 1
```

以上是比较主要的几个区别。我们可以在 GUI 操作完成后，执行[Utility Menu]→[File]→[Write DB log file]命令，在输入框中输入文件名称，同时把最下面下拉菜单的选项改为[Write essential commands only]。这样会输出一个 lgw 文件，其中的代码与直接生成的 log 文件相比会有所精简，但精简有限，而且还是保留了拾取操作，仍需要进一步手动处理。

此外需要注意的是，采用命令流后处理时如果绘制了多幅图，最终只会显示一幅，之前几幅会一闪而过。

log 文件或 lgw 中有如下一些常用命令：

单元类型：ET

关键点：K

直线：LSTR，也可用 L(线)

横截面设置：SECTYPE、SECDATA

材料：MPTEMP，MPDATA(这里 GUI 生成的代码是考虑温度变化的，实际书写命令时可以用 MP)

网格尺寸：LESIZE

线划分网格：LMESH

线生成单元：LMESH

合并重复对象：NUMMRG

压缩编号：NUMCMP

约束：D

载荷：F

在 GUI 操作时，也可以查看其对应的命令，一般放在一个[ ]里面。例如，施加位移约束时，对话框第一行 Apply Displacements…左侧有一个[D]，就表示施加约束的命令是 D。

可以借助 ANSYS 的 help 功能，查询命令的用法。用法是：先点击 ANSYS 的 help 问号图标，再点放大镜图标，勾选[search titles only]。在命令的使用说明中，也会给出相应的 GUI 操作(一般在最后几行，叫[Menu Paths]，当然有些命令是没有 GUI 的)。例如，经查询，D 命令的格式如下：

D, Node, Lab, VALUE, VALUE2, NEND, NINC, Lab2, Lab3, Lab4, Lab5, Lab6

其中 Node 代表被约束的初始结点编号，Lab 表示被约束的第一个自由度标识符(UX、UY 等，也可以是 ALL)，VALUE、VALUE2 分别为约束位移值的实部和虚部，如果不赋值则默认为零。NEND 是被约束的最后一个结点编号。NINC 是被约束结点编号的增量。其中 NEND 默认与 Node 相等，而 NINC 默认为 1。Lab2～Lab6 是被约束的其他自由度标识符。

例如 D, 1, UX, , , , , UY, UZ 表示把结点 1 的三个平动自由度约束为 0。连续两个逗号表示逗号中间这一项采用默认值。语句中 UX 到 UY 一共 5 个逗号，表示 VALUE、

VALUE2、NEND、NINC 4 项全部采用默认值。由于一共约束了 3 个自由度，Lab2 到 Lab6 只用到了两个标识符。

同理，D，1，UX，0.5，，10，，UY，UZ 则表示把结点 1～10 的三个平动自由度约束为 0.5。这里 NEND=10，NINC 取默认值 1，表示被约束的结点编号是 1～10。

算例 3-2　使用 ANSYS 计算如图 3-8 所示周期性平面桁架结构在自重下的位移。其中横杆和竖杆长度均为 1 m，各杆横截面积、弹性模量和密度分别为 $A=10^{-4}\ \mathrm{m}^2$、$E=200$ GPa、$\rho=8000\ \mathrm{kg/m^3}$。

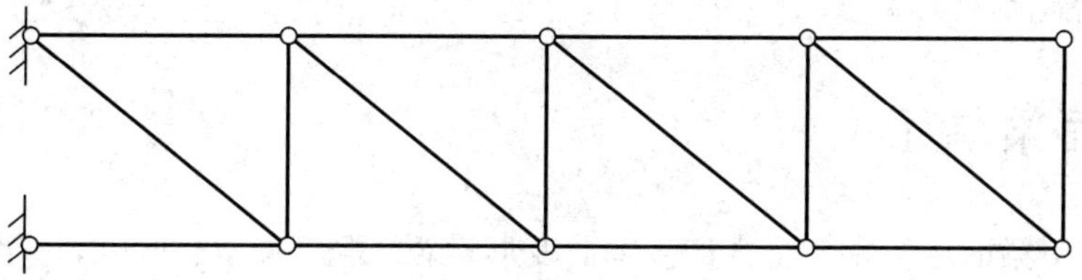

图 3-8　周期性平面桁架结构

分析求解　本算例主要学习两个知识点，一是利用复制功能对周期性结构进行建模，二是如何施加重力载荷。由于在上个算例中已经学习了很多相关的知识，如创建点、线等，这个算例对于已讲过的知识不再赘述，下文的 ANSYS 算例也不会再详细讲解之前算例已讲过的步骤，以节约篇幅。

计算步骤如下：

(1) 定义工作名称。

(2) 选择问题类型：结构分析。

(3) 选择单元：LINK180。

(4) 设置材料属性。注意：这里由于需要计算自重，需要在[Structural]→[Density]中输入密度 8000。

(5) 设置单元的横截面积。

(6) 建立几何模型。这里的思路是首先建立一个周期单元，然后向 x 轴正方向再复制 3 份即可。但需要注意的是，如图 3-9 所示，复制后的 1 点和 1′点并不是同一个点，两个点是分开的，2 点和 2′点亦然。这就导致结构没有连起来，需要在单元划分完成后，通过压缩编号将这些重合的点等效成 1 个。

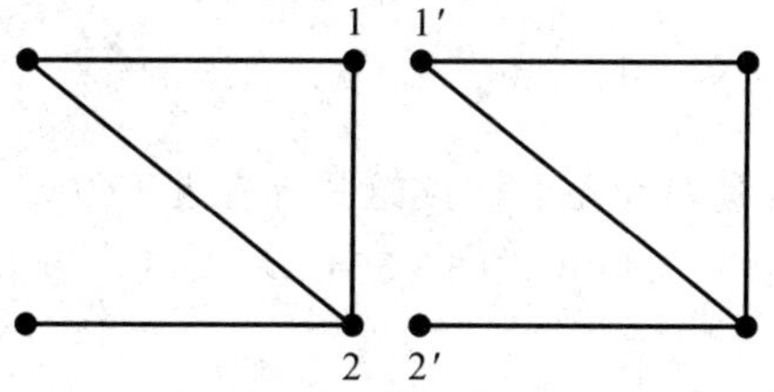

图 3-9　复制后结构并没有连起来

复制的方法是：执行[Main Menu]→[Preprocessor]→[Modeling]→[Copy]→[Lines]命令。选中四根线，弹出的[Copy Lines]对话框中，[ITIME]填 4(包含被复制对象一共 4 份)，[DX]填 1(向 x 轴正方向平移 1 m 复制)。

(7) 每根线划分为一个单元。

(8) 合并对象，压缩编号。由于复制时造成了大量重复对象，这一步相当关键。合并操作完成后可以从输出窗口查看合并的具体情况。

(9) 施加约束。先选中所有结点施加 z 方向的约束，再处理最左侧的两个结点。

(10) 施加载荷。执行[Main Menu]→[Solution]→[Define Loads]→[Apply]→[Structural]→[Inertia]→[Gravity]→[Global]命令，在弹出的对话框中，[ACELY]中填入 9.8 (注意不是填−9.8)。

(11) 求解，后处理。

3.6 平面梁单元

与杆相比，梁的最大特点是会产生弯曲变形。梁的常用模型有两类，一类是欧拉-伯努利(Bernoulli)梁，另一类是铁木辛柯梁，其中前者形状较为细长，一般要求长度是另外两个尺寸的 10 倍以上，特点是不考虑剪切变形，而后者需要考虑剪切变形。我们在材料力学中学过的梁理论就是欧拉-伯努利梁，本书只讲授欧拉-伯努利梁。

在材料力学课程中，我们学习了欧拉-伯努利梁的一系列公式，但基本变量多是弯矩。图 3-10 给出了一段欧拉-伯努利梁，有以下公式：

应力：

$$\sigma_x = -\frac{My}{I_z} \tag{3-54}$$

由于图 3-10 的 y 轴与材料力学中推导内力时的 y 轴相反，因此应力多了一个负号。

挠度：

$$\frac{\mathrm{d}^2 v}{\mathrm{d}x^2} = \frac{M}{EI_z} \tag{3-55}$$

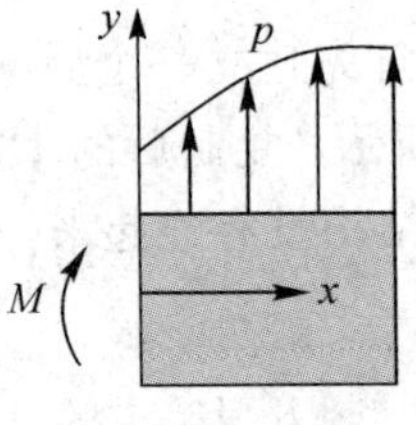

图 3-10 一段欧拉-伯努利梁

由于有限元法的基本变量是位移，因此这里希望把应力、应变都用挠度表示，以便将应变能用挠度表示。通过式(3-54)和式(3-55)，可以将弯矩消掉，得到应力和挠度的关系式为

$$\sigma_x = -yE\frac{\mathrm{d}^2 v}{\mathrm{d}x^2} \tag{3-56}$$

应变和挠度的关系式为 (3-57)

$$\varepsilon_x = -y\frac{\mathrm{d}^2 v}{\mathrm{d}x^2} \tag{3-58}$$

假设梁总长为 l，则系统的应变能为

$$U=\frac{1}{2}\int_{\Omega^e}\sigma_x\varepsilon_x\mathrm{d}\Omega=\frac{1}{2}\int_{\Omega^e}\left(-yE\frac{\mathrm{d}^2v}{\mathrm{d}x^2}\right)\left(-y\frac{\mathrm{d}^2v}{\mathrm{d}x^2}\right)\mathrm{d}A\mathrm{d}x$$
$$=\frac{1}{2}\int_0^l EI_z\left(\frac{\mathrm{d}^2v}{\mathrm{d}x^2}\right)^2\mathrm{d}x \tag{3-59}$$

式(3－59)的推导用到了惯性矩的定义，即

$$I_z=\int y^2\mathrm{d}A \tag{3-60}$$

下面介绍平面纯弯梁单元，纯弯的意思是梁单元不承受轴向力。虽然纯弯梁可以按下一章讲授的平面问题来求解，但是对于细长梁，会引起剪切自锁等问题，而且也会加大计算量。因此，梁问题采用的是专用的梁单元。如图 3－11 所示的两结点纯弯梁单元，每个结点有两个自由度：y 方向的位移(挠度)和转角。与杆单元类似，一开始只考虑所有载荷都作用在结点上的情形，每个结点作用有一个 y 方向的集中力和一个力偶。力偶和转角都是以绕 z 轴(垂直纸面向外)逆时针转动为正。这里特别注意，力偶是外力，外力、位移的方向均以坐标轴为准，而不像材料力学的内力和应力、应变一样，有独特的正负号规定。

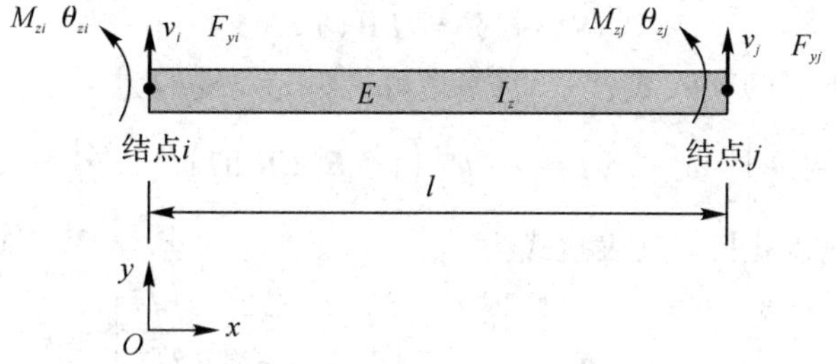

图 3－11　单元坐标系中的平面纯弯梁单元

回顾一下杆单元，杆单元和梁单元的一个结点都代表了一个截面，对于杆单元，这个截面只做 x 方向的平动，所以一个结点只需一个自由度，而梁单元的横截面除了 y 方向的平动外还做转动，因此需要两个自由度来描述。另外，虽然转角是挠度的导数，但在同一 x 处两者的取值是独立的。单元的结点位移向量和载荷向量分别为

$$\boldsymbol{q}^{\mathrm{e}}=[v_i\quad\theta_{zi}\quad v_j\quad\theta_{zj}]^{\mathrm{T}},\qquad \boldsymbol{f}^{\mathrm{e}}=[F_{yi}\quad M_{zi}\quad F_{zj}\quad M_{zj}]^{\mathrm{T}} \tag{3-61}$$

现在考虑位移场的插值函数，由于对挠度求导即可得到转角，因此只需考虑挠度场。采用两个结点的挠度和转角对挠度场插值，其实就是利用了挠度场在两个端点的取值和一阶导数，一共四个条件，因此插值函数可以为三阶多项式：

$$v(x)=a_0+a_1x+a_2x^2+a_3x^3 \tag{3-62}$$

根据结点位移条件：

$$\begin{cases}v(0)=v_i\\ v(l)=v_j\\ \left.\dfrac{\mathrm{d}v}{\mathrm{d}x}\right|_{x=0}=\theta_i\\ \left.\dfrac{\mathrm{d}v}{\mathrm{d}x}\right|_{x=l}=\theta_j\end{cases} \tag{3-63}$$

可解出待定系数(用结点位移表示)，将系数表达式代入式(3－62)并按结点位移合并同类项

可得

$$v(x)=\boldsymbol{N}(x)\boldsymbol{q}^{\mathrm{e}} \tag{3-64}$$

其中形函数矩阵的具体表达式为

$$\boldsymbol{N}(x)=\frac{1}{l^3}\left[2x^3-3x^2l+l^3 \quad x^3l-2x^2l^2+xl^3 \quad -2x^3+3x^2l \quad x^3l-x^2l^2\right] \tag{3-65}$$

注意，因为单元结点位移向量中有位移、有转角，所以形函数矩阵的一、三列和二、四列量纲不同。

将(3-64)代入(3-58)可得

$$\varepsilon_x(x,\ y)=\boldsymbol{B}(x,\ y)\boldsymbol{q}^{\mathrm{e}} \tag{3-66}$$

其中几何矩阵为

$$\boldsymbol{B}(x,\ y)=-\frac{y}{l^3}\left[12x-6l \quad 6xl-4l \quad -12x+6l \quad 6xl-2l\right] \tag{3-67}$$

显然应力场为

$$\sigma_x(x,\ y)=\boldsymbol{S}(x,\ y)\boldsymbol{q}^{\mathrm{e}} \tag{3-68}$$

其中

$$\boldsymbol{S}(x,\ y)=E\boldsymbol{B}(x,\ y) \tag{3-69}$$

将式(3-68)和式(3-69)代入式(3-59)整理可得单元应变能为

$$U^{\mathrm{e}}=\frac{1}{2}\int_{\Omega^{\mathrm{e}}}\sigma_x^{\mathrm{T}}\varepsilon_x\mathrm{d}\Omega=\frac{1}{2}\boldsymbol{q}^{\mathrm{eT}}\left(\int_{\Omega^{\mathrm{e}}}\boldsymbol{B}^{\mathrm{T}}E\boldsymbol{B}\mathrm{d}\Omega\right)\boldsymbol{q}^{\mathrm{e}}=\frac{1}{2}\boldsymbol{q}^{\mathrm{eT}}\boldsymbol{K}^{\mathrm{e}}\boldsymbol{q}^{\mathrm{e}} \tag{3-70}$$

显然，$\boldsymbol{K}^{\mathrm{e}}$即为单元刚度矩阵，其表达式为

$$\boldsymbol{K}^{\mathrm{e}}=\frac{EI_z}{l^3}\begin{bmatrix}12 & 6l & -12 & 6l\\ 6l & 4l^2 & -6l & 2l^2\\ -12 & -6l & 12 & -6l\\ 6l & 2l^2 & -6l & 4l^2\end{bmatrix} \tag{3-71}$$

因此平面纯弯梁单元的平衡方程为

$$\boldsymbol{K}^{\mathrm{e}}\boldsymbol{q}^{\mathrm{e}}=\boldsymbol{f}^{\mathrm{e}} \tag{3-72}$$

以上只考虑了所有载荷都作用在结点上的情形，对于梁和刚架结构，非结点载荷尤其是分布力很常见，此时就需要简单计算一下外力势能。对于分布力的情形还需要进行积分。当然，对于一些常见情形，许多教材都已给出了等效的结点力，可以直接使用，例如最常见的均布力的情形，假设均布力强度为 p，则等效的结点载荷向量为

$$\left[-\frac{pl}{2} \quad -\frac{pl^2}{12} \quad -\frac{pl}{2} \quad \frac{pl^2}{12}\right]^{\mathrm{T}} \tag{3-73}$$

等效后的载荷很明显也是对称的(注意：左右的力偶转向相反才是对称)。

在刚架结构中，梁不但受弯，还会像杆一样受到拉压，因此在考虑图 3-12 所示的一般平面梁单元时，与纯弯梁相比，还考虑了轴向的位移，每个结点多一个自由度，其结点位移向量和力向量分别为

$$\begin{cases}\boldsymbol{q}^{\mathrm{e}}=\left[u_i \quad v_i \quad \theta_{zi} \quad u_j \quad v_j \quad \theta_{zj}\right]^{\mathrm{T}}\\ \boldsymbol{f}^{\mathrm{e}}=\left[F_{xi} \quad F_{yi} \quad \theta_{zi} \quad F_{xj} \quad F_{yj} \quad \theta_{zj}\right]^{\mathrm{T}}\end{cases} \tag{3-74}$$

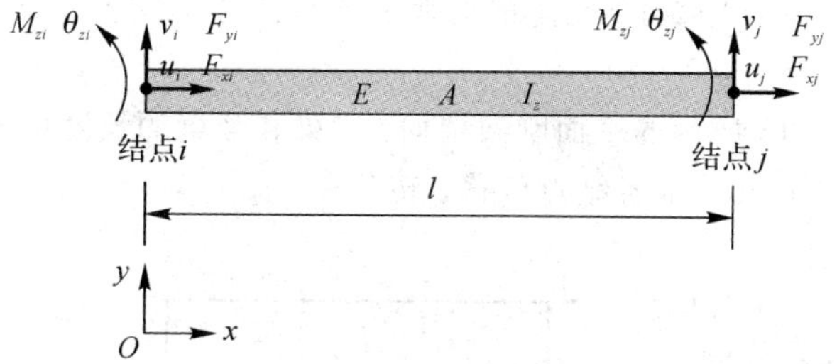

图 3-12　单元坐标系中的平面纯弯梁单元

为了得到一般梁单元的单元刚度矩阵，需要写出用结点位移向量表示的应变能。考虑小变形情形，轴向变形和弯曲变形互不耦合，轴向载荷和弯曲载荷也不在对方的变形上做功。应变能是轴向变形和弯曲变形两部分的叠加：

$$\boldsymbol{U}^{\mathrm{e}}=\frac{1}{2}\begin{pmatrix}u_i\\u_j\end{pmatrix}^{\mathrm{T}}\begin{bmatrix}\dfrac{EA}{l}&-\dfrac{EA}{l}\\-\dfrac{EA}{l}&\dfrac{EA}{l}\end{bmatrix}\begin{bmatrix}u_i\\u_j\end{bmatrix}+\frac{1}{2}\begin{bmatrix}v_i\\\theta_{zi}\\v_j\\\theta_{zj}\end{bmatrix}^{\mathrm{T}}\frac{EI_z}{l^3}\begin{bmatrix}12&6l&-12&6l\\6l&4l^2&-6l&2l^2\\-12&-6l&12&-6l\\6l&2l^2&-6l&4l^2\end{bmatrix}\begin{bmatrix}v_i\\\theta_{zi}\\v_j\\\theta_{zj}\end{bmatrix}\tag{3-75}$$

将式(3-75)重新整理，可得

$$\boldsymbol{U}^{\mathrm{e}}=\frac{1}{2}\begin{bmatrix}u_i\\v_i\\\theta_{zi}\\u_j\\v_j\\\theta_{zj}\end{bmatrix}^{\mathrm{T}}\begin{bmatrix}\dfrac{EA}{l}&0&0&-\dfrac{EA}{l}&0&0\\0&\dfrac{12EI}{l^3}&\dfrac{6EI}{l^2}&0&-\dfrac{12EI}{l^3}&\dfrac{6EI}{l^2}\\0&\dfrac{6EI}{l^2}&\dfrac{4EI}{l}&0&-\dfrac{6EI}{l^2}&\dfrac{2EI}{l}\\-\dfrac{EA}{l}&0&0&\dfrac{EA}{l}&0&0\\0&-\dfrac{12EI}{l^3}&-\dfrac{6EI}{l^2}&0&\dfrac{12EI}{l^3}&-\dfrac{6EI}{l^2}\\0&\dfrac{6EI}{l^2}&\dfrac{2EI}{l}&0&-\dfrac{6EI}{l^2}&\dfrac{4EI}{l}\end{bmatrix}\begin{bmatrix}u_i\\v_i\\\theta_{zi}\\u_j\\v_j\\\theta_{zj}\end{bmatrix}\tag{3-76}$$

其中的矩阵即为一般平面梁单元的刚度矩阵。可以看出，如果把这个矩阵看成总体刚度矩阵，杆单元和纯弯梁单元看成单元刚度矩阵，那么实际上就是后两者按直接刚度法组集了一般平面梁单元的刚度矩阵。下一节的空间梁单元刚度矩阵，生成方法与之类似。

由于在刚架结构中，各梁的方位不同，因此也需要考虑坐标变换的问题。其中 x 轴 y 轴方向平动的坐标变换前面已经给出(式(3-31))，由于 z 轴不变，因此转角无须变换。坐标变换矩阵为

$$\boldsymbol{T}^{\mathrm{e}}=\begin{bmatrix}\cos(x,x')&\cos(x,y')&&&&\\\cos(y,x')&\cos(y,y')&&&&\\&&1&&&\\&&&\cos(x,x')&\cos(x,y')&\\&&&\cos(y,x')&\cos(y,y')&\\&&&&&1\end{bmatrix}\tag{3-77}$$

未写出的元素均为零。而单元刚度矩阵的变换公式在总体形式上，与之前讲的杆单元相同(式(3-38))。

例 3-3　如图 3-13 所示的平面刚架结构，横梁和竖梁的长度均为 5 m，$E=200$ GPa，$A=200\ \text{mm}^2$，$I_z=10^8\,\text{mm}^4$，求各结点位移、转角。

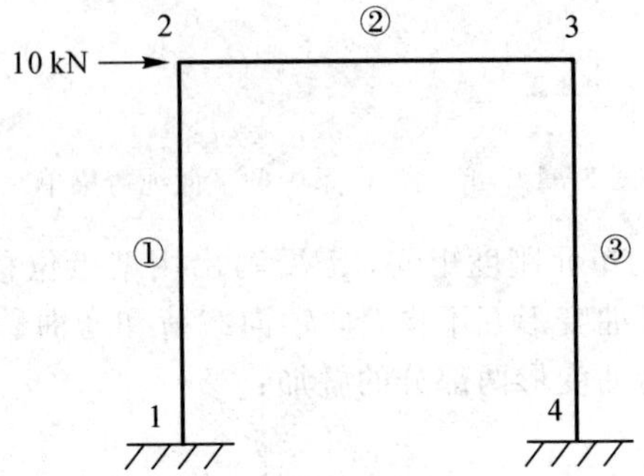

图 3-13　平面刚架结构

解　各单元局部结点编号与总体结点编号的对应关系见表 3-4。

表 3-4　一维杆结构局部和总体结点编号对应关系

单　元	结点 i	结点 j
①	1	2
②	2	3
③	4	3

这样编号的好处是，单元②无须坐标变换，而单元①和③的坐标变换矩阵以及总体坐标下的刚度矩阵完全一致，这样对于人工计算而言，减少了许多工作量。

单元①和③的坐标变换矩阵为

$$\boldsymbol{T}^{\mathrm{e}}=\begin{bmatrix}0&1&0&0&0&0\\-1&0&0&0&0&0\\0&0&1&0&0&0\\0&0&0&0&1&0\\0&0&0&-1&0&0\\0&0&0&0&0&1\end{bmatrix}\tag{3-78}$$

转换至总体坐标后，单元①和③的刚度矩阵相同，为了标明其对应的自由度，将两者分别写出：

$$\boldsymbol{K}^{(1)}=10^6\begin{array}{c}\begin{matrix}u_1&\quad v_1&\quad\theta_1&\quad u_2&\quad v_2&\quad\theta_2\end{matrix}\\\begin{bmatrix}1.92&0&-4.8&-1.92&0&-4.8\\0&8&0&0&-8&0\\-4.8&0&16&4.8&0&8\\-1.92&0&4.8&1.92&0&4.8\\0&-8&0&0&8&0\\-4.8&0&8&4.8&0&16\end{bmatrix}\begin{matrix}u_1\\v_1\\\theta_1\\u_2\\v_2\\\theta_2\end{matrix}\end{array}\tag{3-79}$$

$$
\boldsymbol{K}^{(3)} = 10^6
\begin{array}{c}
\begin{array}{cccccc}
u_4 & v_4 & \theta_4 & u_3 & v_3 & \theta_3
\end{array} \\
\begin{bmatrix}
1.92 & 0 & -4.8 & -1.92 & 0 & -4.8 \\
0 & 8 & 0 & 0 & -8 & 0 \\
-4.8 & 0 & 16 & 4.8 & 0 & 8 \\
-1.92 & 0 & 4.8 & 1.92 & 0 & 4.8 \\
0 & -8 & 0 & 0 & 8 & 0 \\
-4.8 & 0 & 8 & 4.8 & 0 & 16
\end{bmatrix}
\begin{array}{l}
u_4 \\ v_4 \\ \theta_4 \\ u_3 \\ v_3 \\ \theta_3
\end{array}
\end{array}
\tag{3-80}
$$

而单元②的刚度矩阵无须坐标变换，为

$$
\boldsymbol{K}^{(2)} = 10^6
\begin{array}{c}
\begin{array}{cccccc}
u_2 & v_2 & \theta_2 & u_3 & v_3 & \theta_3
\end{array} \\
\begin{bmatrix}
8 & 0 & 0 & -8 & 0 & 0 \\
0 & 1.92 & 4.8 & 0 & -1.92 & 4.8 \\
0 & 4.8 & 16 & 0 & -4.8 & 8 \\
-8 & 0 & 0 & 8 & 0 & 0 \\
0 & -1.92 & -4.8 & 0 & 1.92 & -4.8 \\
0 & 4.8 & 8 & 0 & -4.8 & 16
\end{bmatrix}
\begin{array}{l}
u_2 \\ v_2 \\ \theta_2 \\ u_3 \\ v_3 \\ \theta_3
\end{array}
\end{array}
\tag{3-81}
$$

　　平面梁单元由于有两个结点，每个结点三个自由度，因此组装时分为 2×2 个子块，每个子块是 3×3 阶矩阵。这道题由于只需要求结点位移，不需要求约束力，所以我们在组装总体刚度矩阵时，可以直接组装划行划列后的总体刚度矩阵。施加约束后，结构剩下的 6 个自由度正好是单元②的 6 个自由度，而且排列顺序相同，因此可以在单元②的基础上，将单元①刚度矩阵的右下 3×3 阶子矩阵叠加到单元②刚度矩阵的左上 3×3 阶子矩阵，将单元③刚度矩阵的右下 3×3 阶子矩阵叠加到单元②刚度矩阵的右下 3×3 阶子矩阵，就得到了总体刚度矩阵。施加约束前，载荷向量有 12 个元素，其中载荷所在位置为第 4 个元素。施加约束后其前 3 个元素和最后 3 个元素被删去，载荷所在位置变成第 1 个元素。施加约束后结构的平衡方程为

$$
10^6
\begin{bmatrix}
9.92 & 0 & 4.8 & -8 & 0 & 0 \\
0 & 9.92 & 4.8 & 0 & -1.92 & 4.8 \\
4.8 & 4.8 & 32 & 0 & -4.8 & 8 \\
-8 & 0 & 0 & 9.92 & 0 & 4.8 \\
0 & -1.92 & -4.8 & 0 & 9.92 & -4.8 \\
0 & 4.8 & 8 & 4.8 & -4.8 & 32
\end{bmatrix}
\begin{bmatrix}
u_2 \\ v_2 \\ \theta_2 \\ u_3 \\ v_3 \\ \theta_3
\end{bmatrix}
=
\begin{bmatrix}
10000 \\ 0 \\ 0 \\ 0 \\ 0 \\ 0
\end{bmatrix}
\tag{3-82}
$$

求解可得未知结点平动位移和转角为

$$
\begin{cases}
\begin{bmatrix} u_2 & v_2 & u_3 & v_3 \end{bmatrix}^{\mathrm{T}} = \begin{bmatrix} 4.44 & 0.50 & 3.86 & -0.50 \end{bmatrix}^{\mathrm{T}} (\mathrm{mm}) \\
\begin{bmatrix} \theta_1 & \theta_2 \end{bmatrix}^{\mathrm{T}} = 10^{-3}\begin{bmatrix} 3.86 & 0.56 \end{bmatrix} (\mathrm{rad})
\end{cases}
\tag{3-83}
$$

3.7　空间梁单元

　　与平面梁单元相比，空间梁单元要复杂不少，主要体现在每个结点有多达 6 个自由度，也就是 3 个平动自由度和 3 个转动自由度，如图 3-14 所示。

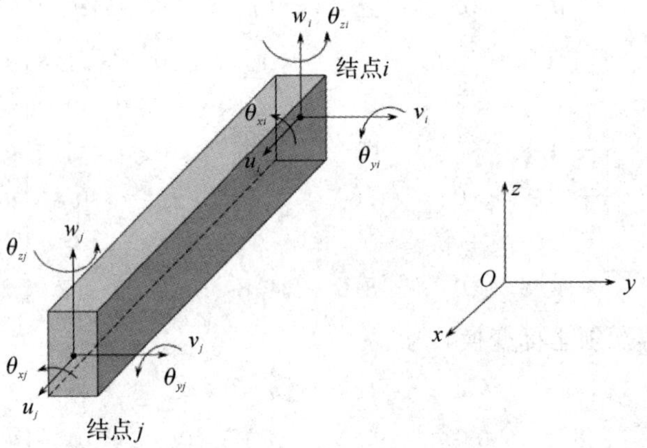

图 3-14　单元坐标系中的空间梁单元

同样先假设载荷都作用在结点上，则单元的结点位移向量和载荷向量分别为

$$\boldsymbol{q}^{\mathrm{e}} = [u_i \quad v_i \quad w_i \quad \theta_{xi} \quad \theta_{yi} \quad \theta_{zi} \quad u_j \quad v_j \quad w_j \quad \theta_{xj} \quad \theta_{yj} \quad \theta_{zj}]^{\mathrm{T}} \tag{3-84}$$

$$\boldsymbol{f}^{\mathrm{e}} = [F_{xi} \quad F_{yi} \quad F_{zi} \quad M_{xi} \quad M_{yi} \quad M_{zi} \quad F_{xj} \quad F_{yj} \quad F_{zi} \quad M_{xj} \quad M_{yj} \quad M_{zj}]^{\mathrm{T}} \tag{3-85}$$

空间梁单元有以下四种变形模式，在小变形假设下，可以认为这些变形模式以及对应的载荷与其他变形模式及对应载荷独立。

(1) x 方向轴向拉压：对应自由度为 u_i、u_j，应变能为

$$\frac{1}{2}\begin{bmatrix} u_i \\ u_j \end{bmatrix}^{\mathrm{T}} \begin{bmatrix} \dfrac{EA}{l} & -\dfrac{EA}{l} \\ -\dfrac{EA}{l} & \dfrac{EA}{l} \end{bmatrix} \begin{bmatrix} u_i \\ u_j \end{bmatrix} \tag{3-86}$$

(2) 绕 x 轴扭转：对应自由度为 θ_{xi}、θ_{xj}。虽然我们没有讲过纯扭转的杆单元，但是其单元刚度矩阵与杆单元形式上很相似，其应变能为

$$\frac{1}{2}\begin{bmatrix} \theta_{xi} \\ \theta_{xj} \end{bmatrix}^{\mathrm{T}} \begin{bmatrix} \dfrac{GI_{\mathrm{p}}}{l} & -\dfrac{GI_{\mathrm{p}}}{l} \\ -\dfrac{GI_{\mathrm{p}}}{l} & \dfrac{GI_{\mathrm{p}}}{l} \end{bmatrix} \begin{bmatrix} \theta_{xi} \\ \theta_{xj} \end{bmatrix} \tag{3-87}$$

其中 I_{p} 为截面极惯性矩。

(3) 绕 z 轴弯曲：对应自由度为 v_i、θ_{zi}、v_j、θ_{zj}，应变能为

$$\frac{1}{2}\begin{bmatrix} v_i \\ \theta_{zi} \\ v_j \\ \theta_{zj} \end{bmatrix}^{\mathrm{T}} \frac{EI_z}{l^3} \begin{bmatrix} 12 & 6l & -12 & 6l \\ 6l & 4l^2 & -6l & 2l^2 \\ -12 & -6l & 12 & -6l \\ 6l & 2l^2 & -6l & 4l^2 \end{bmatrix} \begin{bmatrix} v_i \\ \theta_{zi} \\ v_j \\ \theta_{zj} \end{bmatrix} \tag{3-88}$$

(4) 绕 y 轴弯曲：对应自由度为 w_i、θ_{yi}、w_j、θ_{yj}，应变能为

$$\frac{1}{2}\begin{bmatrix} w_i \\ \theta_{yi} \\ w_j \\ \theta_{yj} \end{bmatrix}^{\mathrm{T}} \frac{EI_y}{l^3} \begin{bmatrix} 12 & 6l & -12 & 6l \\ 6l & 4l^2 & -6l & 2l^2 \\ -12 & -6l & 12 & -6l \\ 6l & 2l^2 & -6l & 4l^2 \end{bmatrix} \begin{bmatrix} w_i \\ \theta_{yi} \\ w_j \\ \theta_{yj} \end{bmatrix} \tag{3-89}$$

根据 3.6 节中生成一般梁单元类似的思路，可以组集得到空间梁单元在单元坐标系下

的刚度矩阵：

$$
\begin{array}{c}
\begin{array}{cccccccccccc} u_i & v_i & w_i & \theta_{xi} & \theta_{yi} & \theta_{zi} & u_j & v_j & w_j & \theta_{xj} & \theta_{yj} & \theta_{zj} \end{array} \\
\boldsymbol{K}^{\mathrm{e}} = \left[\begin{array}{cccccccccccc}
\frac{EA}{l} & 0 & 0 & 0 & 0 & 0 & -\frac{EA}{l} & 0 & 0 & 0 & 0 & 0 \\
0 & \frac{12EI_z}{l^3} & 0 & 0 & 0 & \frac{6EI_z}{l^2} & 0 & -\frac{12EI_z}{l^3} & 0 & 0 & 0 & \frac{6EI_z}{l^2} \\
0 & 0 & \frac{12EI_y}{l^3} & 0 & -\frac{6EI_y}{l^2} & 0 & 0 & 0 & -\frac{12EI_y}{l^3} & 0 & -\frac{6EI_y}{l^2} & 0 \\
0 & 0 & 0 & \frac{GI_{\mathrm{p}}}{l} & 0 & 0 & 0 & 0 & 0 & -\frac{GI_{\mathrm{p}}}{l} & 0 & 0 \\
0 & 0 & -\frac{6EI_y}{l^2} & 0 & \frac{4EI_y}{l} & 0 & 0 & 0 & \frac{6EI_y}{l^2} & 0 & \frac{2EI_y}{l} & 0 \\
0 & \frac{6EI_z}{l^2} & 0 & 0 & 0 & \frac{4EI_z}{l} & 0 & -\frac{6EI_z}{l^2} & 0 & 0 & 0 & \frac{2EI_z}{l} \\
-\frac{EA}{l} & 0 & 0 & 0 & 0 & 0 & \frac{EA}{l} & 0 & 0 & 0 & 0 & 0 \\
0 & -\frac{12EI_z}{l^3} & 0 & 0 & 0 & -\frac{6EI_z}{l^2} & 0 & \frac{12EI_z}{l^3} & 0 & 0 & 0 & -\frac{6EI_z}{l^2} \\
0 & 0 & -\frac{12EI_y}{l^3} & 0 & \frac{6EI_y}{l^2} & 0 & 0 & 0 & \frac{12EI_y}{l^3} & 0 & \frac{6EI_y}{l^2} & 0 \\
0 & 0 & 0 & -\frac{GI_{\mathrm{p}}}{l} & 0 & 0 & 0 & 0 & 0 & \frac{GI_{\mathrm{p}}}{l} & 0 & 0 \\
0 & 0 & -\frac{6EI_y}{l^2} & 0 & \frac{2EI_y}{l} & 0 & 0 & 0 & \frac{6EI_y}{l^2} & 0 & \frac{4EI_y}{l} & 0 \\
0 & \frac{6EI_z}{l^2} & 0 & 0 & 0 & \frac{2EI_z}{l} & 0 & -\frac{6EI_z}{l^2} & 0 & 0 & 0 & \frac{4EI_z}{l}
\end{array}\right]
\begin{array}{c} u_i \\ v_i \\ w_i \\ \theta_{xi} \\ \theta_{yi} \\ \theta_{zi} \\ u_j \\ v_j \\ w_j \\ \theta_{xj} \\ \theta_{yj} \\ \theta_{zj} \end{array}
\end{array}
\tag{3-90}
$$

而空间梁单元的坐标变换矩阵为

$$
\boldsymbol{T}^{\mathrm{e}} = \begin{bmatrix} \boldsymbol{T} & & & \\ & \boldsymbol{T} & & \\ & & \boldsymbol{T} & \\ & & & \boldsymbol{T} \end{bmatrix} \tag{3-91}
$$

其中：

$$
\boldsymbol{T} = \begin{bmatrix} \cos(x, x') & \cos(x, y') & \cos(x, z') \\ \cos(y, x') & \cos(y, y') & \cos(y, z') \\ \cos(z, x') & \cos(z, y') & \cos(z, z') \end{bmatrix} \tag{3-92}
$$

变换矩阵之所以呈现式(3-91)这样的形式，是因为两个结点的坐标变换方式相同，而每个结点的三个平动自由度和三个转动自由度坐标变换方式也相同。

3.8　刚架结构 ANSYS 计算

梁单元的使用在 ANSYS 中略显麻烦，例如截面设置、加载等都相比其他单元复杂一些。

算例 3 - 3 如图 3 - 15 所示为一平面刚架结构，其中均布力强度为 2 kN/m，横梁和竖梁的长度均为 5 m，E=200 GPa。截面为矩形，长 0.04 m，宽 0.02 米。使用 ANSYS 对该结构进行分析。

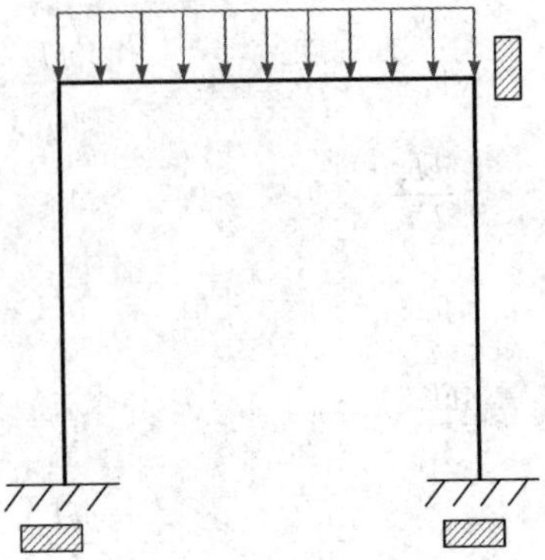

图 3 - 15 平面刚架结构 ANSYS 算例

(1) 定义工作名称。

(2) 选择问题类型：结构分析。

(3) 选择单元。选择[Beam-2 node 188] (BEAM188 单元)，添加单元后，在[Element Type]单元类型对话框中，点击[Option]弹出新对话框，将[K3]选为[Cubic Form]。如果用默认的[Linear Form]，则绘制弯矩图时，在每个单元内部弯矩都是常数，总体画出的弯矩图是锯齿状。[Cubic Form]可使弯矩图在每个单元内线性插值，画出的弯矩图更美观。

(4) 设置材料属性。输入弹性模量，泊松比可以任填一个合理的数值。

(5) 设置单元的横截面。执行[Main Menu]→[Preprocessor]→[Sections]→[Beam]→[Common Sections]命令，弹出[Beam Tool]对话框，在[Sub-Type]中选择矩形横截面。[B]和[H]分别填入 0.02 和 0.04。ANSYS 矩形截面与单元坐标系的关系如图 3 - 16 所示，因此在接下来的步骤中，需要正确设置各单元坐标系的 z 轴。

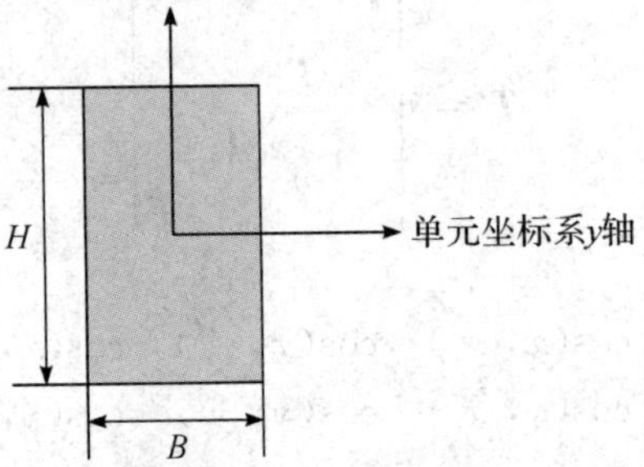

图 3 - 16 ANSYS 梁单元截面与单元坐标系

(6) 建立几何模型。先创建四个关键点：点 1(0, 0, 0)，点 2(0, 5, 0)，点 3(5, 5, 0)，点 4(5, 0, 0)，然后连线。注意线是有方向的，同样角度的线最好按同样的拾取点的方法生成(例如：对于两根竖直线，统一先选中下方的点，再选中上方的点)，以保证方向一致。这样创建单元后，两根线划分出的单元默认的单元坐标系的 x 轴方向一致。由于加载和弯矩图的绘制都与单元坐标系有关，因此使摆放方位相同的单元 x 轴方向一致是必要的。可以执行[Utility Menu]→[Plot Ctrls]→[Symbols]命令，在弹出的[Symbols]对话框中，将[LDIR]勾选，点击[OK]，便可查看线的方向。

(7) 定义截面方位(单元坐标系 z 轴正方向方位)。首先定义横梁截面方位，为此需要再创建一个参考点。可创建一个点(4，7，0)，然后执行[Main Menu]→[Preprocessor]→[Meshing]→[Mesh Tool]命令，弹出[Mesh Tool]对话框后，将最上方[Element Attribute]选择为[Line]，点击右侧的[Set]，弹出对话框，拾取水平方向的那条直线，点击[OK]，弹出对话框[Line Attributes]。

当桁架或刚架结构中的构件需要设置不同的单元类型、截面或材料时，[Line Attributes]对话框可以对每条直线所划分成单元的材料、截面等进行单独设置。这里我们的目的是设置截面方位，将对话框最下方[Pick Orientation Keypoint(s)]勾选中，点击[OK]，然后拾取刚才新建的点(4，7，0)。这样，后续对横线划分梁单元后，所有梁单元单元坐标系的 z 轴就是竖直向上的。如果把参考点设置在(3，6，0)、(2，8，0)等位置，也会起到相同的效果。如果把参考点设置在(5，3，0)、(2，4，0)等位置，则横线划分梁单元后，其上所有梁单元单元坐标系的 z 轴就是竖直向下的。

用同样的方法，创建点(7，2，0)，对两根竖线进行方位设置。整个过程如图 3 - 17 所示。

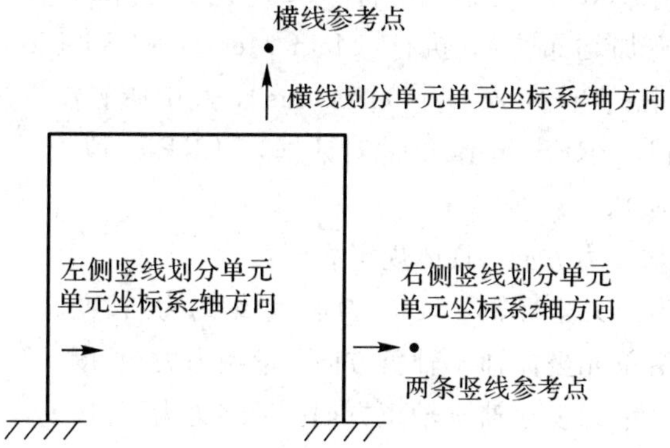

图 3 - 17　ANSYS 梁单元截面方位设置

(8) 划分单元。由于横线受均布力，所以肯定要多划分一些单元。而且 ANSYS 的梁单元还存在一个问题，在绘制变形图时，软件只用结点位移线性插值，不用转角信息。也就是说对于一根受均布载荷的简支梁，如果只划分一个单元，在后处理时会发现所有点挠度均为零。所以处理刚架问题一定要多划分一些单元。

划分单元的流程与桁架结构类似。执行[Main Menu]→[Preprocessor]→[Meshing]→[Mesh Tool]命令，弹出[Mesh Tool]对话框，在[Size Controls]模块中，点击[Lines]右侧的[Set]按钮，会弹出一个新对话框，点击[Pick All]选中所有线，又会弹出[Element Sizes on Picked Lines]对话框，在该对话框中[NDIV]后面填 10(每根线分 10 个单元)，点击[OK]。在[MeshTool]对话框中点击[Mesh]按钮，在弹出的[Mesh Lines]对话框中点击[Pick All]，即可完成单元划分(划分单元越多，计算结果和结果显示越好，但要考虑计算时间)。注意划分出的单元是有三个结点的，还有一个不在梁单元上的辅助结点用于确定截面方位。单元划分完成后，可选择为实体显示，以确定截面方位是否正确。另外还可以打开显示单元坐标系选项，查看单元坐标系。方法是：执行[Utility Menu]→[PlotCtrls]→[Symbols]命令，在弹出的[Symbols]对话框中将[esys]打钩，就会显示每个单元的单元坐标系。其中白色轴表示 x 轴(被遮挡，不容易观察到)，绿色轴表示 y 轴(需要转换视角才能观察到)，蓝色轴表示 z 轴。

(9) 合并单元，压缩编号。

(10) 施加约束。由于该问题是平面问题，因此需要将所有结点平面外的自由度都进行约束，包括 z 轴的平动和绕 x、y 轴的转动。在弹出拾取结点的对话框后，选中 Box 方法拖出一个矩形区域选中所有结点，约束 UZ、ROTX、ROTY 三个自由度。然后再选中最下方两个结点，将它们的全部自由度都进行约束(ALL DOF)。

当然对于这个算例，如果只约束最下方两个结点的全部自由度，那么因为它们已经被约束了平面外的自由度，总体刚度矩阵施加约束后不会奇异，即使不约束其他结点的平面外自由度，也能算出正确的结果。但是其他点还是存在面外运动的可能，只不过是没有受到面外运动的对应载荷。如果是做这个平面刚架的模态分析，只约束两个结点就会出现面外运动的模态。

由于结点较多，如果不想在图形上显示约束符号，可以执行[Utility Menu]→[PlotCtrls]→[Symbols]命令，在[Symbols]对话框中将[/PBC]设置为[none]，可以不显示约束符号。

(11) 施加载荷(施加均布力)。执行[Main Menu]→[Solution]→[Define Loads]→[Apply]→[Structural]→[Pressure]→[On Beams]，选中所有需要施加均布力的单元，点击[Apply]，弹出[Apply PRES on Beams]对话框，[LKEY]填 1，[VALI]和[VALJ]均填 2000(注意：不是－2000)。

其中 LKEY 控制均布力方向，具体规定如下：

LKEY=1，载荷沿单元坐标轴 z 轴负方向，量纲为力/长度。

LKEY=2，载荷沿单元坐标轴 y 轴负方向，量纲为力/长度。

LKEY=3，载荷沿单元坐标轴 x 轴正方向，量纲为力/长度。

注意：不能把均布载荷加在线上(On Lines)，在之前的老版本 ANSYS 中可以。

可以通过菜单列表查看已施加载荷。在选择所有需要施加均布力的单元时，可以先把单元实体显示关掉。以便更好地观察到选中了哪些单元。

(12) 求解。

(13) 后处理(弯矩图)。与桁架的轴力图相同，弯矩图的绘制同样需要创建单元表。但这里需要定义两个单元表项。

首先，执行[Main Menu]→[General Postproc]→[Element Table]→[Define Table]命令，会弹出[Element Table Data]对话框，点击[Add]。

定义第一个单元表项：在弹出的对话框中，与杆单元类似，两个窗口分别选择[By sequence num][SMISC]，在右侧下方对话框中的[SMISC]后面填入 2，点击[Apply]。

定义第二个单元表项：两个窗口分别选择[By sequence num][SMISC]，在右侧下方对话框中[SMISC]的后面填入 15，点击[OK]。

之后，执行[Main Menu]→[General Postproc]→[Plot Results]→[Contour Plot]→

[Line Elem Res]命令，在弹出的对话框中，[LabI]和[LabJ]分别选择[SMIS2]和[SMIS15]，就可画出弯矩图。

(14) 后处理(应力云图)。与杆单元类似，绘制应力云图需要打开单元实体显示。另外注意，如果显示了单元坐标系的话，要将其关掉才能画出应力云图。

有读者可能会觉得，如果不需要求应力分布，那么就不需要对截面进行设置，只需要保证惯性矩等效即可。例如，如果只需要求位移、画弯矩图，那么完全可以计算出惯性矩后，将其等效成一个圆截面。如果不设置截面方向，则软件会默认一个方向，而圆截面的方向无论如何设置都不影响惯性矩的大小。这里还是需要设置一下，因为加载和绘制弯矩图都是在单元坐标系中进行的，对梁单元设置截面方向实际上就是设置单元坐标系方向。

3.9　约束的处理

本书中结构的边界条件都是将特定自由度的位移约束为零。但是在实际工程中，存在更为复杂的约束。例如，结构的地基产生沉降，此时沉降处的位移就是非零的特定值。另外工程结构中还经常出现多个自由度之间的代数约束。因此，本节介绍约束处理的一般性方法。

1. 直接法

直接法适用于一些自由度的位移取值为定值的约束情形，我们之前用过的划行划列的方法就是直接法的特例。根据自由度的位移是否受约束，将结构的自由度分成两部分，并且重新排列，即

$$\boldsymbol{q} = (\boldsymbol{q}_{\mathrm{c}} \quad \boldsymbol{q}_{\mathrm{f}})^{\mathrm{T}} \tag{3-93}$$

其中，$\boldsymbol{q}_{\mathrm{c}}$为所有被约束的自由度，$\boldsymbol{q}_{\mathrm{f}}$为所有未被约束的自由度。将载荷向量、总体刚度矩阵的行列也做相同的重新排列和分块，总体平衡方程化为

$$\begin{bmatrix} \boldsymbol{K}_{\mathrm{cc}} & \boldsymbol{K}_{\mathrm{cf}} \\ \boldsymbol{K}_{\mathrm{fc}} & \boldsymbol{K}_{\mathrm{ff}} \end{bmatrix}\begin{bmatrix} \boldsymbol{q}_{\mathrm{c}} \\ \boldsymbol{q}_{\mathrm{f}} \end{bmatrix} = \begin{bmatrix} \boldsymbol{f}_{\mathrm{c}} + \boldsymbol{r} \\ \boldsymbol{f}_{\mathrm{f}} \end{bmatrix} \tag{3-94}$$

其中，$\boldsymbol{f}_{\mathrm{c}}$、$\boldsymbol{f}_{\mathrm{f}}$分别为被约束和未被约束的自由度上所受的主动力排列成的向量，$\boldsymbol{r}$为约束力组成的向量。

基于分块矩阵的乘法可得

$$\begin{cases} \boldsymbol{K}_{\mathrm{cc}}\boldsymbol{q}_{\mathrm{c}} + \boldsymbol{K}_{\mathrm{cf}}\boldsymbol{q}_{\mathrm{f}} = \boldsymbol{f}_{\mathrm{c}} + \boldsymbol{r} \\ \boldsymbol{K}_{\mathrm{fc}}\boldsymbol{q}_{\mathrm{c}} + \boldsymbol{K}_{\mathrm{ff}}\boldsymbol{q}_{\mathrm{f}} = \boldsymbol{f}_{\mathrm{f}} \end{cases} \tag{3-95}$$

由于$\boldsymbol{q}_{\mathrm{c}}$、$\boldsymbol{f}_{\mathrm{f}}$均为已知量，因此通过式(3-95)的第二个方程组可以求出未知位移$\boldsymbol{q}_{\mathrm{f}}$，然后将$\boldsymbol{q}_{\mathrm{f}}$代入第一个方程就可以求得约束力。

在实际问题中，经常出现多个自由度之间的代数约束，例如图 3-18 所示的斜支座问题，其约束方程为

$$u_4\sin\alpha = v_4\cos\alpha \tag{3-96}$$

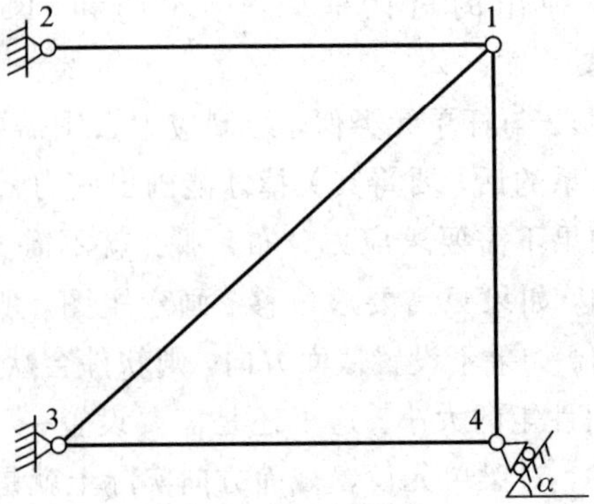

图 3-18　斜支座

又如图 3-19 所示的两杆结构，由于左侧杆件受到分布力作用，为了提高精度将其划分成两个单元，此时如果不做特殊处理，则结构将会变成机构，为此引入约束：

$$u_2\sin\alpha - v_2\cos\alpha = 0 \tag{3-97}$$

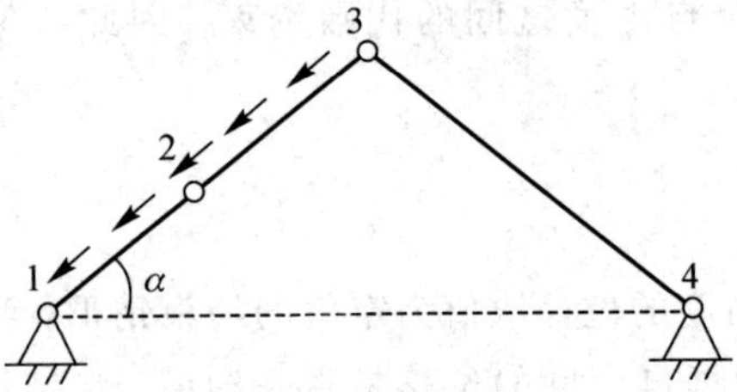

图 3-19　受分布力的杆系结构

此外，在一些特殊的应用情形下，例如梁单元结点偏置，结构中存在刚体，或是多种不同类型的有限单元相互连接等，也往往存在或是需要人为引入多个结点自由度之间的约束方程。处理约束方程的常用方法有两种，一是拉格朗日乘子法，二是罚函数法。

2. 拉格朗日乘子法

可以将结构的所有约束写成矩阵的形式：

$$\boldsymbol{C}\boldsymbol{q} = \boldsymbol{d} \tag{3-98}$$

例如图 3-18 中的桁架结构，其约束矩阵可以写成：

$$\begin{bmatrix} 0 & 0 & 1 & 0 & 0 & 0 & 0 & 0 \\ 0 & 0 & 0 & 1 & 0 & 0 & 0 & 0 \\ 0 & 0 & 0 & 0 & 1 & 0 & 0 & 0 \\ 0 & 0 & 0 & 0 & 0 & 1 & 0 & 0 \\ 0 & 0 & 0 & 0 & 0 & 0 & \sin\alpha & -\cos\alpha \end{bmatrix} \begin{bmatrix} u_1 \\ v_1 \\ u_2 \\ v_2 \\ u_3 \\ v_3 \\ u_4 \\ v_4 \end{bmatrix} = \begin{bmatrix} 0 \\ 0 \\ 0 \\ 0 \\ 0 \end{bmatrix} \tag{3-99}$$

接下来的处理与高等数学中的带约束的多元函数优化类似。在结构总势能表达式中引入一个附加项：

$$\begin{aligned}\Pi^* &= \Pi + \boldsymbol{\lambda}^{\mathrm{T}}(\boldsymbol{Cq}-\boldsymbol{d}) \\ &= \frac{1}{2}\boldsymbol{q}^{\mathrm{T}}\boldsymbol{Kq} - \boldsymbol{f}^{\mathrm{T}}\boldsymbol{q} + \boldsymbol{\lambda}^{\mathrm{T}}(\boldsymbol{Cq}-\boldsymbol{d})\end{aligned} \tag{3-100}$$

式中 λ 是一个未知向量，其中的元素称为拉格朗日乘子，它的物理意义是约束力。将这个新的函数取极值，也就是要满足条件：

$$\begin{cases}\dfrac{\partial \Pi^*}{\partial \boldsymbol{q}} = \boldsymbol{0} \\ \dfrac{\partial \Pi^*}{\partial \boldsymbol{\lambda}} = \boldsymbol{0}\end{cases} \tag{3-101}$$

可得：

$$\begin{bmatrix}\boldsymbol{K} & \boldsymbol{C}^{\mathrm{T}} \\ \boldsymbol{C} & \boldsymbol{O}\end{bmatrix}\begin{bmatrix}\boldsymbol{q} \\ \boldsymbol{\lambda}\end{bmatrix} = \begin{bmatrix}\boldsymbol{f} \\ \boldsymbol{d}\end{bmatrix} \tag{3-102}$$

其中 $\boldsymbol{O}$ 代表零矩阵。可以看出，拉格朗日乘子法扩大了问题的规模，但优点是一次便可同时求出未知位移和约束力。可以先处理零约束，再考虑自由度之间的约束，这样约束矩阵的规模便会减小很多。

3. 罚函数法

该方法与拉格朗日乘子法类似，也是对总势能引入附加项，不同的是该方法引入了一个大数 S 形成罚函数：

$$\Pi^* = \frac{1}{2}\boldsymbol{q}^{\mathrm{T}}\boldsymbol{Kq} - \boldsymbol{F}^{\mathrm{T}}\boldsymbol{q} + \frac{1}{2}S(\boldsymbol{Cq}-\boldsymbol{d})^2 \tag{3-103}$$

根据

$$\frac{\partial \Pi^*}{\partial \boldsymbol{q}} = \boldsymbol{0} \tag{3-104}$$

可以得到

$$(\boldsymbol{K} + S\boldsymbol{C}^{\mathrm{T}}\boldsymbol{C})\boldsymbol{q} = \boldsymbol{f} + S\boldsymbol{C}^{\mathrm{T}}\boldsymbol{d} \tag{3-105}$$

可以看出，约束矩阵的规模没有发生变化。但这种方法要考虑大数 S 所带来的误差。

习题

3.1　查阅资料，或根据生活经验，列举出杆系结构在生产生活中的应用。

3.2　在工程中有很多结构可以近似为悬臂梁，查阅资料进行列举。

3.3　一根总长为 $3L$ 的梁，沿总体坐标轴 x 轴放置，受 y 负方向均布载荷作用，强度为 p。将其划分为 3 个等长的平面纯弯梁单元，结点编号沿 x 轴正向顺序增加。写出等效载荷向量。

3.4　计算图 3 - 20 所示梁的结点载荷向量。

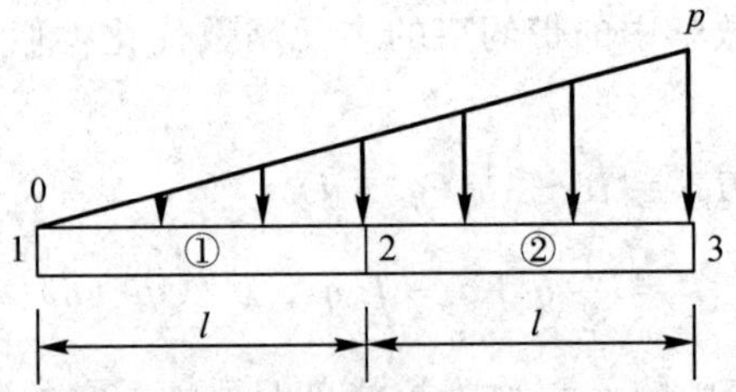

图 3-20　受三角形分布载荷的梁

3.5　如图 3-21 所示的平面桁架桥结构，所有桁架长度均为 3 m，弹性模量为 210 GPa，横截面积为 3000 mm^2。三处受力均为 200 kN。用 MATLAB 编程绘制变形图，列出杆件应力。

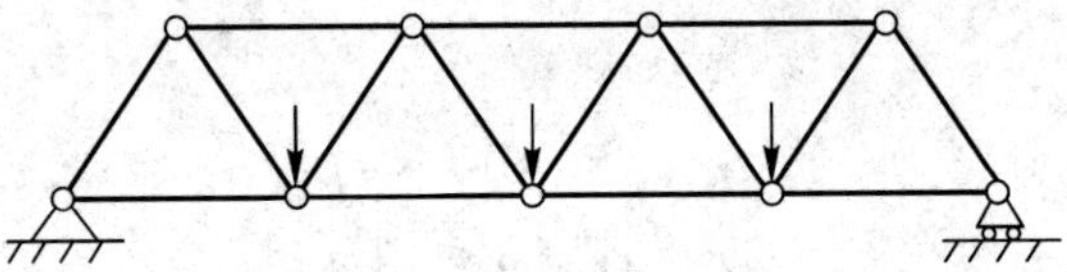

图 3-21　桁架桥

3.6　如图 3-22 所示的对称平面屋架结构，力的大小均为 2 kN，用杆单元建模，横截面积为 0.015 m^2，弹性模量为 500 MPa。用 MATLAB 编程绘制变形图，列出杆件应力。将右侧的滚轴约束改为铰支座，重新计算变形和杆件应力。

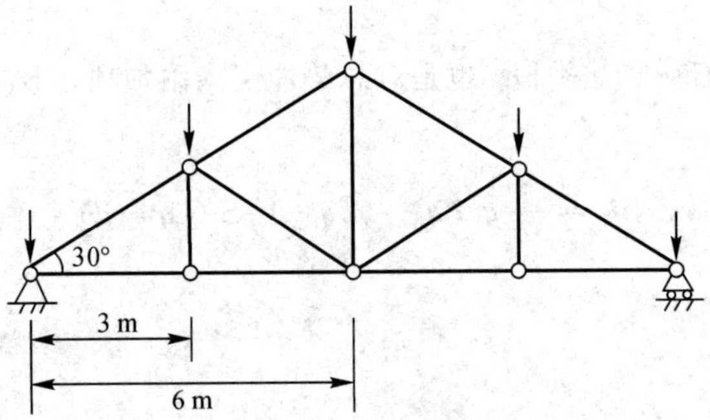

图 3-22　平面屋架

3.7　用 ANSYS 分析图 3-23 中的空间桁架结构，其中 $A=0.02\ m^2$，$E=210$ GPa。载荷沿 x 轴正向，大小为 10 kN。绘制变形图，列出杆件应力。

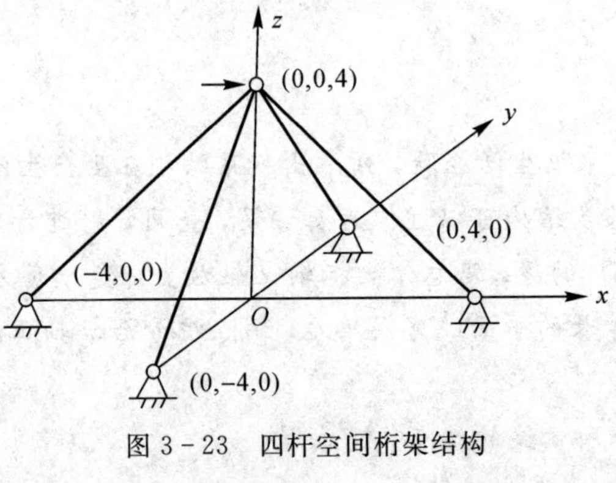

图 3-23　四杆空间桁架结构

3.8　用 ANSYS 分析图 3－24 中的刚架结构，其中矩形截面宽 0.015 m，高 0.03 m。绘制变形图及弯矩图。

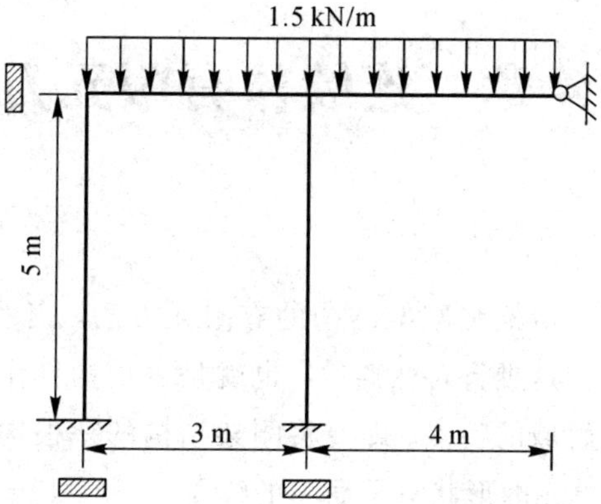

图 3－24　刚架结构

3.9　用 ANSYS 分析图 3－25 中的刚架结构，其中矩形截面宽 0.02 m，高 0.04 m。绘制变形图及弯矩图。

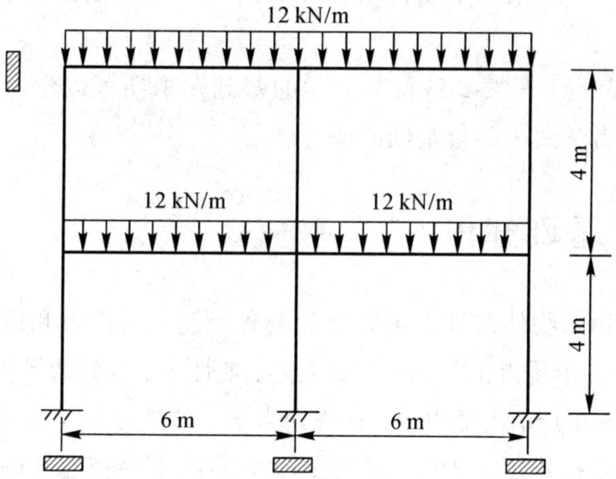

图 3－25　刚架结构

第 4 章 连续体有限元方法

在上一章中我们学习了桁架和刚架结构的有限元方法，当然理论上它们也是连续体，不过处理这两类结构时往往是进行自然离散，也就是一根构件作为一个单元，这样就没有体现有限元法人为离散求解域的特点。即使将刚架结构的一根构件划分为多个单元，其划分方式也是比较简单的，单元的形状只是简单的线段。

本章我们考虑的连续体，分为平面问题和空间问题。对于平面问题，待求区域是一个二维区域，需要人为进行划分。早期最常用的单元是三角形单元，为了提高精度，矩形单元也投入使用，但矩形单元不能适应复杂的边界。因此目前的主流方法是采用四边形单元，不过这种单元相对复杂，一般都采用商用软件来实现。空间问题与之类似，目前主流方法是采用六面体单元。

另外，对于杆梁问题，只要具备材料力学的基础知识便可以学习，而对于一般的连续体，则需要引入弹性力学的一些最基础的概念。

4.1 弹性力学基础知识

先介绍外力，作用于物体的外力可以分为两种类型：体积力和面力。体积力就是分布在物体整个体积内部各个质点上的力，例如重力、惯性力、电磁力等。面力是分布在物体表面上的力，例如风力、水压、接触力等。在理论力学、材料力学等课程中，经常用到集中力的概念，所谓集中力是指作用在物体一点上的力，实际不存在这样的力，在弹性力学理论分析中没有集中力的概念。不过在有限元这个数学模型中，外力都相当于等效集中作用在了结点上。外力的正负号按照整体坐标轴方向进行定义。与外力正负号规定相似的还有位移。位移是物体发生变形后，物体内各点的位置改变。常用 u、v、w 表示 x、y、z 三个方向的位移。位移同样是沿坐标轴正向为正，负向为负。

弹性力学体系中各应力分量的定义以及其正负号规定略显复杂。我们学过材料力学都知道，对于一点的应力，如果截面的方位不同，应力的分量也不同。给定截面方位后，一点的应力是一个矢量。但是在未选定截面方位时，一点的应力状态该如何表征？显然它不是一个矢量。

如图 4-1 所示，过物体内一点做三个分别垂直于三个坐标轴的微面，三个面上共有 9 个应力分量。

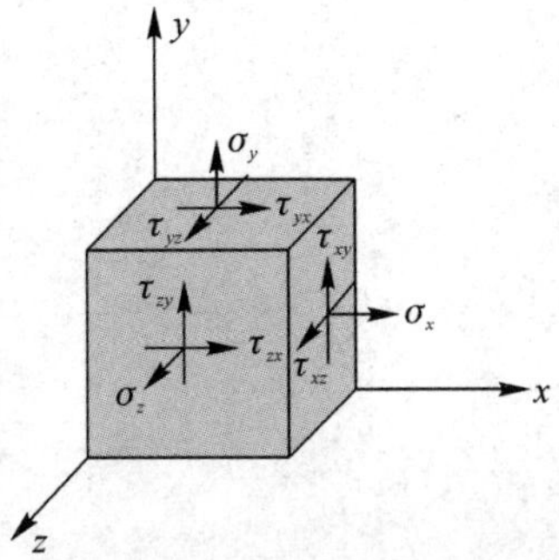

图 4-1 一点的应力状态

这9个应力分量构成一个二阶张量，通常表示成如下的矩阵形式：

$$\begin{bmatrix} \sigma_x & \tau_{xy} & \tau_{xz} \\ \tau_{yx} & \sigma_y & \tau_{yz} \\ \tau_{zx} & \tau_{zy} & \sigma_z \end{bmatrix} \tag{4-1}$$

其中切应力有两个下标，第一个下标表示作用面的法线方向，第二个下标表示切应力的方向。有些书中对于正应力和切应力统一采用双下标的形式，显然，如果采用这种形式，正应力的两个下标是相同的。

为了定义各应力分量的正负号，先引入正面和负面的概念。若一个面外法线沿坐标轴正向，则称其为正面，反之若其外法线沿坐标轴负向，则称为负面。规定：若应力分量在正面上，则与坐标轴正向一致为正，与坐标轴负向一致为负；若应力分量在负面上，则与坐标轴负向一致为正，与坐标轴正向一致为负。根据这些规则，图4-1所示三个面均为正面，所有应力分量均为正向。

在材料力学中，我们学习过切应力互等定理，因此独立的切应力分量只有3个，独立的应力分量只有6个。为了使用方便，我们通常将6个独立应力分量写成向量的形式：

$$\boldsymbol{\sigma} = [\sigma_x \quad \sigma_y \quad \sigma_z \quad \tau_{xy} \quad \tau_{yz} \quad \tau_{zx}]^{\mathrm{T}} \tag{4-2}$$

下面回顾一下材料力学中学过的应变。正应变表示线段单位长度的伸缩，以伸长为正，缩短为负。切应变表示线段之间的直角的改变，以弧度表示，变小为正，变大为负。应变是无量纲量(注意弧度本身是没有量纲的)。一点处有3个正应变分量，3个切应变分量，通常也写成向量的形式：

$$\boldsymbol{\varepsilon} = [\varepsilon_x \quad \varepsilon_y \quad \varepsilon_z \quad \gamma_{xy} \quad \gamma_{yz} \quad \gamma_{zx}]^{\mathrm{T}} \tag{4-3}$$

一般来说，弹性体内的应力、应变和位移分量都是坐标的函数，也就是场。所谓弹性力学问题，就是在给定的力和位移边界条件下，求解弹性体的应力场、应变场和位移场。正如第1章开头所述，场问题都满足特定的方程。下面我们就来推导弹性力学的三大类方程：平衡方程、几何方程和物理方程。其中物理方程其实就是我们材料力学里面学过的广义胡克定律，所以下面主要是推导平衡方程和几何方程。

首先考虑**平衡方程**。我们从物体内部切出一个微小的正六面体，如图4-2所示。由于正六面体位于物体内部，因此外力只考虑体积力(图中未画出体积力)。正六面体六个截面上的各应力分量已标出。由于应力分量是空间坐标 x、y、z 的函数，不同截面的位置有 $\mathrm{d}x$、$\mathrm{d}y$ 和 $\mathrm{d}z$ 的差别，这里将其进行泰勒(Taylor)级数展开，并略去了二阶以上微量。

假设 d_x 为体力在 x 方向的分量，根据 x 方向受力平衡，列出如下等式：

$$\begin{cases} \left(\sigma_x + \dfrac{\partial \sigma_x}{\partial x}\mathrm{d}x\right)\mathrm{d}y\mathrm{d}z - \sigma_x \mathrm{d}y\mathrm{d}z + \left(\tau_{yx} + \dfrac{\partial \tau_{yx}}{\partial y}\mathrm{d}y\right)\mathrm{d}x\mathrm{d}z \\ -\tau_{yx}\mathrm{d}x\mathrm{d}z + \left(\tau_{zx} + \dfrac{\partial \tau_{zx}}{\partial z}\mathrm{d}z\right)\mathrm{d}x\mathrm{d}y - \tau_{zx}\mathrm{d}x\mathrm{d}y + d_x \mathrm{d}x\mathrm{d}y\mathrm{d}z = 0 \end{cases} \tag{4-4}$$

式中每一项都具有力的量纲。整理，并将各项同时除以 $\mathrm{d}x\mathrm{d}y\mathrm{d}z$ 可得：

$$\frac{\partial \sigma_x}{\partial x} + \frac{\partial \tau_{yx}}{\partial y} + \frac{\partial \tau_{zx}}{\partial z} + d_x = 0 \tag{4-5}$$

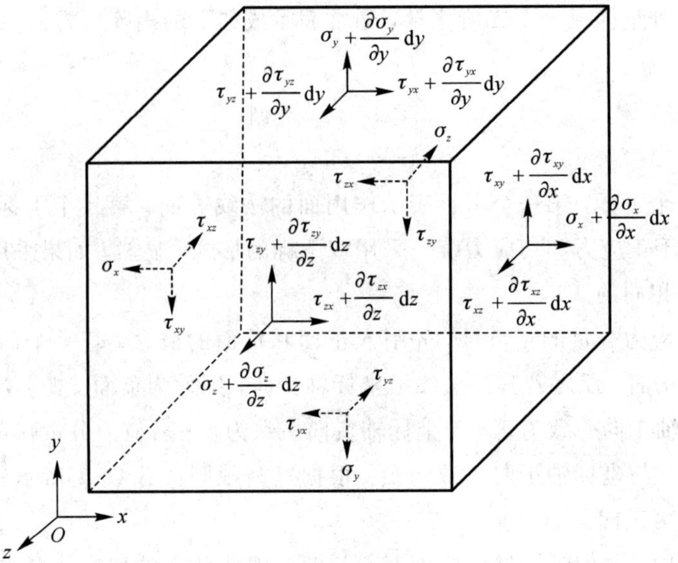

图 4-2　平衡方程推导示意图

同理可以得到 y 方向和 z 方向的平衡方程：

$$\frac{\partial \tau_{xy}}{\partial x} + \frac{\partial \sigma_y}{\partial y} + \frac{\partial \tau_{zy}}{\partial z} + d_y = 0 \tag{4-6}$$

$$\frac{\partial \tau_{xz}}{\partial x} + \frac{\partial \tau_{yz}}{\partial y} + \frac{\partial \sigma_z}{\partial z} + d_z = 0 \tag{4-7}$$

如果列出力矩平衡的三个方程，可以得到材料力学学过的切应力互等定理：

$$\begin{cases} \tau_{xy} = \tau_{yx} \\ \tau_{yz} = \tau_{zy} \\ \tau_{zx} = \tau_{xz} \end{cases} \tag{4-8}$$

由于前面已经用到了这个切应力互等定理，认为 6 个切应力只有 3 个独立的量，因此只需把式(4-5)～式(4-7)作为弹性力学的平衡方程。可以看出，平衡方程描述了应力分量和体积力之间的关系。

下面推导位移和应变之间的关系——**几何方程**。设弹性体内一点 P 的位移分量分别为 $u(x, y, z)$、$v(x, y, z)$、$w(x, y, z)$，由于三维图形比较复杂，为简化起见，以 xy 平面上的投影为例进行分析。经过点 P，沿 x 和 y 轴方向取两条微线段 $PA = \mathrm{d}x$ 和 $PB = \mathrm{d}y$，如图 4-3 所示。弹性体变形后，P、A、B 三点均发生位移，分别移动到 P'、A'、B'。由于 P 点移动到 P' 产生的位移分量是 $u(x, y, z)$ 和 $v(x, y, z)$，我们将 A、B 点的位移按泰勒级数在 P 点处展开，略去二阶以上微量，则 A 点位移分量为

$$u + \frac{\partial u}{\partial x}\mathrm{d}x,\ v + \frac{\partial v}{\partial x}\mathrm{d}x \tag{4-9}$$

B 点位移分量为

$$u + \frac{\partial u}{\partial y}\mathrm{d}y,\ v + \frac{\partial v}{\partial y}\mathrm{d}y \tag{4-10}$$

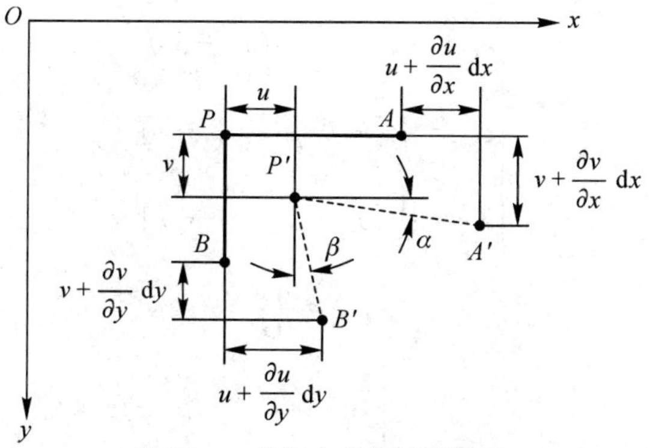

图 4-3　几何方程推导示意图

先考虑线段 PA 的伸缩量，由于位移很小，y 方向位移引起的线段 PA 的伸缩量可以忽略不计，因此，PA 的正应变，也就是 P 点在 x 方向的正应变为

$$\varepsilon_x=\frac{\left(u+\frac{\partial u}{\partial x}\mathrm{d}x\right)-u}{\mathrm{d}x}=\frac{\partial u}{\partial x} \tag{4-11}$$

同理，可得 y 方向的正应变为

$$\varepsilon_y=\frac{\partial v}{\partial y} \tag{4-12}$$

下面考虑切应变，也就是直角的改变量：

$$\gamma_{xy}=\frac{\pi}{2}-\angle B'P'A'=\alpha+\beta \tag{4-13}$$

显然，切应变由两部分组成，一部分是位移分量 v 在 x 方向的变化(α 角)，另一部分是位移分量 u 在 y 方向的变化(β 角)。其中

$$\alpha\approx\tan\alpha=\frac{\left(v+\frac{\partial v}{\partial x}\mathrm{d}x\right)-v}{\mathrm{d}x}=\frac{\partial v}{\partial x} \tag{4-14}$$

同理

$$\beta=\frac{\partial u}{\partial y} \tag{4-15}$$

因此 P 点的切应变为

$$\gamma_{xy}=\frac{\partial u}{\partial y}+\frac{\partial v}{\partial x} \tag{4-16}$$

同理，对 yz 平面和 xz 平面的投影进行分析，最终可得如下一组(6 个)方程，称为几何方程：

$$\begin{cases}\varepsilon_x=\dfrac{\partial u}{\partial x},\ \gamma_{yz}=\dfrac{\partial w}{\partial y}+\dfrac{\partial v}{\partial z}\\ \varepsilon_y=\dfrac{\partial v}{\partial y},\ \gamma_{zx}=\dfrac{\partial u}{\partial z}+\dfrac{\partial w}{\partial x}\\ \varepsilon_z=\dfrac{\partial w}{\partial z},\ \gamma_{xy}=\dfrac{\partial v}{\partial x}+\dfrac{\partial u}{\partial y}\end{cases} \tag{4-17}$$

在材料力学中学过的广义胡克定律，在弹性力学中称为**物理方程**或**本构方程**，包括如下 6 个方程：

$$\begin{cases}\varepsilon_x = \dfrac{1}{E}[\sigma_x - \mu(\sigma_y + \sigma_z)] \\ \varepsilon_y = \dfrac{1}{E}[\sigma_y - \mu(\sigma_z + \sigma_x)] \\ \varepsilon_z = \dfrac{1}{E}[\sigma_z - \mu(\sigma_x + \sigma_y)]\end{cases} \qquad \begin{cases}\gamma_{yz} = \dfrac{\tau_{yz}}{G} \\ \gamma_{zx} = \dfrac{\tau_{zx}}{G} \\ \gamma_{xy} = \dfrac{\tau_{xy}}{G}\end{cases} \tag{4-18}$$

总结：弹性力学三大类方程一共有 15 个方程，而位移、应力、应变也是 15 个未知分量，因此在给定了边界条件后，理论上是可以求解的。

4.2 平面问题

虽然实际问题都是三维问题，但显然维数越高，划分出的有限元结点就越多，计算量就越大。上一章讲的杆梁是把三维区域的求解域降低到一维区域，而本节介绍的平面问题可以将问题的求解域降低至平面内。弹性力学平面问题主要分为两大类，一是平面应力问题，二是平面应变问题。

首先介绍平面应力问题。考虑如图 4-4 所示的等厚度薄板，外力平行于板面并且不沿厚度方向变化，约束也不沿厚度方向变化。

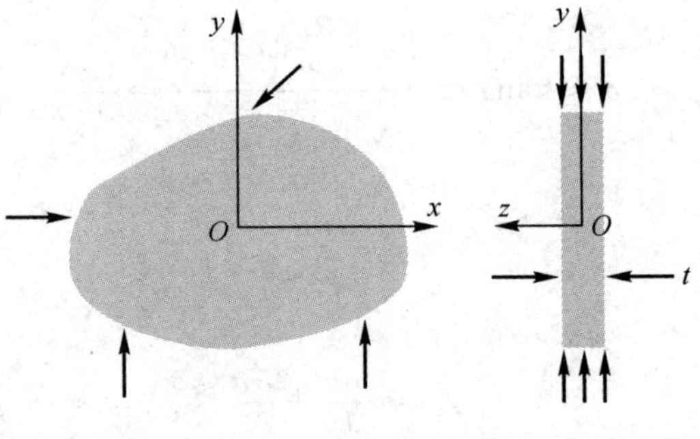

图 4-4 平面应力问题

由于板面上不受力，因此有：

$$(\sigma_z)_{z=\pm\frac{t}{2}} = 0, \quad (\tau_{zx})_{z=\pm\frac{t}{2}} = 0, \quad (\tau_{zy})_{z=\pm\frac{t}{2}} = 0 \tag{4-19}$$

外力不沿厚度变化，而且板很薄，也就是说一个为零的量经过较小的 z 坐标变化后仍然是零，就可以认为这个量在随着 z 的较小变化过程中始终为零。也就是可以认为式(4-19)中的三个应力分量在整个薄板上的所有各点都有：

$$\sigma_z = 0, \quad \tau_{zx} = 0, \quad \tau_{zy} = 0 \tag{4-20}$$

根据切应力互等定理又可得：

$$\tau_{xz} = 0, \quad \tau_{yz} = 0 \tag{4-21}$$

这样只剩下如下的三个独立应力分量不为零：

$$\sigma_x,\ \sigma_y,\ \tau_{xy}=\tau_{yx} \tag{4-22}$$

同样因为外力不沿厚度变化，而且板很薄，所以这三个分量也只是 x、y 的函数，不随 z 变化。也就是说，任取一个横截面，其上的应力分布都是一样的。

针对这个问题的特点可以对弹性力学三大方程进行简化。我们在有限元方法的推导中主要用到的是物理方程，它可以简化为

$$\begin{cases}\varepsilon_x=\dfrac{1}{E}(\sigma_x-\mu\sigma_y)\\[2mm] \varepsilon_y=\dfrac{1}{E}(\sigma_y-\mu\sigma_x)\\[2mm] \varepsilon_z=\dfrac{-\mu}{E}(\sigma_x+\sigma_y)\\[2mm] \gamma_{xy}=\dfrac{\tau_{xy}}{G}\end{cases} \tag{4-23}$$

式(4-23)中的第三个方程描述 z 方向的应变，它不是独立的应变分量，可以在求解出平面分量后单独求解，因此我们暂时忽略这个等式，并将剪切模量用弹性模量和泊松比来表示，可得到平面应力问题的物理方程：

$$\begin{cases}\varepsilon_x=\dfrac{1}{E}(\sigma_x-\mu\sigma_y)\\[2mm] \varepsilon_y=\dfrac{1}{E}(\sigma_y-\mu\sigma_x)\\[2mm] \gamma_{xy}=\dfrac{2(1+\mu)}{E}\tau_{xy}\end{cases} \tag{4-24}$$

接下来介绍**平面应变问题**。考虑如图 4-5 所示的很长的柱形体，同样，外力平行于横截面并且不沿长度方向变化，约束也不沿厚度方向变化。我们认为柱形体无限长，那么任一横截面都可视为该柱形体的对称面，由于每一个横截面都是一样的，也就意味着所有应力应变和位移都不随 z 坐标变化。另外根据对称性，该横截面上任一点都不可能有 z 方向的位移，即

$$w=0 \tag{4-25}$$

也就是说柱形体内部各点都没有 z 方向的位移。根据几何方程易知：

$$\varepsilon_z=0 \tag{4-26}$$

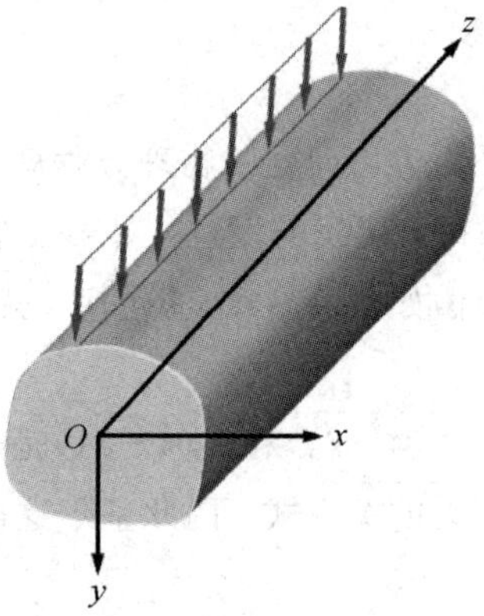

图 4-5　平面应变问题

根据对称性还可推断物体内部处处都有

$$\tau_{zx}=0,\quad \tau_{zy}=0 \tag{4-27}$$

根据切应力互等定理可得

$$\tau_{xz}=0,\quad \tau_{yz}=0 \tag{4-28}$$

虽然实际物体并非无限长，但对于许多结构，如挡土墙、大坝等，在离两端较远之处，按平面应变问题进行分析，是可以满足工程要求的。

下面我们考虑平面应变问题的物理方程，根据以上条件，它可以写成

$$\begin{cases}\varepsilon_x = \dfrac{1}{E}[\sigma_x - \mu(\sigma_y + \sigma_z)] \\ \varepsilon_y = \dfrac{1}{E}[\sigma_y - \mu(\sigma_z + \sigma_x)] \\ 0 = \dfrac{1}{E}[\sigma_z - \mu(\sigma_x + \sigma_y)] \\ \gamma_{xy} = \dfrac{\tau_{xy}}{G}\end{cases} \tag{4-29}$$

从式(4-29)的第三个等式中可以看出，z方向的正应力仍存在，但并非独立的量，可以在求出各平面分量后进行求解。根据这个等式，将z方向的正应力用x、y方向的正应力表示为

$$\sigma_z = \mu(\sigma_x + \sigma_y) \tag{4-30}$$

将式(4-30)代入式(4-29)的前两个等式，并将剪切模量用弹性模量和泊松比来表示，可得到平面应力问题的物理方程：

$$\begin{cases}\varepsilon_x = \dfrac{1-\mu^2}{E}\left(\sigma_x - \dfrac{\mu}{1-\mu}\sigma_y\right) \\ \varepsilon_y = \dfrac{1-\mu^2}{E}\left(\sigma_y - \dfrac{\mu}{1-\mu}\sigma_x\right) \\ \gamma_{xy} = \dfrac{2(1+\mu)}{E}\tau_{xy}\end{cases} \tag{4-31}$$

对比平面应力问题的物理方程(4-24)和平面应变问题的物理方程(4-31)，首先看前两个等式，可以发现形式上非常相似。如果在平面应力问题的前两个方程中做如下代换：

$$E \sim \frac{E}{1-\mu^2},\ \mu \sim \frac{\mu}{1-\mu} \tag{4-32}$$

则平面应力问题的物理方程就变成了平面应变问题的物理方程。对于第三个等式，两者是一致的，但我们发现，对第三个等式进行了式(4-32)的代换后，等式形式完全不变，因此只要做如式(4-32)的代换，就可以将平面应力问题的物理方程变成平面应变问题的物理方程。

式(4-24)和式(4-31)是用应力来表示应变的，我们在有限元推导中要用到用应变表示应力的关系式。因此基于这两个式子求解用应变表示应力的方程，并统一表示为

$$\boldsymbol{\sigma} = \boldsymbol{D}\boldsymbol{\varepsilon} \tag{4-33}$$

其中

$$\boldsymbol{\sigma} = [\sigma_x \quad \sigma_y \quad \tau_{xy}]^{\mathrm{T}},\quad \boldsymbol{\varepsilon} = [\varepsilon_x \quad \varepsilon_y \quad \gamma_{xy}]^{\mathrm{T}} \tag{4-34}$$

对于平面应力问题，弹性矩阵$\boldsymbol{D}$为

$$\boldsymbol{D} = \frac{E}{1-\mu^2}\begin{bmatrix}1 & \mu & 0 \\ \mu & 1 & 0 \\ 0 & 0 & \dfrac{1-\mu}{2}\end{bmatrix} \tag{4-35}$$

对于平面应变问题，弹性矩阵$\boldsymbol{D}$为

$$\boldsymbol{D}=\frac{E(1-\mu)}{(1+\mu)(1-2\mu)}\begin{bmatrix}1 & \frac{\mu}{1-\mu} & 0\\ \frac{\mu}{1-\mu} & 1 & 0\\ 0 & 0 & \frac{1-2\mu}{2(1-\mu)}\end{bmatrix}\tag{4-36}$$

4.3 平面三角形单元

在诸多二维场问题的有限元方法中，平面三角形单元都属于非常重要的一类经典单元。近年来由于电子计算机的发展，计算量已不是问题，三角形单元逐渐被精度更高的四边形单元所取代。但平面三角形单元相对简单，学习它对于理解有限元方法大有裨益。本节的重点就是讲解平面问题的三角形单元。

3 结点平面三角形单元如图 4-6 所示，其厚度为 t。每个结点有两个自由度：x 方向的位移和 y 方向的位移。一开始仍然只考虑外力作用在结点上的情形(沿厚度均布)。单元的结点位移向量和结点力向量分别为

$$\begin{cases}\boldsymbol{q}^{\mathrm{e}}=[u_i\quad v_i\quad u_j\quad v_j\quad u_m\quad v_m]^{\mathrm{T}}\\ \boldsymbol{f}^{\mathrm{e}}=t\,[p_{xi}\quad p_{yi}\quad p_{xj}\quad p_{yj}\quad p_{xm}\quad p_{zm}]^{\mathrm{T}}=t\boldsymbol{p}\end{cases}\tag{4-37}$$

其中结点力向量中各 p 的量纲为力/长度。

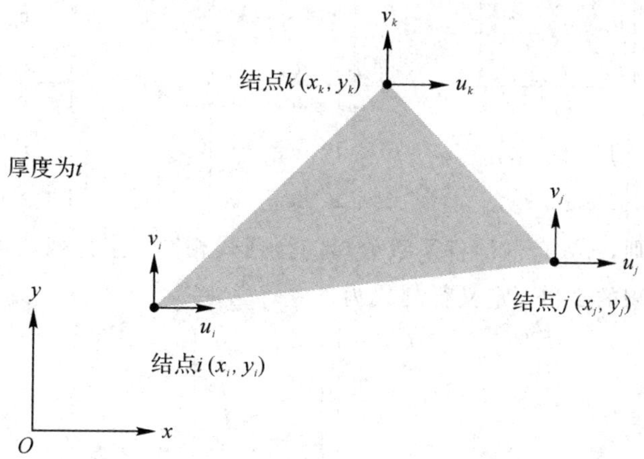

图 4-6　3 结点平面三角形单元

下面的思路与杆单元和梁单元相同，首先选择一个位移场插值函数，然后利用位移场插值函数得到应力场与应变场与结点位移的关系，从而用结点位移表示应变能，得到单元刚度矩阵。

1. 位移场的表达

三结点三角形单元有 6 个结点位移，因此多项式可以有 6 个待定系数。然而与杆梁单元不同的是，平面问题有两个位移场分量都需要插值，而且场函数的变量也是两个。所以，将位移场表示为

$$\begin{cases} u(x, y) = a_0 + a_1 x + a_2 y \\ v(x, y) = b_0 + b_1 x + b_2 y \end{cases} \tag{4-38}$$

结点条件为

$$\begin{cases} u(x_i, y_i) = u_i \\ u(x_j, y_j) = u_j \\ u(x_k, y_m) = u_k \end{cases} \quad \begin{cases} v(x_i, y_i) = v_i \\ v(x_j, y_j) = v_j \\ v(x_m, y_m) = v_k \end{cases} \tag{4-39}$$

可以根据克莱姆(Cramer)法则，求解两个代数方程组得到各个系数。这里之所以采用克莱姆法则，是因为克莱姆法则得到的结果在表达式上具有规律性。根据式(4-39)的前三个等式，可以列出方程组：

$$\begin{cases} a_0 + a_1 x_i + a_2 y_i = u_i \\ a_0 + a_1 x_j + a_2 y_j = u_j \\ a_0 + a_1 x_k + a_2 y_k = u_k \end{cases} \tag{4-40}$$

求得各未知量为

$$a_0 = \frac{\begin{vmatrix} u_i & x_i & y_i \\ u_j & x_j & y_j \\ u_k & x_k & y_k \end{vmatrix}}{\begin{vmatrix} 1 & x_i & y_i \\ 1 & x_j & y_j \\ 1 & x_k & y_k \end{vmatrix}} \quad a_1 = \frac{\begin{vmatrix} 1 & u_i & y_i \\ 1 & u_j & y_j \\ 1 & u_k & y_k \end{vmatrix}}{\begin{vmatrix} 1 & x_i & y_i \\ 1 & x_j & y_j \\ 1 & x_k & y_k \end{vmatrix}} \quad a_2 = \frac{\begin{vmatrix} 1 & x_i & u_i \\ 1 & x_j & u_j \\ 1 & x_k & u_k \end{vmatrix}}{\begin{vmatrix} 1 & x_i & y_i \\ 1 & x_j & y_j \\ 1 & x_k & y_k \end{vmatrix}} \tag{4-41}$$

根据克莱姆法则，式(4-41)各系数分母的行列式相同，该行列式可正可负，在数值上等于三角形单元面积的 2 倍。定义行列式为

$$D_A = \frac{1}{2}\begin{vmatrix} 1 & x_i & y_i \\ 1 & x_j & y_j \\ 1 & x_k & y_k \end{vmatrix} \tag{4-42}$$

当三角形单元结点 i、j、k 逆时针排列时，D_A 等于三角形单元的面积 A，否则等于三角形面积的负值 $-A$。将式(4-41)分子的行列式展开计算，整理为

$$\begin{cases} a_0 = \dfrac{1}{2D_A}(a_i u_i + a_j u_j + a_k u_k) \\ a_1 = \dfrac{1}{2D_A}(b_i u_i + b_j u_j + b_k u_k) \\ a_2 = \dfrac{1}{2D_A}(c_i u_i + c_i u_i + c_i u_i) \end{cases} \tag{4-43}$$

同理可得

$$
\begin{cases}
b_0 = \dfrac{1}{2D_A}(a_i v_i + a_j v_j + a_k v_k) \\[2ex]
b_1 = \dfrac{1}{2D_A}(b_i v_i + b_j v_j + b_k v_k) \\[2ex]
b_2 = \dfrac{1}{2D_A}(c_i v_i + c_j v_j + c_k v_k)
\end{cases}
\tag{4-44}
$$

其中的各系数均与三角形单元三个结点坐标有关，表达式为

$$
\begin{cases}
a_i = x_j y_k - x_k y_j \\
b_i = y_j - y_k \qquad (i \to j \to k \to i) \\
c_i = x_k - x_j
\end{cases}
\tag{4-45}
$$

其中 $i \to j \to k \to i$ 表示下标轮换的规律。式(4-45)中只给出了下标为 i 的三个系数，如果需要下标为 j 或者 k 的各系数表达式，就需要用到这个轮换，例如：

$$
\begin{cases}
a_j = x_k y_i - x_i y_k \\
a_k = x_i y_j - x_j y_i
\end{cases}
\tag{4-46}
$$

将式(4-42)、式(4-43)和式(4-44)代入式(4-38)并加以整理，可得：

$$
\boldsymbol{u}(x,\ y) = \begin{bmatrix} u(x,\ y) \\ v(x,\ y) \end{bmatrix} = \begin{bmatrix} N_i & 0 & N_j & 0 & N_k & 0 \\ 0 & N_i & 0 & N_j & 0 & N_k \end{bmatrix} \begin{bmatrix} u_i \\ v_i \\ u_j \\ v_j \\ u_k \\ v_k \end{bmatrix} = \boldsymbol{N}(x,\ y)\,\boldsymbol{q}^{\mathrm{e}}
\tag{4-47}
$$

式中 $\boldsymbol{N}(x,\ y)$为形状函数矩阵，其中的元素为

$$
\begin{cases}
N_i = \dfrac{1}{2D_A}(a_i + b_i x + c_i y) \\[2ex]
N_j = \dfrac{1}{2D_A}(a_j + b_j x + c_j y) \\[2ex]
N_k = \dfrac{1}{2D_A}(a_k + b_k x + c_k y)
\end{cases}
\tag{4-48}
$$

2. 应变场的表达

将弹性力学几何方程中的平面部分写成如下形式：

$$
\begin{bmatrix} \varepsilon_x \\ \varepsilon_y \\ \gamma_{xy} \end{bmatrix} = \begin{bmatrix} \dfrac{\partial u}{\partial x} \\[2ex] \dfrac{\partial v}{\partial y} \\[2ex] \dfrac{\partial u}{\partial y} + \dfrac{\partial v}{\partial x} \end{bmatrix} = \begin{bmatrix} \dfrac{\partial}{\partial x} & 0 \\[2ex] 0 & \dfrac{\partial}{\partial y} \\[2ex] \dfrac{\partial}{\partial y} & \dfrac{\partial}{\partial x} \end{bmatrix} \begin{bmatrix} u(x,\ y) \\ v(x,\ y) \end{bmatrix} = \boldsymbol{L}\boldsymbol{u}
\tag{4-49}
$$

我们用求导运算的符号作为矩阵元素组成了 $\boldsymbol{L}$ 矩阵，此类矩阵称为算子矩阵。将位移场的表达式(4-47)代入式(4-49)，可得：

$$
\boldsymbol{\varepsilon}(x,\ y) = \boldsymbol{L}\boldsymbol{N}(x,\ y)\,\boldsymbol{q}^{\mathrm{e}} = \boldsymbol{B}\,\boldsymbol{q}^{\mathrm{e}}
\tag{4-50}
$$

其中几何矩阵为

$$\boldsymbol{B}(x,\ y)=\boldsymbol{LN}(x,\ y)=\frac{1}{2D_A}\begin{bmatrix} b_i & 0 & b_j & 0 & b_k & 0 \\ 0 & c_i & 0 & c_j & 0 & c_k \\ c_i & b_i & c_j & b_j & c_k & b_k \end{bmatrix} \tag{4-51}$$

可以看出，由于形状函数矩阵是一次式，求导后得到的几何矩阵是一个常数矩阵，其中的元素取值与各结点的坐标差有关(见式(4-44))，因此三角形单元内部的应变也是常数。常把三结点三角形单元称为常应变单元。

3. 应力场的表达

有了应变场之后，根据方程(4-33)便可表示出应力场：

$$\boldsymbol{\sigma}(x,\ y)=\boldsymbol{DBq}^{\mathrm{e}}=\boldsymbol{Sq}^{\mathrm{e}} \tag{4-52}$$

其中平面应力和平面应变问题的弹性矩阵 $\boldsymbol{D}$ 不同。显然应力矩阵 $\boldsymbol{S}$ 也是常数矩阵，因此三角形单元内部的应力也是常数。一般把这个应力或应变的值作为三角形形心的值，因为应变和应力由位移微分得到，在单元内部较为精确。在相邻单元的边界两侧，应力和应变将会有突变，而位移是连续、不光滑的。在实际使用中，对于应力和应变梯度较大的区域，网格要适当加密。

4. 应变能的表达与单元刚度矩阵

通过之前的学习，我们已经知道只要写出单元应变能表达式，便可得到单元刚度矩阵，即

$$U^{\mathrm{e}}=\frac{1}{2}\int_{\Omega^{\mathrm{e}}}\boldsymbol{\sigma}^{\mathrm{T}}\boldsymbol{\varepsilon}\mathrm{d}\Omega=\frac{1}{2}\boldsymbol{q}^{\mathrm{eT}}\left(\int_{\Omega^{\mathrm{e}}}\boldsymbol{B}^{\mathrm{T}}\boldsymbol{DB}\mathrm{d}\Omega\right)\boldsymbol{q}^{\mathrm{e}}=\frac{1}{2}\boldsymbol{q}^{\mathrm{eT}}\boldsymbol{K}^{\mathrm{e}}\boldsymbol{q}^{\mathrm{e}} \tag{4-53}$$

显然单元刚度矩阵为

$$\boldsymbol{K}^{\mathrm{e}}=\int_{\Omega^{\mathrm{e}}}\boldsymbol{B}^{\mathrm{T}}\boldsymbol{DB}\mathrm{d}\Omega \tag{4-54}$$

注意，式(4-54)实际上也是所有有限元单元刚度矩阵的计算式。对于杆梁单元，由于只考虑单向应力，弹性矩阵 $\boldsymbol{D}$ 退化为弹性模量 E。

针对三角形单元的特点，进一步推导式(4-53)，可得：

$$\boldsymbol{K}^{\mathrm{e}}=\int_{\Omega^{\mathrm{e}}}\boldsymbol{B}^{\mathrm{T}}\boldsymbol{DB}\mathrm{d}\Omega=t\int_{A^{\mathrm{e}}}\boldsymbol{B}^{\mathrm{T}}\boldsymbol{DB}\mathrm{d}A=t\boldsymbol{B}^{\mathrm{T}}\boldsymbol{DB}\left|D_A\right| \tag{4-55}$$

注意，三角形单元几何矩阵 $\boldsymbol{B}$ 是常数矩阵，因此积分变为乘以三角形面积。这一点使三角形单元的刚度矩阵的计算变得容易，因为在三角形区域进行积分并不是一件容易的事情。

可以利用式(4-55)写出单元刚度矩阵各元素的具体表达式，但是没有必要。在编程应用时通常直接用式(4-55)进行计算。另外由于三角形单元是在总体坐标系下进行推导的，因此不存在像杆、梁单元坐标变换的问题。

上文提到几何矩阵 $\boldsymbol{B}$ 中矩阵元素的取值与各结点的坐标差有关，图 4-7 中左上的两个全等三角形单元，几何矩阵完全一样，若材料和厚度相同，则单元刚度矩阵也完全一样。图 4-7 中右上的两个全等三角形单元，由于编号顺序不同，因此几何矩阵和单元刚度矩阵不同。而图 4-7 中下方的两个全等三角形单元，编号顺序相同，但摆放方式不同，对应边的方向正好相反，因此两个单元几何矩阵中的各 b_i、c_i 差一个负号。由于几何矩阵差一个符号，因此根据式(4-55)可知在材料和厚度相同时两个单元的刚度矩阵是一样的。

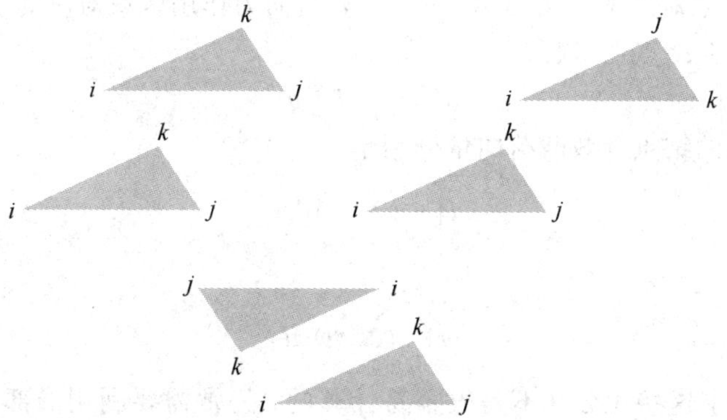

图 4-7　三对全等三角形单元

5. 外力势能的表达与等效载荷向量

先考虑载荷沿厚度作用在一条线上(作用在三角形单元一个结点上)的情形。此时外力势能为

$$V^{\mathrm{e}} = -\boldsymbol{f}^{\mathrm{eT}}\boldsymbol{q}^{\mathrm{e}} = -t\boldsymbol{p}^{\mathrm{T}}\boldsymbol{q}^{\mathrm{e}} \tag{4-56}$$

根据最小势能原理可写出单元平衡方程：

$$\boldsymbol{K}^{\mathrm{e}}\boldsymbol{q}^{\mathrm{e}} = t\boldsymbol{p} \tag{4-57}$$

将单元刚度矩阵的表达式(4-55)代入式(4-57)可得：

$$t\boldsymbol{B}^{\mathrm{T}}\boldsymbol{DB}\,|\,D_A\,| = t\boldsymbol{p} \tag{4-58}$$

可以看出单元刚度矩阵和载荷均与厚度 t 成正比，两者可以同时将厚度消去。因此在给定了厚度方向均布力的强度后，计算结果与所选取厚度无关，因为刚度矩阵和单元载荷会随着选取的厚度的不同等比例缩放，不影响计算结果。这一点对下文的非结点载荷也是成立的，因为对于平面问题，无论何种载荷都要求沿厚度方向均布。而实际结构的厚度仅用于确定问题是平面应变还是平面应力，因为两者的弹性矩阵不同。对于平面应力问题，因为给出的条件往往是均布载荷合力的大小，因此常选用实际厚度进行计算。而对于平面应变一般选单位厚度。

弹性力学体系中作用力只有面力(作用在三角形单元的边上)和体积力(作用在三角形单元的面上)两种。总的外力势能的表达式为

$$\begin{aligned} V^{\mathrm{e}} &= -\int_{\Omega_d}(d_x\cdot\boldsymbol{u}+d_y\cdot v)\,\mathrm{d}\Omega-\int_{A_p}(b_x\cdot\boldsymbol{u}+b_y\cdot v)\,\mathrm{d}A \\ &= -\int_{\Omega_d}(\boldsymbol{d}^{\mathrm{T}}\boldsymbol{u})\,\mathrm{d}\Omega-\int_{A_p}(\boldsymbol{b}^{\mathrm{T}}\boldsymbol{u})\,\mathrm{d}A \\ &= -\left(\int_{\Omega_d}(\boldsymbol{d}^{\mathrm{T}}\boldsymbol{N})\,\mathrm{d}\Omega+\int_{A_p}(\boldsymbol{b}^{\mathrm{T}}\boldsymbol{N})\,\mathrm{d}A\right)\boldsymbol{q}^{\mathrm{e}} \\ &= -\left(t\int_{A_d}(\boldsymbol{d}^{\mathrm{T}}\boldsymbol{N})\,\mathrm{d}A+t\int_{l_p}(\boldsymbol{b}^{\mathrm{T}}\boldsymbol{N})\,\mathrm{d}l\right)\boldsymbol{q}^{\mathrm{e}} \end{aligned} \tag{4-59}$$

其中：

$$\begin{aligned} \boldsymbol{d} &= [d_x \quad d_y]^{\mathrm{T}} \\ \boldsymbol{b} &= [b_x \quad b_y]^{\mathrm{T}} \end{aligned} \tag{4-60}$$

A_d为体积力作用区域对应的三角形单元的面，l_p为面力作用区域对应的三角形单元的边。

若力都是集中在结点上，则

$$V^{\mathrm{e}} = -\boldsymbol{f}^{\mathrm{eT}}\boldsymbol{q}^{\mathrm{e}} \tag{4-61}$$

因此体积力和面力的结点等效载荷向量分别是

$$t\int_{A_d}(\boldsymbol{N}^{\mathrm{T}}\boldsymbol{d})\mathrm{d}A \tag{4-62}$$

以及

$$t\int_{l_p}(\boldsymbol{N}^{\mathrm{T}}\boldsymbol{b})\mathrm{d}l \tag{4-63}$$

对于一般情形，这些积分并不是很容易计算的，经常需要利用局部坐标求解。为了简化积分过程，可以用下文要讲的形状函数的性质进行计算，或者采用面积坐标(本书不涉及)。下面直接给出两种常见载荷的等效结点载荷。

一是均布在整个单元的体积力，假设体积力强度为 d(量纲：力/体积)，方向沿 x 轴正向，单元面积为 A，厚度为 t，则等效的结点力向量为

$$\frac{1}{3}Atd\,[1\quad 0\quad 1\quad 0\quad 1\quad 0]^{\mathrm{T}} \tag{4-64}$$

可以看出，相当于把体积力均分给了三个结点。体积力沿其他方向的情形与之类似，若体积力是斜向，则只需进行分解即可。

二是均布在一条边上的面力，假设面力强度为 b(量纲：力/面积)，方向沿 x 轴正向，作用在 ij 边，边长为 l，单元厚度为 t，则等效的结点力向量为

$$\frac{1}{2}blt\,(1\quad 0\quad 1\quad 0\quad 0\quad 0)^{\mathrm{T}} \tag{4-65}$$

可以看出，相当于把面力均分给了边上的两个结点。面力沿其他方向的情形与之类似，若面力是斜向，则只需进行分解即可。

算例 4-1　如图 4-8(a)所示的深梁，受力为沿厚度方向的均布力，合力为 20 kN，弹性模量 E=20 GPa，泊松比 μ=0.15，厚度 t=0.1 m。将其划分为两个三角形单元，求解结点位移和应力场。

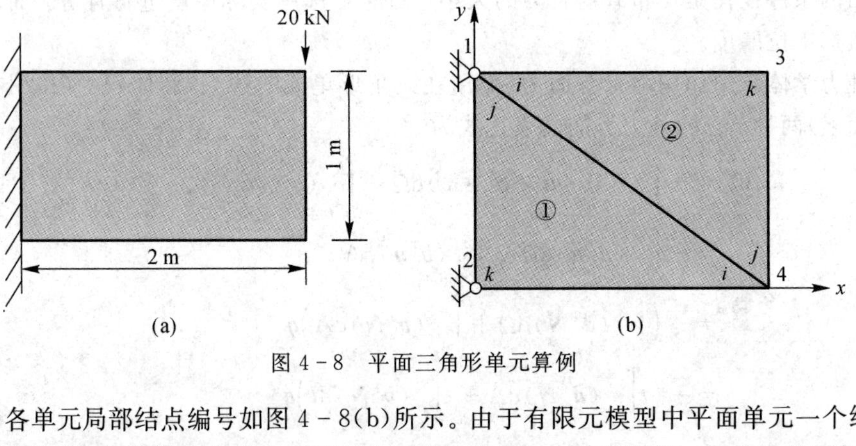

图 4-8　平面三角形单元算例

解　各单元局部结点编号如图 4-8(b)所示。由于有限元模型中平面单元一个结点只有两个平动自由度，因此结点的约束可以画成圆柱铰支座。由上文可知，在图中的局部编号下，两个三角形单元几何矩阵差一个负号，单元刚度矩阵则完全一样，从而给计算带来了便利。

局部结点编号与总体结点编号的对应关系见表 4-1。

表 4-1　局部和总体结点编号对应关系

单　元	结点 i	结点 j	结点 k
①	4	1	2
②	1	4	3

为了计算几何矩阵，需要各结点坐标。各结点坐标如表 4-2 所示。

表 4-2　各结点坐标

结　点	x 坐标/m	y 坐标/m
1	0	1
2	0	0
3	2	1
4	2	0

针对单元①计算几何矩阵可得：

$$\boldsymbol{B}^{(1)} = -\boldsymbol{B}^{(2)} = \begin{bmatrix} 0.5 & 0 & 0 & 0 & -0.5 & 0 \\ 0 & 0 & 0 & 1 & 0 & -1 \\ 0 & 0.5 & 1 & 0 & -1 & -0.5 \end{bmatrix} \tag{4-66}$$

根据平面应力问题公式(4-35)求得弹性矩阵 $\boldsymbol{D}$：

$$\boldsymbol{D} = 10^9 \begin{bmatrix} 20.46 & 3.07 & 0 \\ 3.07 & 20.46 & 0 \\ 0 & 0 & 8.70 \end{bmatrix} \tag{4-67}$$

由于题目直接给出了合力，因此取实际厚度 $t=0.1$ m 进行计算。利用公式(4-55)可得到两个单元的刚度矩阵，它们完全相同，但对应的自由度不同，可以分成 3×3 个子块，每块 2×2 个元素：

$$\boldsymbol{K}^{(1)} = 10^8 \begin{array}{c} \begin{array}{ccc} \quad\mathbf{4}\quad & \quad\mathbf{1}\quad & \quad\mathbf{2}\quad \end{array} \\ \left[\begin{array}{cc:cc:cc} 5.12 & 0 & 0 & 1.53 & -5.12 & -1.53 \\ 0 & 2.17 & 4.35 & 0 & -4.35 & -2.17 \\ \hdashline 0 & 4.35 & 8.70 & 0 & -8.70 & -4.35 \\ 1.53 & 0 & 0 & 20.46 & -1.53 & -20.46 \\ \hdashline -5.12 & -4.35 & -8.70 & -1.53 & 13.81 & 5.88 \\ -1.53 & -2.17 & -4.35 & -20.46 & 5.88 & 22.63 \end{array}\right] \end{array} \begin{array}{c} \mathbf{4} \\ \mathbf{1} \\ \mathbf{2} \end{array} \tag{4-68}$$

$$\boldsymbol{K}^{(2)} = 10^8 \begin{array}{c} \begin{array}{ccc} \quad\mathbf{1}\quad & \quad\mathbf{4}\quad & \quad\mathbf{3}\quad \end{array} \\ \left[\begin{array}{cc:cc:cc} 5.12 & 0 & 0 & 1.53 & -5.12 & -1.53 \\ 0 & 2.17 & 4.35 & 0 & -4.35 & -2.17 \\ \hdashline 0 & 4.35 & 8.70 & 0 & -8.70 & -4.35 \\ 1.53 & 0 & 0 & 20.46 & -1.53 & -20.46 \\ \hdashline -5.12 & -4.35 & -8.70 & -1.53 & 13.81 & 5.88 \\ -1.53 & -2.17 & -4.35 & -20.46 & 5.88 & 22.63 \end{array}\right] \end{array} \begin{array}{c} \mathbf{1} \\ \mathbf{4} \\ \mathbf{3} \end{array} \tag{4-69}$$

由于本题不用求约束力，而且结点 1、2 被完全约束，因此可以按子块非常容易地直接组装得到施加约束后的刚度矩阵：

$$
\begin{array}{c} \\ \end{array}
10^8\left[\begin{array}{cc:cc} 13.81 & 5.88 & -8.70 & -1.53 \\ 5.88 & 22.63 & -4.35 & -20.46 \\ \hdashline -8.70 & -4.35 & 13.82 & 0 \\ -1.53 & -20.46 & 0 & 22.63 \end{array}\right]\begin{array}{l} \mathbf{3} \\ \\ \mathbf{4} \end{array} \tag{4-70}
$$

（列分块标记：$\mathbf{3}$、$\mathbf{4}$）

从而得到施加约束后的平衡方程为

$$
10^8\begin{bmatrix} 13.81 & 5.88 & -8.70 & -1.53 \\ 5.88 & 22.63 & -4.35 & -20.46 \\ -8.70 & -4.35 & 13.82 & 0 \\ -1.53 & -20.46 & 0 & 22.63 \end{bmatrix}\begin{bmatrix} u_3 \\ v_3 \\ u_4 \\ v_4 \end{bmatrix}=\begin{bmatrix} 0 \\ -10000 \\ 0 \\ 0 \end{bmatrix} \tag{4-71}
$$

求解，可得未知结点位移：

$$
[u_3 \quad v_3 \quad u_4 \quad v_4]^{\mathrm{T}} = 10^{-5}[1.78 \quad -8.35 \quad -1.51 \quad -7.43]\ (\mathrm{m}) \tag{4-72}
$$

进而可求得应力场：

$$
\boldsymbol{\sigma}^{(1)} = \boldsymbol{DB}^{(1)}\begin{bmatrix} u_4 \\ v_4 \\ u_1 \\ v_1 \\ u_2 \\ v_2 \end{bmatrix} = 10^5\begin{bmatrix} -1.54 \\ -0.23 \\ -3.23 \end{bmatrix}\ (\mathrm{Pa}) \tag{4-73}
$$

$$
\boldsymbol{\sigma}^{(2)} = \boldsymbol{DB}^{(2)}\begin{bmatrix} u_1 \\ v_1 \\ u_4 \\ v_4 \\ u_3 \\ v_3 \end{bmatrix} = 10^5\begin{bmatrix} 1.54 \\ -1.61 \\ -0.77 \end{bmatrix}\ (\mathrm{Pa}) \tag{4-74}
$$

分析：与杆梁问题不同，平面问题有三个基本应力分量(对于平面应变问题还有 z 方向的正应力)。为了评判危险程度，需要用到材料力学中的强度准则。工程中经常使用第四强度理论对应的等效应力，称为冯米泽斯(von Mises)等效应力，其计算公式如下：

$$
\sigma_{\mathrm{eq}} = \sqrt{\frac{1}{2}[(\sigma_x-\sigma_y)^2+(\sigma_y-\sigma_z)^2+(\sigma_x-\sigma_z)^2+6(\tau_{xy}^2+\tau_{yz}^2+\tau_{xz}^2)]} \tag{4-75}
$$

常用的有限元商用软件在后处理环节都可以显示冯米泽斯等效应力的云图。

4.4 平面三角形单元 MATLAB 编程

先介绍后处理要用到的 MATLAB 的 patch 命令，该命令可以绘制一个面并为其着色。

其中着色模式分为两类：按面着色和按点着色。以三角形面为例，所谓按面着色，就是给每个三角形赋予一个值，根据这个值对这个三角形上色。而按点着色，则是给三角形的三个顶点各赋予一个值，然后插值得到三角形内部各点的数值并以此上色。

下面的例子是将两个三角形按面着色：

```
%顶点坐标
v = [0 0; 2 0; 2 1; 0 1];
%每个三角形包含的顶点(三角形单元包含的结点)
f = [1 2 4; 2 3 4];
%定义列向量，元素数量等于三角形数量，说明是给每个三角形赋予一个数值，FaceColor 要设
  置为 flat
col = [2.5; 6];
figure
patch('Faces', f, 'Vertices', v, 'FaceVertexCData', col, 'FaceColor', 'flat');
colorbar
```

绘制出的图形如图 4－9 所示。

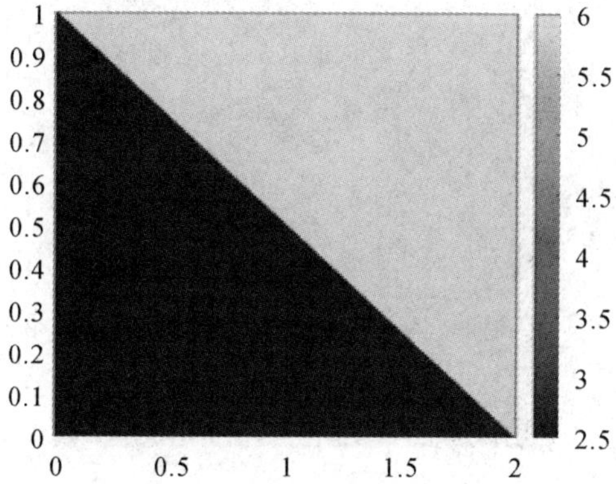

图 4－9　patch 命令按面着色

三角形单元是常应变和常应力单元，而对于多个单元公共的结点而言，其应力是多值的，因此在绘制应力云图时，按面积绘制颜色图从理论上讲是正确的。但是正如上文所述，三角形单元是常应力单元，相邻单元的应力会有突变，而实际问题的应力场一般都是光滑的函数，为此，需要对求解出的单元应力场进行进一步处理，处理方法有很多种，有些方法的计算量甚至与有限元求解本身的计算量相当。下文将采用一种最简单的应力磨平技术，这种方法是基于围绕结点所有单元应力的加权平均。假设结点为 n 个三角形单元所公用，那么定义磨平后的结点应力为

$$\bar{\sigma} = \frac{\sum_{i=1}^{n} A_i \sigma_i}{\sum_{i=1}^{n} A_i} \tag{4-76}$$

这样就可以得到每个结点的单值应力。而三角形内部点的应力由结点插值得到，这个

插值是借助 patch 命令完成的。

对于区域边界上的点，通常不采用加权平均法，而是由内部结点应力向外插值得到的。

针对按面着色例子中三角形的数值，用磨平方法可以求出四个点的值，然后绘制三角形并着色，为了美观，去掉了三角形的边。代码如下：

```
v = [0 0; 2 0; 2 1; 0 1];
f = [1 2 4; 2 3 4];
%定义列向量，元素数量等于顶点数量，说明是给每个顶点赋予一个数值，FaceColor 要设置为
  interp(插值)
col = [2.5; 4.25; 6; 4.25];
figure
patch('Faces', f, 'Vertices', v, 'FaceVertexCData', col, 'FaceColor', 'interp', 'LineStyle', '
none');
colorbar
```

绘制出的图形如图 4 - 10 所示。

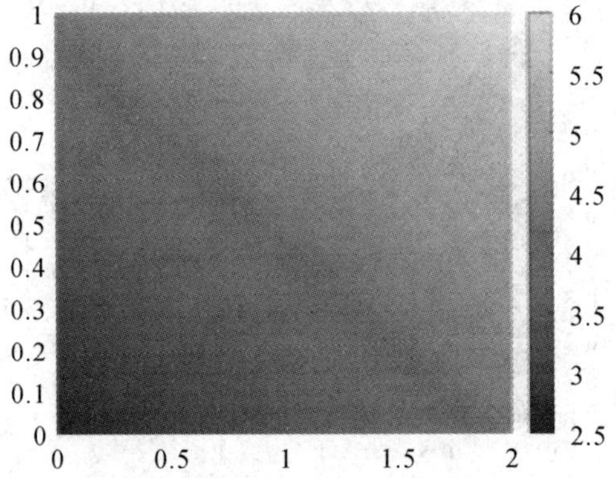

图 4 - 10　patch 命令按点着色

下面给出算例 4 - 1 的 MATLAB 程序。该程序对于矩形平面问题的计算具有一定的通用性。这里在 x 和 y 方向分别划分出 11 个点和 6 个点，共生成 66 个结点。单元数目较多，因为是矩形规则区域，无论是对单元编号还是对结点编号，都遵循一定的规律，这样就可以通过编程生成单元矩阵和结点矩阵，而不是手动填入。程序可以绘制出单元和结点以供检查和确定载荷、约束位置。MATLAB 划分出的网格如图 4 - 11 所示。在对单元进行 i、j、k 局部编码时，参照图 4 - 7，可以使所有三角形单元刚度矩阵完全一样，所有奇数编号的三角形单元几何矩阵完全一样，所有偶数编号的三角形单元几何矩阵完全一样，奇偶编号的单元几何矩阵只差一个负号。程序代码中还包括了计算总势能的环节。总势能总为负值，结点位移越接近真实解，总势能就越小(负得越多)，因此读者们如果改变网格划分的情况，可以通过总势能的大小来判断不同网格计算结果的相对精确性。为简单起见，内部结点和边界结点的应力都采用加权平均的方法处理。

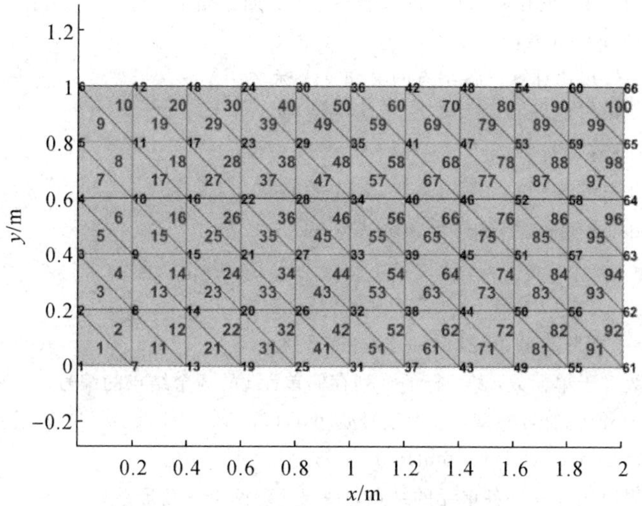

图 4-11　MATLAB 程序网格划分

程序 2　平面三角形单元有限元静力学程序。

```
clear all
%弹性模量
E=2e10;
%泊松比
Miu=0.15;
%厚度
t=0.1;
%平面应力问题的弹性矩阵
D=(E/(1-Miu*Miu))*[1 Miu 0 ; Miu 1 0 ; 0 0 (1-Miu)/2];
%网格划分，将矩形弹性体划分为相同大小的直角三角形单元
%矩形区域的长宽
Lx=2;
Ly=1;
%每个方向的结点数(=单元边数+1)
nx=11;
ny=6;
%总结点数
nnode=nx*ny;
%总自由度数
nDOF=2*nnode;
%每个方向的网格尺寸
dx=Lx/(nx-1);
dy=Ly/(ny-1);
%总单元数
nele=2*(nx-1)*(ny-1);
%初始化结点坐标矩阵 Node，该矩阵的行数与结点数相同，列数为 2
```

```
27    %第 i 行的第一列存储结点 i 的 x 坐标，第二列存储 y 坐标
28    Node＝zeros(nnode, 2)；
29    %根据编号规律计算出各结点的 x 和 y 坐标
30    for i＝1：nx
31      for j＝1：ny
32          Node(j＋(i−1) * ny, 1)＝dx * (i−1)；
33          Node(j＋(i−1) * ny, 2)＝dy * (j−1)；
34      end
35    end
36    %Element 矩阵存储单元所含的结点编号信息
37    %其行数等于单元数，第 i 行的 3 列存储单元 i 的 3 个结点的编号
38    %采用 16 位无符号整型，最大编号要小于 65535
39    Element＝zeros(nele, 3, 'uint16')；
40    %利用规律循环写出各单元的结点，一次处理两个三角形单元
41    for i＝1：(nx−1)
42      for j＝1：(ny−1)
43      %奇数单元的三个结点
44      Numes＝2 * (j＋(i−1) * (ny−1))−1；
45      Element(Numes, 1)＝j＋ny * (i−1)；
46      Element(Numes, 2)＝Element(Numes, 1)＋1；
47      Element(Numes, 3)＝Element(Numes, 1)＋ny；
48      Numee＝Numes＋1；
49      %偶数单元的三个结点
50      Element(Numee, 1)＝Element(Numes, 3)＋1；
51      Element(Numee, 2)＝Element(Numes, 3)；
52      Element(Numee, 3)＝Element(Numes, 2)；
53    end
54    end
55    %利用 patch 命令画出三角形单元并进行检查
56    figure(1)
57    axis equal
58    xlabel('x(米)')
59    ylabel('y(米)')
60    set(gca, 'FontSize', 20)
61    hold on
62    %指定 patch 颜色(所有三角形相同)
63    Colour＝ones(nele, 1) * 0.5；
64    %画三角形
65    patch('Faces', Element, 'Vertices', Node, 'FaceVertexCData', Colour, ...
66      'Facealpha', '0.5', 'FaceColor', 'flat')；
67    %将结点编号写在图形上
68    for i＝1：nnode
69      text(Node(i, 1), Node(i, 2), num2str(i), 'FontSize', 20, 'Color', 'blue', 'FontWeight',
```

```
    'Bold')
end
%将单元编号写在图形上
for i=1：nele
  xc=(Node(Element(i，1)，1)+Node(Element(i，2)，1)+Node(Element(i，3)，1))/3；
  yc=(Node(Element(i，1)，2)+Node(Element(i，2)，2)+Node(Element(i，3)，2))/3；
  text(xc，yc，num2str(i)，'FontSize'，25，'Color'，'red'，'FontWeight'，'Bold')
end
%生成单元刚度矩阵(刚度矩阵全都一样，以第一个单元来生成刚度矩阵)
xi=Node(Element(1，1)，1)；
yi=Node(Element(1，1)，2)；
xj=Node(Element(1，2)，1)；
yj=Node(Element(1，2)，2)；
xk=Node(Element(1，3)，1)；
yk=Node(Element(1，3)，2)；
%行列式，在数值上等于三角形面积
Ad=(xi*(yj-yk)+xj*(yk-yi)+xk*(yi-yj))/2；
bi=yj-yk；
bj=yk-yi；
bk=yi-yj；
ci=xk-xj；
cj=xi-xk；
ck=xj-xi；
B=[bi 0 bj 0 bk 0 ；
  0 ci 0 cj 0 ck ；
  ci bi cj bj ck bk]/(2*Ad)；
%计算单元刚度矩阵
Ke=t*abs(Ad)*B'*D*B；
%组装总体刚度矩阵
KK=zeros(nDOF)；
for i=1：nele
 %按顺序取出该单元的三个结点编号以确定各个子块在总体刚度矩阵中的位置
     EN=zeros(1，3)；
     EN(1)=Element(i，1)；
     EN(2)=Element(i，2)；
     EN(3)=Element(i，3)；
     %分成 3×3 个子块进行组装
   for n1=1：3
   for n2=1：3
     KK((EN(n1)-1)*2+1：(EN(n1)-1)*2+2，(EN(n2)-1)*2+1：(EN(n2)-1)
     *2+2)...
     =KK((EN(n1)-1)*2+1：(EN(n1)-1)*2+2，(EN(n2)-1)*2+1：(EN(n2)-
     1)*2+2)...
```

```
110        +Ke((n1-1)*2+1:(n1-1)*2+2,(n2-1)*2+1:(n2-1)*2+2);
111      end
112    end
113  end
114  %生成结点载荷数组
115  F=zeros(nDOF,1);%初始化载荷数组
116  F(66*2)=-10000;%只有一个力,作用在结点66的y方向
117  %施加约束
118  %被约束的自由度编号
119  spc=1:2*ny;
120  %将所有自由度编号从1到最大排成一个数组
121  fdof=[1:nDOF]';
122  %将被约束的自由度编号全部删去
123  fdof(spc)=[];
124  %保留刚度矩阵中未被约束的行和列
125  KKc=KK(fdof,fdof);
126  %保留结点载荷数组中未被约束的元素
127  Fc=F(fdof,:);
128  %求解
129  uc=KKc\Fc;
130  %写出所有自由度的位移(被约束的自由度补0)
131  u=zeros(nDOF,1);
132  u(fdof,:)=uc;
133  %计算总势能,如果改变网格大小,可以用来比较结果的精度
134  PAI=0.5*u'*KK*u-F'*u;
135  disp(['总势能=',num2str(PAI)])
136  %定义变形量放大系数,以便画出变形后网格
137  SCL=1000;
138    NodeDef=Node;
139    for i=1:nnode
140      NodeDef(i,1)=NodeDef(i,1)+SCL*u(2*(i-1)+1);
141      NodeDef(i,2)=NodeDef(i,2)+SCL*u(2*(i-1)+2);
142    end
143  figure(2)
144  title('变形放大系数=',num2str(SCL))
145  axis equal
146  xlabel('x(米)')
147  ylabel('y(米)')
148  set(gca,'FontSize',20)
149  hold on
150  %画变形前的网格
151  patch('Faces',Element,'Vertices',Node,'FaceVertexCData',Colour,...
152    'Facealpha','0.5','FaceColor','flat');
```

```
%画变形后网格(透明)
patch('Faces'，Element，'Vertices'，NodeDef，'FaceVertexCData'，Colour，...
  'Facealpha'，'0'，'EdgeColor'，'r'，'FaceColor'，'flat')；
%计算各单元应力
%strs 矩阵每列存储一个单元的三个应力分量
strs=zeros(3，nele)；
for i=1：nele
  %取出单元的 6 个自由度的位移
  ue=[u((Element(i，1)-1) * 2+1)
        u((Element(i，1)-1) * 2+2)
        u((Element(i，2)-1) * 2+1)
        u((Element(i，2)-1) * 2+2)
        u((Element(i，3)-1) * 2+1)
        u((Element(i，3)-1) * 2+2)]；
  if mod(i，2)==0
  %偶数单元
  strs(：，i)=(-1) * D * B * ue；
  else
  %奇数单元
  strs(：，i)=D * B * ue；
  end
end
%定义矩阵，以存储磨平后的结点应力
strs_n=zeros(3，nnode)；
for i=1：nnode
  %对结点 i，找出包含 i 结点的所有单元
  [row，col]=find(Element==i)；
  for j=1：length(row)
    strs_n(：，i)=strs_n(：，i)+strs(：，row(j))；
  end
  %进行应力磨平，由于所有三角形面积相同，不用加权
  strs_n(：，i)=strs_n(：，i)/length(row)；
end
%计算冯米泽斯应力
vMstrs_n=zeros(nnode，1)；
for i=1：nnode
%平面应力问题的冯米泽斯应力计算公式
vMstrs_n(i)=sqrt(strs_n(1，i)^2+strs_n(2，i)^2-strs_n(1，i) * strs_n(2，i)+3 * strs_n
(3，i)^2)；
end
figure(3)
title('冯米泽斯应力云图')
axis equal
```

```
195    xlabel('x(米)')
196    ylabel('y(米)')
197    set(gca,'FontSize',20)
198    hold on
199    patch('Faces',Element,'Vertices',Node,'FaceVertexCData',vMstrs_n,...
200          'Facealpha','0.8','LineStyle','none','FaceColor','interp');
201    %设置云图配色方案
202    colormap('jet')
```

4.5　形状函数矩阵性质

前面已经介绍了杆、梁、平面三角形单元。下面讨论一下形状函数矩阵的性质，这些性质适用于所有自由度都为平动自由度的单元，也就是说，对梁单元是不适合的。

我们以一维杆单元为例进行阐述。其位移场表达式为

$$u(x) = N_i(x)u_i + N_j(x)u_j \qquad (4-77)$$

下面考虑三种特殊情形。

首先考虑 i 结点产生单位位移，其他结点位移均为零的情形，此时的位移场为

$$u(x) = N_i(x) \qquad (4-78)$$

同理 j 结点产生单位位移，其他结点位移均为零时的位移场为

$$u(x) = N_j(x) \qquad (4-79)$$

最后考虑产生刚体位移的情形，假设刚体位移为 C：

$$C = N_i(x)C + N_j(x)C \qquad (4-80)$$

可得

$$N_i(x) + N_j(x) = 1 \qquad (4-81)$$

对于三角形单元两个方向的位移场可以推导出类似结论。下面总结出两条性质：

(1) 形状函数矩阵中的形状函数 $N_i(N_j, N_k, \cdots)$ 表示 $i(j, k, \cdots)$ 结点产生单位位移，其他结点位移均为零时，产生的位移场。也就是说，形状函数矩阵中的函数 N_i 表示结点 i 的位移对位移场的"贡献"。显然函数 $N_i(N_j, N_k, \cdots)$ 在 $i(j, k, \cdots)$ 结点上取值为1，其他结点上取值为0。

(2) 在单元内任意一点，形状函数矩阵中的形状函数 $(N_j, N_k, \cdots)$ 之和都为1，形状函数的数目等于结点的数目。例如，对于三角形单元，由于有3个结点，有：$N_i(x) + N_j(x) + N_k(x) = 1$。

4.6　有限元解的收敛

由于有限元法是一种数值方法，因此存在误差。我们希望随着单元数目的增加，有限元解(结点位移)逐渐收敛于真实解。假设的位移场模式，一般与实际状态是有差异的。应力和应变的计算都依赖于位移场，因此位移场函数的选取非常重要。下面讨论一下构造单元位移函数的一般准则。从之前介绍的各种单元来看，位移场函数一般都设定为多项式，多项式的项数与结点的个数有关。

（1）多项式的每一项都有待定系数。待定系数总的个数与单元总自由度数相等。例如平面三角形单元，一共有两个方向的位移场，共 6 个系数，结点自由度也是 6 个。通过 6 个结点位移求解出 6 个待定系数。

（2）在选取多项式时，必须要选择常数项和完备的一次项。所谓完备的一次项指的是要包含所有的一次项。例如，如果是平面问题，每一个位移场函数多项式都必须包含 a_1x 和 a_2y 这两项，如果是空间问题则必须包含 a_1x、a_2y 和 a_3z 这三项，这就叫作完备的一次项。

之所以要包含常数项是因为位移模式中的常数项可以描述单元的刚体位移。位移模式一定要具有描述刚体位移的能力，因为即使结构不是整体产生刚体位移，各点的位移一般也有刚体位移的成分。例如图 4－12 所示的悬臂梁，受力点右侧的部分是完全没有内力的，也就没有应力和应变，但是由于其他位置变形的牵连导致这部分也会产生位移，这就是纯粹的刚体位移。而受力点左侧的位移就是刚体位移和自身变形位移之和。

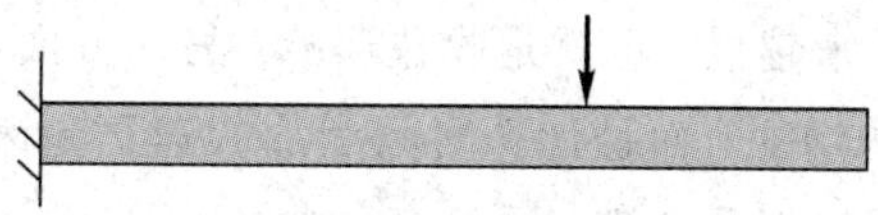

图 4－12　受集中力的悬臂梁

根据几何方程可以看出，一次项的位移描述的是常应变状态。当划分的单元数趋于无穷时，即单元缩小趋向于一点时，此时单元应变应趋于常数。因此多项式必须可以描述常应变状态，这就需要多项式具有完备的一次项。

（3）选择多项式应从低阶项到高阶项，如果由于结点自由度数的限制，导致不能选取完全多项式，则选择的项应该具有坐标对称性，而且多项式一个坐标方向的次数不应该超过完全多项式的次数。例如，如果只能选取一个二次项，则应选取 xy 项，而不是 x^2 或 y^2 项。如果选择 x^2 或 y^2 项，不但破坏了对称性，而且导致一个方向的次数超过了完全多项式的次数（一次）。

当位移场函数有多个分量时，各分量多项式结构应相同。例如对于三角形单元，$u(x,y)$ 和 $v(x,y)$ 的形式是相同的。

下面介绍单元的完备性和协调性条件，如果单元位移模式可以描述刚体位移和常应变，那么单元就是完备的。协调指的是单元边界上的点，无论按哪个单元进行位移插值，求出的位移都是一致的，也就是说单元之间不会开裂。三角形单元显然是协调的，因为相邻两个三角形单元在两个公共结点处的位移是相同的，而位移场是线性模式，两点确定一条直线，这就使两结点之间的点，其位移是唯一的。

一般情况下，单元必须满足完备性和协调性才能收敛于真实解。但是有很多不协调的（单）元，其精度反而高于协调元（如图 4－13 所示）。这是因为，有限元法建立的数学模型其刚度是大于实际结构的刚度的，可以理解为假设的位移模式相当于给结构施加了“约束”。对于完备协调元，计算出的位移（准确说是结点位移向量的某种范数）总小于实际位移，因此完备协调元随着单元数目的增加单调地趋近于真实解，称为单调收敛。而非协调元由于单元之间允许“开裂”，因此相当于使结构变柔，刚柔抵消可以得到更精确的解。但是非协调元的收敛不是单调的，因此无法预测其计算结果与真实解之间的差异大小。如果提出了一种非协调元，通常需要进行拼片试验来验证其是否具备完备性。

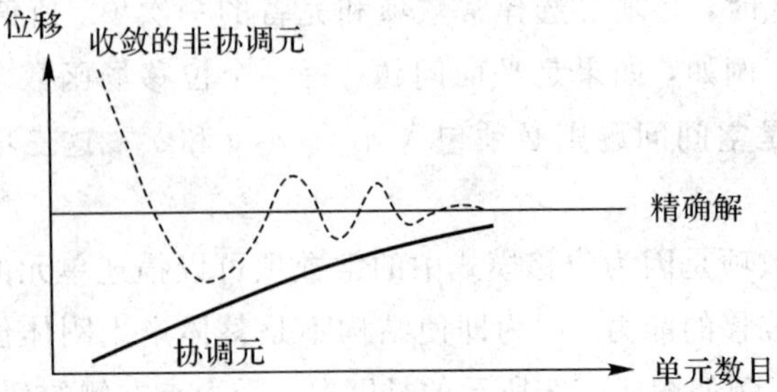

图 4－13　有限元结果的收敛

有限元法虽然随着单元数量的增加逐渐收敛于真实解，但正如图 4－13 所示，随着单元数目的增加，收敛速度越来越慢，也就是收益递减。另一方面，如图 4－14 所示，结点数目的增加会导致计算时间的增加，而且计算时间增加的速度越来越快。因此一定要权衡精度和计算时间。另外如果网格划分合理、质量高，则在相同计算时间下，精度会有明显的提升。关于网格划分的问题会在后续内容中展开讨论。

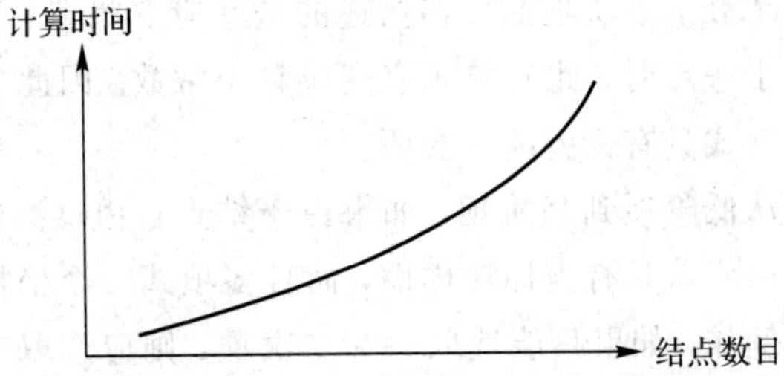

图 4－14　结点数目与计算时间的关系

为了提高精度，一种方法是对划分好的网格进一步加密，把一个单元分成多个单元，这种方法称为 h 方法。另一种方法 p 方法是采用高阶单元，也就是在已有的单元上再增加一些结点用于插值，这样可以采用阶次较高的多项式。

例如，对于一根一维杆件，我们可以将其划分成一个杆单元，为了提高精度，可以进一步将其划分成两个单元，也可以采用高阶单元——三结点杆单元。此时单元数目仍是一个，但结点数目为三个，也就是增加了一个结点。由于有三个结点条件，三结点杆单元的位移场是二次函数。这个例子中可以看出，h 方法和 p 方法都是从两个结点增加到三个结点，但 h 方法只能描述分段线性的位移场，p 方法却可以描述二次函数。

研究表明，当网格数量较少时，p 方法的收敛性远好于 h 方法，而且许多平面和空间问题的高阶单元，其边界可以是曲边的，能很好地适应复杂边界。不过，高阶单元较为复杂，如果多项式阶数太高，还可能会有数值稳定性问题。当网格数量很多时，两种方法的差别就不大了。

4.7　平面矩形单元

3 结点三角形单元是平面问题中最简单的一类单元，但正如上文所述，它是常应变和常应力单元，因此描述应力场的能力较差，在应力变化较大的区域，需要采用较密的三角形网格。本节介绍的平面矩形单元，在结点数量相同的情形下，较三角形单元具有更好的精度。

4 结点平面矩形单元以及局部坐标系如图 4－15 所示，厚度为 t，共有 8 个自由度，其结点位移向量和结点力向量分别为

$$\boldsymbol{q}^{e} = [u_i \quad v_i \quad u_j \quad v_j \quad u_k \quad v_k \quad u_l \quad v_l]^{T} \tag{4-82}$$

$$\boldsymbol{f}^{e} = [F_{xi} \quad F_{yi} \quad F_{xj} \quad F_{yj} \quad F_{xk} \quad F_{yk} \quad F_{xl} \quad F_{yl}]^{T} \tag{4-83}$$

其中，结点力是沿整个厚度的合力。可以看出，结点自由度条件共有 8 个，即 x 方向 4 个、y 方向 4 个，因此，x 和 y 方向的位移场可以各有 4 个待定系数，取以下多项式作为单元的位移场模式：

$$\begin{cases} u(x, y) = a_0 + a_1 x + a_2 y + a_3 xy \\ v(x, y) = b_0 + b_1 x + b_2 y + b_3 xy \end{cases} \tag{4-84}$$

其中，选择 xy 项的原因正如上一节所提到的，只能选取一个二次项时，应选取 xy 项。而且 xy 交叉项还有一个特点，由于在矩形单元的边上，x 和 y 有一项为常数，因此在矩形单元的边上，xy 项是线性变化的，也就是说，位移场在矩形单元的四条边上是线性变化的，这就和三结点三角形单元一样，保证了单元之间的位移是协调的。如果选择 x^2 或 y^2 项，由于是二次项，两点不能确定一条抛物线，也就无法保证协调性。

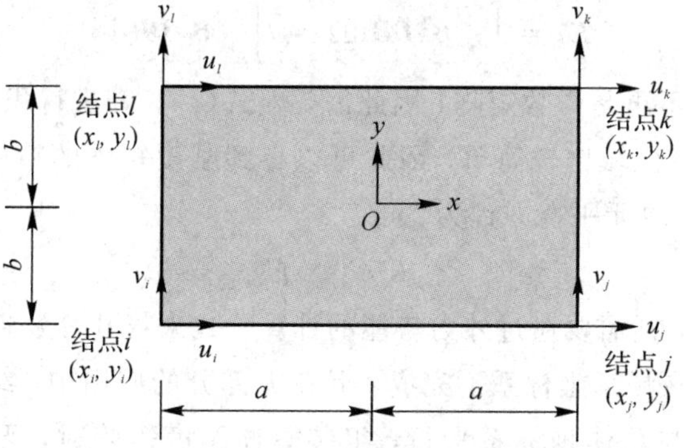

图 4－15　4 结点平面矩形单元

根据结点条件可以解出式(4－84)中的各项系数，之后按结点位移合并同类项可得

$$\begin{cases} u(x, y) = N_i(x, y)\, u_i + N_j(x, y)\, u_j + N_k(x, y)\, u_k + N_l(x, y)\, u_l \\ v(x, y) = N_i(x, y)\, v_i + N_j(x, y)\, v_j + N_k(x, y)\, v_k + N_l(x, y)\, v_l \end{cases} \tag{4-85}$$

可以写成矩阵形式：

$$\boldsymbol{u}(x,y)=\begin{bmatrix}u(x,y)\\v(x,y)\end{bmatrix}=\begin{bmatrix}N_i & 0 & N_j & 0 & N_k & 0 & N_l & 0\\0 & N_i & 0 & N_j & 0 & N_k & 0 & N_l\end{bmatrix}\begin{bmatrix}u_i\\v_i\\u_j\\v_j\\u_k\\v_k\\u_l\\v_l\end{bmatrix}=\boldsymbol{N}(x,y)\boldsymbol{q}^{\mathrm{e}} \tag{4-86}$$

其中

$$\begin{cases}N_i(x,y)=\dfrac{1}{4}\left(1-\dfrac{x}{a}\right)\left(1-\dfrac{y}{b}\right)\\N_j(x,y)=\dfrac{1}{4}\left(1+\dfrac{x}{a}\right)\left(1-\dfrac{y}{b}\right)\\N_k(x,y)=\dfrac{1}{4}\left(1+\dfrac{x}{a}\right)\left(1+\dfrac{y}{b}\right)\\N_l(x,y)=\dfrac{1}{4}\left(1-\dfrac{x}{a}\right)\left(1+\dfrac{y}{b}\right)\end{cases} \tag{4-87}$$

显然这四个形状函数满足之前讲过的形状函数的性质。

与三角形单元类似，根据式(4-86)可以得到应变场的表达式：

$$\boldsymbol{\varepsilon}(x,y)=\boldsymbol{L}\boldsymbol{N}(x,y)\boldsymbol{q}^{\mathrm{e}}=\boldsymbol{B}\boldsymbol{q}^{\mathrm{e}} \tag{4-88}$$

与三角形单元不同的是，由于形状函数矩阵中有 xy 项，因此几何矩阵 $\boldsymbol{B}$ 不再是常数矩阵。单元的刚度矩阵为

$$\boldsymbol{K}^{\mathrm{e}}=\int_{\Omega^{\mathrm{e}}}\boldsymbol{B}^{\mathrm{T}}\boldsymbol{D}\boldsymbol{B}\,\mathrm{d}\Omega=t\int_{A^{\mathrm{e}}}\boldsymbol{B}^{\mathrm{T}}\boldsymbol{D}\boldsymbol{B}\,\mathrm{d}A \tag{4-89}$$

由于几何矩阵 $\boldsymbol{B}$ 不再是常数矩阵，因此需要对式(4-89)进行积分。不过，由于被积元素都是多项式，且积分区域比较简单，因此可以得到刚度矩阵的精确表达式，由于其比较复杂，这里不再写出。单元平衡方程为

$$\boldsymbol{K}^{\mathrm{e}}\boldsymbol{q}^{\mathrm{e}}=\boldsymbol{f}^{\mathrm{e}} \tag{4-90}$$

如果有非结点力，则需要通过外力势能的计算公式来将其等效到结点上。

以上推导虽然都在局部坐标系下完成，但在大部分的应用中，结构划分出的所有矩形单元的局部坐标系均与总体坐标系平行，组装总体刚度矩阵时，无须将各单元坐标进行变换。

有限元平衡方程的矩阵维数等于结点数目乘以每个结点的自由度数。因此如果把结构分别划分为三角形单元和矩阵单元，只要总的结点数相等，那么求解平衡方程的计算量是相等的。研究表明，对于结点数目相同的情形，矩形单元的精度高于三角形单元，这一点对于柔性较大的结构尤为明显。例如对于算例 4-1，可以只采用一个矩形单元，由于也是 4 个结点，因此与采用两个三角形单元相比，求解平衡方程的计算量相同，但通过比较总势能可以看出采用一个矩形单元时的精度更高。

矩形单元虽然精度高于三角形单元，但也存在不少缺点，其中最主要的缺点是对于斜边界、曲线边界等复杂边界适应性不好。三角形单元相当于用折线来逼近边界，逼近效果很好，而矩形单元只能对边界进行台阶状逼近。另外，矩形单元还有一个缺点是不能在相邻部位采用不同大小的单元。如图 4-16 所示，三角形单元可以在相邻位置对其加密，但矩形单元加密后，由于左侧的大单元在边 AB 的中点处没有结点，从而导致边 AB 没有连接上，破坏了单元之间的协调性。

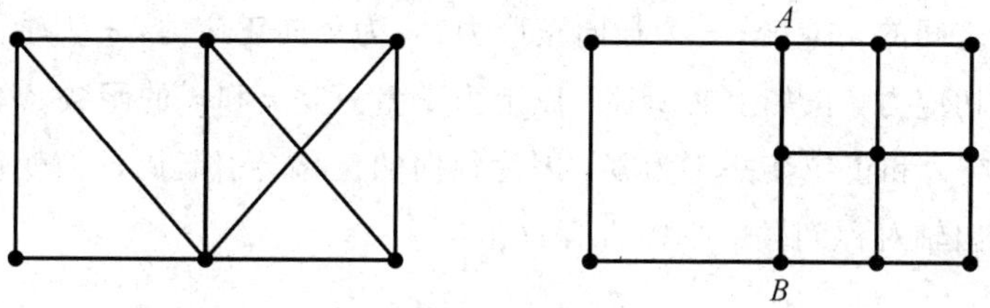

图 4-16　对三角形单元和矩形单元的相邻位置进行加密的效果对比

因此，目前的主流是采用任意的四边形单元，这种单元比较复杂，一般称为参数单元，相关内容将在后续内容中进行介绍。

4.8　轴对称问题与单元

之前介绍的平面应力和平面应变问题都可以把问题的求解域从三维降低至二维，本节介绍的轴对称问题也可以实现这样的求解域降维。

一个平面图形围绕同一平面上的某一条直线旋转形成的回转体称为轴对称物体。这条直线就是轴对称物体的对称轴，这个平面称为子午面。如果物体所受的载荷、约束也都是轴对称的，那么该问题就是轴对称问题。对于轴对称问题，通常采用柱坐标系，其变量为径向坐标 r，环向坐标 θ 和轴向坐标 z，如图 4-17 所示。

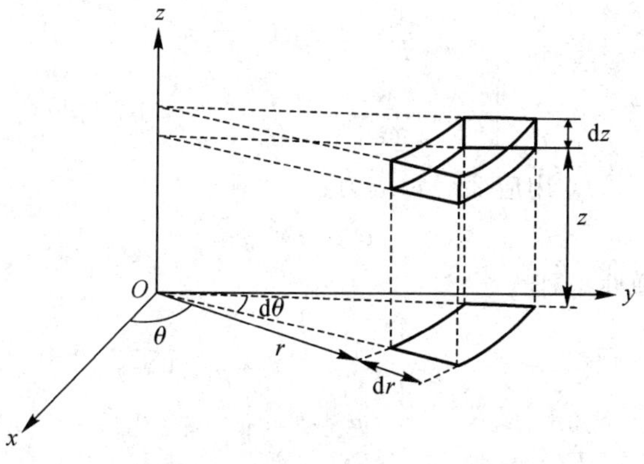

图 4-17　轴对称问题中的微元体

对于轴对称问题，根据对称性，各点环向的位移 u_θ 均为零，切应变 $\gamma_{r\theta}$、$\gamma_{\theta z}$、$\tau_{r\theta}$、$\tau_{\theta z}$ 也均为零，而且物体内任一点的位移、应力和应变都与环向坐标 θ 无关。

下面直接给出轴对称问题的基本变量和弹性力学三大类方程，除了恒为零的量，其余力学变量如下：

位移：
$$\boldsymbol{u}=[u_r \quad w]^{\mathrm{T}} \tag{4-91}$$

应变：
$$\boldsymbol{\varepsilon}=[\varepsilon_r \quad \varepsilon_\theta \quad \varepsilon_z \quad \gamma_{rz}]^{\mathrm{T}} \tag{4-92}$$

应力：
$$\boldsymbol{\sigma}=[\sigma_r \quad \sigma_\theta \quad \sigma_z \quad \tau_{rz}]^{\mathrm{T}} \tag{4-93}$$

其中，u_r为径向位移，w为轴向位移；ε_r为径向正应变，ε_θ为环向正应变，ε_z为轴向正应变，γ_{rz}为r和z方向之间的切应变；σ_r为径向正应力，σ_θ为环向正应力，σ_z为轴向正应力，τ_{rz}为r和z方向之间的切应力。正如上文所述，以上力学量只是r和z的函数。注意，在轴对称问题中，环向的正应力和正应变并不为零，因为径向的位移会引起周长的变化。

下面直接给出轴对称问题的平衡方程：

$$\begin{cases}\dfrac{\partial\sigma_r}{\partial r}+\dfrac{\partial\tau_{rz}}{\partial z}+\dfrac{\sigma_r-\sigma_\theta}{r}+d_r=0\\[2ex]\dfrac{\partial\sigma_z}{\partial z}+\dfrac{\partial\tau_{rz}}{\partial r}+\dfrac{\tau_{rz}}{r}+d_z=0\end{cases} \tag{4-94}$$

其中，d_r和d_z分别为径向和轴向的体积力。

轴对称问题的几何方程如下：

$$\begin{cases}\varepsilon_r=\dfrac{\partial u_r}{\partial r},\ \varepsilon_\theta=\dfrac{u_r}{r}\\[2ex]\varepsilon_z=\dfrac{\partial w}{\partial z},\ \gamma_{rz}=\dfrac{\partial u_r}{\partial z}+\dfrac{\partial w}{\partial r}\end{cases} \tag{4-95}$$

轴对称问题的物理方程为

$$\begin{cases}\varepsilon_r=\dfrac{1}{E}[\sigma_r-\mu(\sigma_\theta+\sigma_z)]\\[2ex]\varepsilon_\theta=\dfrac{1}{E}[\sigma_\theta-\mu(\sigma_z+\sigma_r)]\\[2ex]\varepsilon_z=\dfrac{1}{E}[\sigma_z-\mu(\sigma_r+\sigma_\theta)]\\[2ex]\gamma_{rz}=\dfrac{1}{G}\tau_{rz}\end{cases} \tag{4-96}$$

同样，可以求解式(4-96)，用应变表示应力：

$$\boldsymbol{\sigma}=\boldsymbol{D\varepsilon} \tag{4-97}$$

其中，轴对称问题的弹性矩阵为

$$\boldsymbol{D}=\frac{E(1-\mu)}{(1+\mu)(1-2\mu)}\begin{bmatrix}1 & \dfrac{\mu}{1-\mu} & \dfrac{\mu}{1-\mu} & 0\\[2ex] \dfrac{\mu}{1-\mu} & 1 & \dfrac{\mu}{1-\mu} & 0\\[2ex] \dfrac{\mu}{1-\mu} & \dfrac{\mu}{1-\mu} & 1 & 0\\[2ex] 0 & 0 & 0 & \dfrac{1-2\mu}{2(1-\mu)}\end{bmatrix} \tag{4-98}$$

轴对称问题的有限元离散过程如图 4－18 所示，在每一个截面中，它的单元情况与之前讲授的平面问题相同，但这些单元实际上都是环形单元，在对单元刚度矩阵积分时，需要在环向区域内积分(当然平面问题也不是在平面内积分，因为还有一个厚度坐标)。

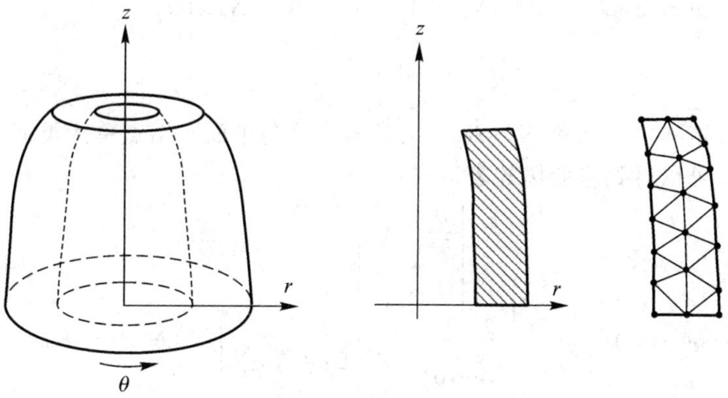

图 4－18　轴对称问题的有限元离散过程

与平面问题类似，这里介绍两类轴对称单元：3 结点三角形轴对称单元和 4 结点矩形轴对称单元。

1. 3 结点三角形轴对称单元

3 结点三角形轴对称单元如图 4－19 所示，该单元实际为 360°环形单元，在子午面上是 3 结点三角形。结点位移向量和结点力向量分别为

$$\boldsymbol{q}^{e} = [u_{ri} \quad w_{i} \quad u_{rj} \quad w_{j} \quad u_{rk} \quad w_{k}]^{T} \tag{4-99}$$

$$\boldsymbol{f}^{e} = [F_{ri} \quad F_{zi} \quad F_{rj} \quad F_{zj} \quad F_{rk} \quad F_{zk}]^{T} \tag{4-100}$$

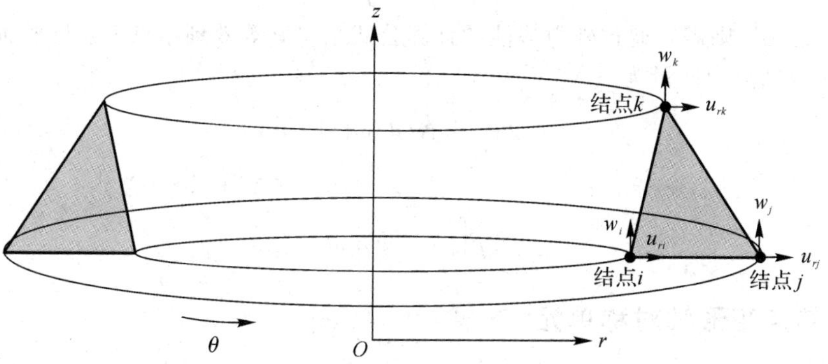

图 4－19　3 结点三角形轴对称单元(环形)

注意，结点力是整个 360°环线上的合力。与平面 3 结点三角形单元类似，假设 3 结点三角形轴对称单元的位移模式为

$$\begin{cases} u_r(r, z) = a_0 + a_1 r + a_2 z \\ w(r, z) = b_0 + b_1 r + b_2 z \end{cases} \tag{4-101}$$

由结点位移条件，可以推导出形状函数矩阵，即

$$\boldsymbol{u}(r,\ z)=\begin{bmatrix}u_r(r,\ z)\\ w(r,\ z)\end{bmatrix}=\begin{bmatrix}N_i & 0 & N_j & 0 & N_k & 0\\ 0 & N_i & 0 & N_j & 0 & N_k\end{bmatrix}\begin{bmatrix}u_{ri}\\ w_i\\ u_{rj}\\ w_j\\ u_{rk}\\ w_k\end{bmatrix}=\boldsymbol{N}(r,\ z)\,\boldsymbol{q}^{\mathrm{e}} \tag{4-102}$$

其中，形状函数矩阵中各元素 N_i、N_j、N_k 的表达式与平面 3 结点单元类似。根据轴对称问题的几何方程，可以得到应变场的表达式：

$$\boldsymbol{\varepsilon}(r,\ z)=\begin{bmatrix}\varepsilon_r\\ \varepsilon_\theta\\ \varepsilon_z\\ \gamma_{rz}\end{bmatrix}=\begin{bmatrix}\dfrac{\partial}{\partial r} & 0\\ \dfrac{1}{r} & 0\\ 0 & \dfrac{\partial}{\partial z}\\ \dfrac{\partial}{\partial z} & \dfrac{\partial}{\partial r}\end{bmatrix}\begin{bmatrix}u_r(r,\ z)\\ w(r,\ z)\end{bmatrix}=\boldsymbol{LN}\,\boldsymbol{q}^{\mathrm{e}}=\boldsymbol{B}\,\boldsymbol{q}^{\mathrm{e}} \tag{4-103}$$

注意，此时的算子矩阵 $\boldsymbol{L}$ 中有一个元素 $1/r$，这致使得到的几何矩阵 $\boldsymbol{B}$ 不再是常数矩阵，因此 3 结点三角形轴对称单元不是常应变和常应力单元。单元应力场的表达为

$$\boldsymbol{\sigma}(r,\ z)=\boldsymbol{DBq}^{\mathrm{e}}=\boldsymbol{Sq}^{\mathrm{e}} \tag{4-104}$$

其中，弹性矩阵 $\boldsymbol{D}$ 的表达式为式(4-98)。单元刚度矩阵为

$$\boldsymbol{K}^{\mathrm{e}}=\int_{\Omega^{\mathrm{e}}}\boldsymbol{B}^{\mathrm{T}}\boldsymbol{DB}\,\mathrm{d}\Omega=\int_{A^{\mathrm{e}}}\int_0^{2\pi}\boldsymbol{B}^{\mathrm{T}}\boldsymbol{DB}r\,\mathrm{d}\theta\mathrm{d}r\mathrm{d}z=2\pi\int_{A^{\mathrm{e}}}\boldsymbol{B}^{\mathrm{T}}\boldsymbol{DB}r\,\mathrm{d}r\mathrm{d}z \tag{4-105}$$

由于几何矩阵 $\boldsymbol{B}$ 不是常数矩阵，因此需要进行积分才能得到单元刚度矩阵。单元的平衡方程为

$$\boldsymbol{K}^{\mathrm{e}}\,\boldsymbol{q}^{\mathrm{e}}=\boldsymbol{f}^{\mathrm{e}} \tag{4-106}$$

如果有非结点力，则需要通过外力势能的计算公式来将其等效到结点上。与平面问题类似，体积力的等效结点力向量为

$$2\pi\int_{A_d}(\boldsymbol{N}^{\mathrm{T}}\boldsymbol{d})r\,\mathrm{d}r\mathrm{d}z \tag{4-107}$$

面力为

$$2\pi\int_{l_b}(\boldsymbol{N}^{\mathrm{T}}\boldsymbol{b})r\,\mathrm{d}l \tag{4-108}$$

2. 4 结点矩形轴对称单元

4 结点矩形轴对称单元如图 4-20 所示。该单元同样是绕 z 轴的 360°环形单元。在 Orz 平面内，单元的结点位移有 8 个自由度，其结点位移向量和力向量为

$$\boldsymbol{q}^{\mathrm{e}}=[u_{ri}\quad w_i\quad u_{rj}\quad w_j\quad u_{rk}\quad w_k\quad u_{rl}\quad w_l]^{\mathrm{T}} \tag{4-109}$$

$$\boldsymbol{f}^{\mathrm{e}}=[F_{ri}\quad F_{zi}\quad F_{rj}\quad F_{zj}\quad F_{rk}\quad F_{zk}\quad F_{rl}\quad F_{zl}]^{\mathrm{T}} \tag{4-110}$$

若该单元承受非结点力，可以将其等效到结点上。

该单元位移模式与 4 结点平面矩形单元类似：

$$\begin{cases}u_r(r,\ z)=a_0+a_1r+a_2r+a_3rz\\ w(r,\ z)=b_0+b_1r+b_2r+b_3rz\end{cases} \tag{4-111}$$

同样，根据轴对称问题的几何方程可以推出相应的几何矩阵，最终导出单元的平衡方程。这里不再写出过程。

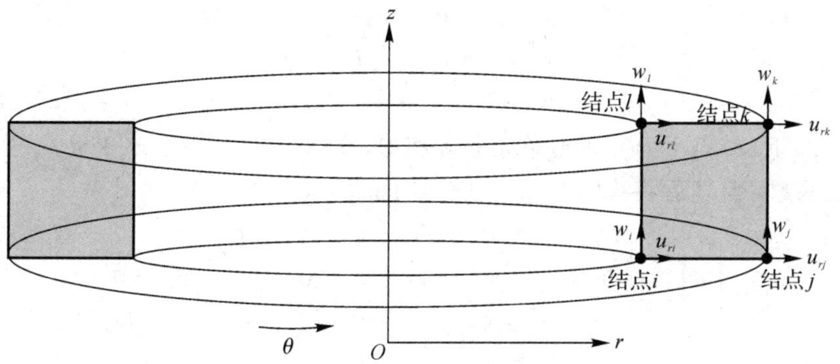

图 4-20 4 结点矩形轴对称单元(环形)

在使用轴对称单元时，需要注意的是，如果结构不是中空的，将会有结点位于对称轴上。对称轴上的结点一定要额外施加径向的约束，以保证对称性。

4.9 空间问题与单元

对于无法降低求解域维数的弹性力学问题，就必须采用空间单元。与平面问题具有三角形和矩阵两类单元类似，空间问题有两种基本的单元：4 结点四面体单元和 8 结点正六面体单元。

1. 4 结点四面体单元

该单元是空间问题有限元分析中最基础的单元，相当于平面问题的三角形单元。顾名思义，该单元为 4 结点组成的四面体，每个结点有 3 个位移自由度，共 12 个自由度，单元如图 4-21 所示，其结点位移列阵和结点力列阵为

$$\boldsymbol{q}^e = [u_i \quad v_i \quad w_i \quad u_j \quad v_j \quad w_j \quad u_k \quad v_k \quad w_k \quad u_l \quad v_l \quad w_l]^T \tag{4-112}$$

$$\boldsymbol{f}^e = [F_{xi} \quad F_{yi} \quad F_{zi} \quad F_{xj} \quad F_{yj} \quad F_{zj} \quad F_{xk} \quad F_{yk} \quad F_{zk} \quad F_{xl} \quad F_{yl} \quad F_{zl}]^T \tag{4-113}$$

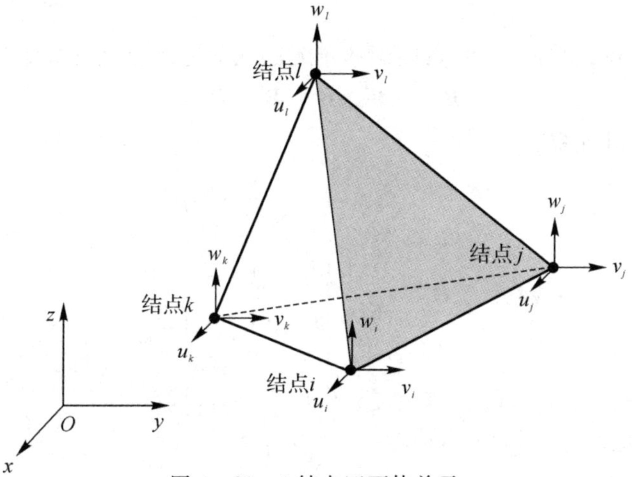

图 4-21 4 结点四面体单元

每个方向的位移场多项式可以有 4 个待定系数，根据 4.6 节介绍的内容，选取该单元的位移模式为

$$\begin{cases}u(x,\ y,\ z)=a_0+a_1x+a_2y+a_3z\\v(x,\ y,\ z)=b_0+b_1x+b_2y+b_3z\\w(x,\ y,\ z)=c_0+c_1x+c_2y+c_3z\end{cases}\tag{4-114}$$

可以看出，其与 3 结点平面三角形单元非常相似，只是多出了一个 z 变量。由结点条件可以求出待定系数，整理后将式(4-114)写成如下的矩阵形式：

$$\begin{aligned}\boldsymbol{u}(x,\ y,\ z)&=\begin{bmatrix}u\\v\\w\end{bmatrix}=\begin{bmatrix}N_i&0&0&N_j&0&0&N_k&0&0&N_l&0&0\\0&N_i&0&0&N_j&0&0&N_k&0&0&N_l&0\\0&0&N_i&0&0&N_j&0&0&N_k&0&0&N_l\end{bmatrix}\boldsymbol{q}^{e}\\&=\boldsymbol{N}\boldsymbol{q}^{e}\end{aligned}\tag{4-115}$$

以 N_i 为例，其表达式为

$$N_i=\frac{1}{6D_v}(a_i+b_ix+c_iy+d_iz)\tag{4-116}$$

与三角形单元类似，D_v 在数值上等于四面体的体积，可正可负，符号取决于四个结点的局部编码顺序。a_i 等系数与结点相对位置有关，它们的具体表达式这里不再给出。

根据弹性力学空间问题的几何方程，有：

$$\boldsymbol{\varepsilon}(x,\ y,\ z)=\begin{bmatrix}\varepsilon_x\\\varepsilon_y\\\varepsilon_z\\\gamma_{xy}\\\gamma_{yz}\\\gamma_{zx}\end{bmatrix}=\begin{bmatrix}\frac{\partial}{\partial x}&0&0\\0&\frac{\partial}{\partial y}&0\\0&0&\frac{\partial}{\partial z}\\\frac{\partial}{\partial y}&\frac{\partial}{\partial x}&0\\0&\frac{\partial}{\partial z}&\frac{\partial}{\partial y}\\\frac{\partial}{\partial z}&0&\frac{\partial}{\partial x}\end{bmatrix}\begin{bmatrix}u\\v\\w\end{bmatrix}=\boldsymbol{Lu}=\boldsymbol{LNq}^{e}=\boldsymbol{Bq}^{e}\tag{4-117}$$

与平面三角形单元类似，4 结点四面体单元的几何矩阵也是常数矩阵，即

$$\boldsymbol{B}=[\boldsymbol{B}_i\quad\boldsymbol{B}_j\quad\boldsymbol{B}_k\quad\boldsymbol{B}_l]^{\mathrm{T}}\tag{4-118}$$

以子矩阵 $\boldsymbol{B}_i$ 为例，其元素为

$$\boldsymbol{B}_i=\frac{1}{6D_v}\begin{bmatrix}b_i&0&0\\0&c_i&0\\0&0&d_i\\c_i&b_i&0\\0&d_i&c_i\\d_i&0&b_i\end{bmatrix}\tag{4-119}$$

因此，4 结点四面体单元的是常应变单元。其应力场为

$$\boldsymbol{\sigma}(x,\ y,\ z)=\boldsymbol{DBq}^{e}=\boldsymbol{Sq}^{e}\tag{4-120}$$

其中，$\boldsymbol{D}$ 为空间问题的弹性矩阵。其表达式如下：

$$\boldsymbol{D}=\frac{E(1-\mu)}{(1+\mu)(1-2\mu)}\begin{bmatrix} 1 & \frac{\mu}{1-\mu} & \frac{\mu}{1-\mu} & 0 & 0 & 0 \\ \frac{\mu}{1-\mu} & 1 & \frac{\mu}{1-\mu} & 0 & 0 & 0 \\ \frac{\mu}{1-\mu} & \frac{\mu}{1-\mu} & 1 & 0 & 0 & 0 \\ 0 & 0 & 0 & \frac{1-2\mu}{2(1-\mu)} & 0 & 0 \\ 0 & 0 & 0 & 0 & \frac{1-2\mu}{2(1-\mu)} & 0 \\ 0 & 0 & 0 & 0 & 0 & \frac{1-2\mu}{2(1-\mu)} \end{bmatrix} \tag{4-121}$$

显然应力场也是常数。后续的单元刚度矩阵、单元平衡方程的推导与之前内容类似，这里不再赘述。

由于 4 结点四面体单元是常应变和常应力单元，因此精度有限，对于应力梯度较大的区域，网格应加密。下面要讲的 8 结点正六面体单元精度会高一些。

2. 8 结点正六面体单元

该单元是由 8 个结点组成的正六面体单元，每个结点有 3 个位移自由度，共 24 个自由度，单元如图 4-22 所示，与 4 结点矩形单元类似，采用局部坐标。其结点位移列阵和结点力列阵为

$$\boldsymbol{q}^{\mathrm{e}}=[u_i\quad v_i\quad w_i\quad u_j\quad v_j\quad w_j\quad \cdots\quad u_p\quad v_p\quad w_p]^{\mathrm{T}} \tag{4-122}$$

$$\boldsymbol{f}^{\mathrm{e}}=[F_{xi}\quad F_{yi}\quad F_{zi}\quad F_{xj}\quad F_{yj}\quad F_{zj}\quad \cdots\quad F_{xp}\quad F_{yp}\quad F_{zp}]^{\mathrm{T}} \tag{4-123}$$

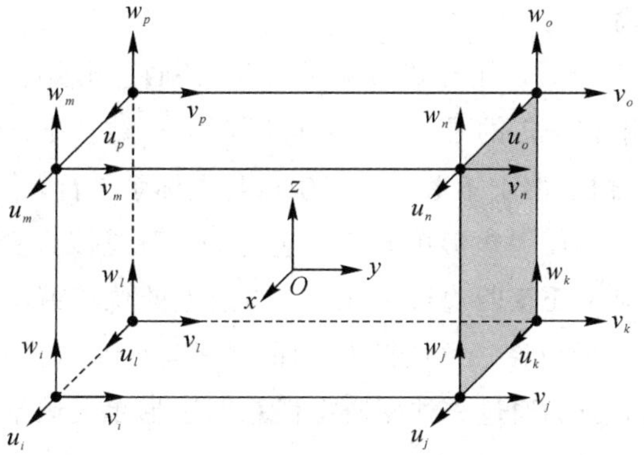

图 4-22　8 结点正六面体单元

由于该单元有 8 个结点，因此每个方向的位移场可以设定 8 个待定系数，也就是多项式可以取 8 项。首先，常数项和一次项一共占用 4 项(见式(4-114))，这样还剩下 4 项可用。而二次项有 x^2、y^2、z^2、xy、xz、yz，一共 6 项。显然最多只能取 4 个二次项，但无论

如何选取 4 个二次项，都不能保证坐标的对称性，因此只能选取 3 个二次项。此时有两个选择：一是选取 x^2、y^2、z^2 三项，二是选取 xy、xz、yz。两种取法都可以满足对称性，但是回顾一下 4.6 节讲过的内容，多项式一个坐标方向的次数不应该超过完全多项式的次数，因此选用 xy、xz、yz 这 3 项。剩下的 1 项可以选取一个三次项，显然这 1 项应选 xyz 项，这样既满足了坐标对称性，又满足了单个坐标方向次数的要求。

综上，位移模式取为

$$\begin{cases} u(x,\ y,\ z) = a_0 + a_1 x + a_2 y + a_3 z + a_4 xy + a_5 yz + a_6 zx + a_7 xyz \\ v(x,\ y,\ z) = b_0 + b_1 x + b_2 y + b_3 z + b_4 xy + b_5 yz + b_6 zx + b_7 xyz \\ w(x,\ y,\ z) = c_0 + c_1 x + c_2 y + c_3 z + c_4 xy + c_5 yz + c_6 zx + c_7 xyz \end{cases} \tag{4-124}$$

与平面 4 结点矩形单元类似，由单元的位移表达式可知，在单元的 12 条边界上，x、y、z 只有一个变量是变化的，因此在边界上位移是按线性变化的，保证了两个相邻单元在其公共边界上的位移是连续的。

可由结点条件确定式(4－124)的待定系数，并整理出形函数矩阵。由于系数太多，也可以在单元的自然坐标下用拉格朗日插值公式直接写出形函数矩阵中的各元素，本书中不具体展开。在得到该单元的形状函数矩阵后，就可以按照前文其他单元的类似过程推导相应的几何矩阵、刚度矩阵等。

4.10　等参单元

之前我们讲了连续体的平面问题、轴对称问题、空间问题，基本的单元都是两种：三角形(四面体)单元和矩形(正六面体)单元。前者对复杂边界的适应性强，但精度低，后者精度高但对于非规则区域的边界难以适应。因此，我们自然而然会想到使用任意的四边形(六面体)单元。首先，任意四边形(六面体)单元可以适应复杂边界，再者，其比三角形单元多一个结点，精度会有提高。

本节内容只考虑平面单元。任意四边形单元是目前商用软件解决工程实际问题的主流，但是这类单元的使用有一定的难度。首先回顾一下 4 结点平面矩形单元，其插值函数包含 xy 非线性交叉项，但是由于矩形单元四条边与坐标系平行，在矩形的边上，要么 x 是常数，要么 y 是常数，从而使得矩形单元四条边上的位移是线性变化的，进一步保证了单元之间的协调性。但是对于任意四边形单元，在斜边上的位移就不再是线性变化了，这使得相邻单元在公共边界上的位移一致性得不到保证。

为了解决这个问题，我们通过一种变换将任意四边形单元映射成标准的矩形单元，只要保证任意四边形单元中的点与矩形单元中的点是一一对应的(称为坐标变换的相容性)，就可以满足协调性条件。如图 4－23 所示，将任意四边形单元映射为自然坐标系 $\xi\eta$ 下，形心在坐标系原点、边长为 2 的正方形。映射过程中应保证原来的四个顶点在映射后仍是正方形的顶点，原四边形内部的点与正方形内部的点一一对应。将这个正方形单元称为母单元，相应的任意四边形单元称为子单元。

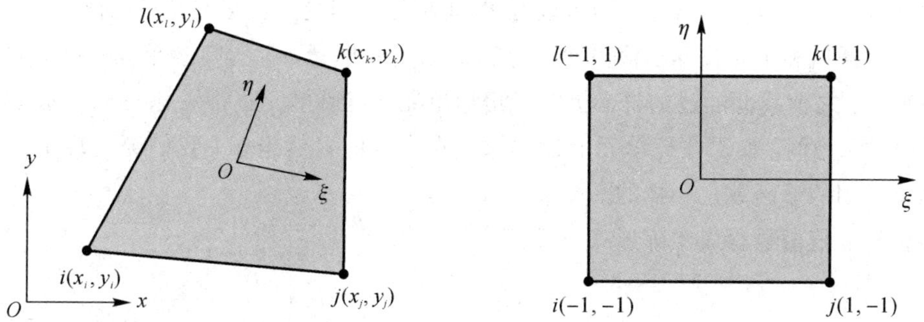

图 4-23　任意四边形单元映射为自然坐标下的正方形单元

对于任意四边形单元，我们最关心的是如何推导其单元刚度矩阵。回顾前文的内容，平面问题单元刚度矩阵的计算公式为

$$\boldsymbol{K}^{\mathrm{e}} = \int_{\Omega^{\mathrm{e}}} \boldsymbol{B}(x, y)^{\mathrm{T}} \boldsymbol{D}\boldsymbol{B}(x, y) \mathrm{d}\Omega = t\int_{A^{\mathrm{e}}} \boldsymbol{B}(x, y)^{\mathrm{T}} \boldsymbol{D}\boldsymbol{B}(x, y) \mathrm{d}x\mathrm{d}y \tag{4-125}$$

从公式(4-125)来看，如果我们希望将这个积分在自然坐标系下完成，则需要两种对应关系，一是坐标 xy 与 $\xi\eta$ 的对应关系，二是积分面积元 $\mathrm{d}x\mathrm{d}y$ 与 $\mathrm{d}\xi\mathrm{d}\eta$ 之间的对应关系。另外，在由形状函数矩阵 $\boldsymbol{N}$ 生成几何矩阵 $\boldsymbol{B}$ 的过程中，需要对坐标变量求偏导数，因此还需要两个坐标系下偏导数之间的对应关系。

在考虑坐标的对应关系之前，先考虑自然坐标系下母单元位移场的形状插值函数，根据 4.7 节的内容可知其表达式为

$$\begin{cases} u(\xi, \eta) = N_i(\xi, \eta)u_i + N_j(\xi, \eta)u_j + N_k(\xi, \eta)u_k + N_l(\xi, \eta)u_l \\ v(\xi, \eta) = N_i(\xi, \eta)v_i + N_j(\xi, \eta)v_j + N_k(\xi, \eta)v_k + N_l(\xi, \eta)v_l \end{cases} \tag{4-126}$$

其中

$$\begin{cases} N_i(\xi, \eta) = \dfrac{1}{4}(1-\xi)(1-\eta) \\ N_j(\xi, \eta) = \dfrac{1}{4}(1+\xi)(1-\eta) \\ N_k(\xi, \eta) = \dfrac{1}{4}(1+\xi)(1+\eta) \\ N_l(\xi, \eta) = \dfrac{1}{4}(1-\xi)(1+\eta) \end{cases} \tag{4-127}$$

下面研究坐标的对应关系。我们知道的条件是子单元 4 个结点分别映射为母单元的 4 个结点。每个结点有两个坐标，因此一共有 8 个条件。在 x、y 两个方向上可以选取如下的坐标插值多项式：

$$\begin{cases} x(\xi, \eta) = a_0 + a_1\xi + a_2\eta + a_3\xi\eta \\ y(\xi, \eta) = b_0 + b_1\xi + b_2\eta + b_3\xi\eta \end{cases} \tag{4-128}$$

可以看出其形式与母单元的位移插值函数一致，因此根据 8 个结点条件，可以得到给定的 $\xi\eta$ 坐标，求 xy 坐标的关系式：

$$\begin{cases} x(\xi, \eta) = N_i(\xi, \eta)x_i + N_j(\xi, \eta)x_j + N_k(\xi, \eta)x_k + N_l(\xi, \eta)x_l \\ y(\xi, \eta) = N_i(\xi, \eta)x_i + N_j(\xi, \eta)x_j + N_k(\xi, \eta)x_k + N_l(\xi, \eta)x_l \end{cases} \tag{4-129}$$

对比式(4－126)和式(4－129)可以看出，坐标插值用的形函数与位移插值完全一致，这种单元形状插值和单元位移插值阶次(结点数)相同的单元，称为等参单元。相应的变换称为等参变换。之前我们学过的杆单元、三角形单元、矩形单元也都可以写成等参单元的形式。以杆单元为例，如果在杆单元上建立原点在中点的自然坐标，我们会发现坐标插值和位移插值所用的形函数是一样的。

将位移插值函数写成矩阵形式：

$$\boldsymbol{u}=\begin{bmatrix} N_i & 0 & N_j & 0 & N_k & 0 & N_l & 0 \\ 0 & N_i & 0 & N_j & 0 & N_k & 0 & N_l \end{bmatrix}\begin{bmatrix} u_i \\ v_i \\ u_j \\ v_j \\ u_k \\ v_k \\ u_l \\ v_l \end{bmatrix}=\boldsymbol{N}(\xi,\ \eta)\boldsymbol{q}^{e} \tag{4-130}$$

求几何矩阵 $\boldsymbol{B}$ 需要利用如下公式：

$$\boldsymbol{B}=\begin{bmatrix} \dfrac{\partial}{\partial x} & 0 \\ 0 & \dfrac{\partial}{\partial y} \\ \dfrac{\partial}{\partial y} & \dfrac{\partial}{\partial x} \end{bmatrix}\boldsymbol{N}(\xi,\ \eta) \tag{4-131}$$

形函数矩阵是 ξ、η 的函数，现在要对 x、y 求导。如果有表达式 $\xi(x,\ y)$ 和 $\eta(x,\ y)$，就可以用链式法则求导，但是目前只有表达式 $x(\xi,\ \eta)$ 和 $y(\xi,\ \eta)$。

根据链式法则，可知：

$$\begin{cases} \dfrac{\partial}{\partial \xi}=\dfrac{\partial x}{\partial \xi}\dfrac{\partial}{\partial x}+\dfrac{\partial y}{\partial \xi}\dfrac{\partial}{\partial y} \\ \dfrac{\partial}{\partial \eta}=\dfrac{\partial x}{\partial \eta}\dfrac{\partial}{\partial x}+\dfrac{\partial y}{\partial \eta}\dfrac{\partial}{\partial y} \end{cases} \tag{4-132}$$

将其写成矩阵变换的形式：

$$\begin{Bmatrix} \dfrac{\partial}{\partial \xi} \\ \dfrac{\partial}{\partial \eta} \end{Bmatrix}=\boldsymbol{J}\begin{Bmatrix} \dfrac{\partial}{\partial x} \\ \dfrac{\partial}{\partial y} \end{Bmatrix} \tag{4-133}$$

其中，雅可比(Jacobi)矩阵为

$$\boldsymbol{J}=\begin{bmatrix} \dfrac{\partial x}{\partial \xi} & \dfrac{\partial y}{\partial \xi} \\ \dfrac{\partial x}{\partial \eta} & \dfrac{\partial y}{\partial \eta} \end{bmatrix} \tag{4-134}$$

如果要将对 x、y 的求导转换为对 ξ、η 的求导，需要将式(4－133)写成逆形式：

$$\begin{Bmatrix} \dfrac{\partial}{\partial x} \\ \dfrac{\partial}{\partial y} \end{Bmatrix} = \boldsymbol{J}^{-1} \begin{Bmatrix} \dfrac{\partial}{\partial \xi} \\ \dfrac{\partial}{\partial \eta} \end{Bmatrix} \tag{4-135}$$

根据线性代数知识，二阶方阵的逆矩阵有显式：

$$\boldsymbol{J}^{-1} = \frac{1}{|\boldsymbol{J}|} \begin{bmatrix} \dfrac{\partial y}{\partial \eta} & -\dfrac{\partial y}{\partial \xi} \\ -\dfrac{\partial x}{\partial \eta} & \dfrac{\partial x}{\partial \xi} \end{bmatrix} \tag{4-136}$$

显然，雅可比矩阵必须可以求逆，也就是要求行列式不为零。

结合式(4－135)、式(4－136)可得：

$$\begin{Bmatrix} \dfrac{\partial}{\partial x} \\ \dfrac{\partial}{\partial y} \end{Bmatrix} = \frac{1}{|\boldsymbol{J}|} \begin{Bmatrix} \dfrac{\partial y}{\partial \eta}\dfrac{\partial}{\partial \xi} - \dfrac{\partial y}{\partial \xi}\dfrac{\partial}{\partial \eta} \\ -\dfrac{\partial x}{\partial \eta}\dfrac{\partial}{\partial \xi} + \dfrac{\partial x}{\partial \xi}\dfrac{\partial}{\partial \eta} \end{Bmatrix} \tag{4-137}$$

将式(4－137)代入式(4－131)可得：

$$\boldsymbol{B} = \begin{bmatrix} \dfrac{\partial y}{\partial \eta}\dfrac{\partial}{\partial \xi} - \dfrac{\partial y}{\partial \xi}\dfrac{\partial}{\partial \eta} & 0 \\ 0 & -\dfrac{\partial x}{\partial \eta}\dfrac{\partial}{\partial \xi} + \dfrac{\partial x}{\partial \xi}\dfrac{\partial}{\partial \eta} \\ -\dfrac{\partial x}{\partial \eta}\dfrac{\partial}{\partial \xi} + \dfrac{\partial x}{\partial \xi}\dfrac{\partial}{\partial \eta} & \dfrac{\partial y}{\partial \eta}\dfrac{\partial}{\partial \xi} - \dfrac{\partial y}{\partial \xi}\dfrac{\partial}{\partial \eta} \end{bmatrix} \boldsymbol{N}(\xi, \eta) \tag{4-138}$$

计算可得几何矩阵 $\boldsymbol{B}$ 的表达式为以下形式：

$$\begin{aligned} \boldsymbol{B}(\xi, \eta) &= \frac{1}{|\boldsymbol{J}(\xi, \eta)|} \boldsymbol{B}_s(\xi, \eta) \\ &= \frac{1}{|\boldsymbol{J}(\xi, \eta)|} [\boldsymbol{B}_i(\xi, \eta) \quad \boldsymbol{B}_j(\xi, \eta) \quad \boldsymbol{B}_k(\xi, \eta) \quad \boldsymbol{B}_l(\xi, \eta)] \end{aligned} \tag{4-139}$$

以 $\boldsymbol{B}_i$ 为例，其中各子矩阵为

$$\boldsymbol{B}_i = \begin{bmatrix} a\left(\dfrac{\partial N_i}{\partial \xi}\right) - b\left(\dfrac{\partial N_i}{\partial \eta}\right) & 0 \\ 0 & c\left(\dfrac{\partial N_i}{\partial \eta}\right) - d\left(\dfrac{\partial N_i}{\partial \xi}\right) \\ c\left(\dfrac{\partial N_i}{\partial \eta}\right) - d\left(\dfrac{\partial N_i}{\partial \xi}\right) & a\left(\dfrac{\partial N_i}{\partial \xi}\right) - b\left(\dfrac{\partial N_i}{\partial \eta}\right) \end{bmatrix} \tag{4-140}$$

式(4－140)中的偏导数很容易求出具体表达式，例如：

$$\frac{\partial N_i}{\partial \xi} = \frac{1}{4}(\eta - 1) \tag{4-141}$$

这里是为了表明其规律，刻意没有将其写出。而式(4－140)中的系数表达式为

$$
\begin{cases}
a = \dfrac{1}{4}[y_i(\xi-1)+y_j(-1-\xi)+y_k(1+\xi)+y_l(1-\xi)] \\
b = \dfrac{1}{4}[y_i(\eta-1)+y_j(1-\eta)+y_k(1+\eta)+y_l(-1-\eta)] \\
c = \dfrac{1}{4}[x_i(\eta-1)+x_j(1-\eta)+x_k(1+\eta)+x_l(-1-\eta)] \\
d = \dfrac{1}{4}[x_i(\xi-1)+x_j(-1-\xi)+x_k(1+\xi)+x_l(1-\xi)]
\end{cases}
\tag{4-142}
$$

雅可比矩阵的行列式也有显式，可写成以下的二次型：

$$
|\boldsymbol{J}| = \frac{1}{8}\begin{bmatrix} x_i \\ x_j \\ x_k \\ x_l \end{bmatrix}^{\mathrm{T}} \begin{bmatrix} 0 & 1-\eta & \eta-\xi & \xi-1 \\ \eta-1 & 0 & \xi+1 & -\xi-\eta \\ \xi-\eta & -\xi-1 & 0 & \eta+1 \\ 1-\xi & \xi+\eta & -\eta-1 & 0 \end{bmatrix} \begin{bmatrix} y_i \\ y_j \\ y_k \\ y_l \end{bmatrix} \tag{4-143}
$$

最后剩下面积元之间的映射关系，这部分内容我们在高等数学中已学过，可直接给出：

$$
\mathrm{d}x\mathrm{d}y = \begin{vmatrix} \dfrac{\partial x}{\partial \xi} & \dfrac{\partial y}{\partial \xi} \\ \dfrac{\partial x}{\partial \eta} & \dfrac{\partial y}{\partial \eta} \end{vmatrix} \mathrm{d}\xi\mathrm{d}\eta = |\boldsymbol{J}|\,\mathrm{d}\xi\mathrm{d}\eta \tag{4-144}
$$

从这里也可以看出，雅可比矩阵的行列式必须处处不为零，对图形的要求是四边形不能出现凹角或平角。

有了三种变换关系，我们就可以在自然坐标系下进行积分：

$$
\boldsymbol{K}^{\mathrm{e}} = t\int_{-1}^{1}\int_{-1}^{1} \boldsymbol{B}^{\mathrm{T}}(\xi,\eta)\boldsymbol{D}\boldsymbol{B}(\xi,\eta)\,|\boldsymbol{J}(\xi,\eta)|\,\mathrm{d}\xi\mathrm{d}\eta \tag{4-145}
$$

将式(4-139)代入式(4-145)可得：

$$
\boldsymbol{K}^{\mathrm{e}} = t\int_{-1}^{1}\int_{-1}^{1} \frac{1}{|\boldsymbol{J}(\xi,\eta)|}\boldsymbol{B}_s^{\mathrm{T}}(\xi,\eta)\boldsymbol{D}\boldsymbol{B}_s(\xi,\eta)\,\mathrm{d}\xi\mathrm{d}\eta \tag{4-146}
$$

对于矩形和平行四边形单元，雅可比矩阵的行列式为常数，不含有 ξ 和 η。此时被积元素都是多项式，其积分结果可以写为具体的表达式。然而对于一般的的四边形单元，$|\boldsymbol{J}|$是 ξ 和 η 的多项式，由于分母上也有多项式，被积的矩阵元素多为有理分式，无法直接得出其积分结果，通常采用数值积分的方法来处理。

下面介绍一种常用的数值积分法，高斯积分法。下文只考虑每一积分维度的积分区间均为[-1，1]的情形。

一个函数的定积分可以用积分区间内 n 个点函数值的加权组合来近似：

$$
\int_{-1}^{1} f(\xi)\mathrm{d}\xi \approx \sum_{k=1}^{n} A_k f(\xi_k) \tag{4-147}
$$

其中，ξ_k是适当选取的点，这里我们称其为积分点(在计算方法里通常叫作结点，为了避免与有限元结点混淆，这里没有用这个名称)，A_k 称为求积系数。式(4-147)常称为求积公式。我们的目标是在给定积分点个数的条件下，通过调整积分点的位置和权系数的大小，达到最高的精度。其中关键是对积分点的位置进行优化，这种方法称为高斯积分法，最优的位置点称为高斯点。表 4-3 列出了 1～3 点高斯积分的积分点和权系数。

表 4-3　常用高斯积分点及权系数

积分点数	高斯点坐标	权系数
1	0	$A_1=2$
2	0.5773502692 −0.5773502692	$A_1=1$ $A_2=1$
3	0.7745966692 0 −0.7745966692	$A_1=5/9$ $A_2=8/9$ $A_3=5/9$

一维积分的情形可以向二维和三维推广，以二维积分为例，通常沿 ξ 和 η 方向取同样个数的积分点：

$$\int_{-1}^{1}\int_{-1}^{1} f(\xi,\ \eta)\mathrm{d}x\mathrm{d}y \approx \int_{-1}^{1}\sum_{j=1}^{n} A_j f(\xi_j,\ \eta)\mathrm{d}\eta = \sum_{i=1}^{n}\left[A_i\sum_{j=1}^{n}(A_j f(\xi_j,\ \eta_i))\right]$$
$$= \sum_{i=1}^{n}\sum_{j=1}^{n} A_i A_j f(\xi_j,\ \eta_i) \tag{4-148}$$

此时的总积分点为 n^2。若是三维问题，则为 n^3。图 4-24 给出了二维高斯积分点的分布示意图。

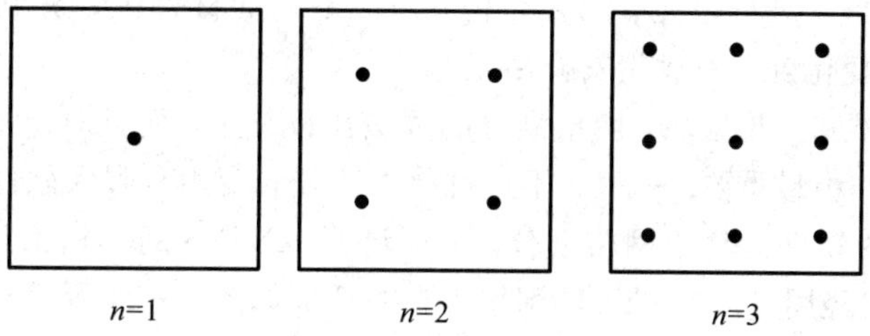

图 4-24　二维高斯积分点分布示意图

利用高斯积分，可把式(4-141)写成求和的形式：

$$\boldsymbol{K}^{\mathrm{e}} = t\sum_{i=1}^{n}\sum_{j=1}^{n} A_i A_j (\boldsymbol{B}^{\mathrm{T}}(\xi_j,\ \eta_i)\boldsymbol{D}\boldsymbol{B}(\xi_j,\ \eta_i)\,|\,\boldsymbol{J}(\xi_j,\ \eta_i)\,|\,) \tag{4-149}$$

因此，需要计算几何矩阵 $\boldsymbol{B}$ 以及雅可比矩阵行列式 $|\boldsymbol{J}|$ 在各积分点上的值。

以上只是介绍了单元刚度矩阵的生成方法，在实际应用时，还牵涉非结点载荷的处理、应力场计算等问题。所以任意四边形单元的应用是比较麻烦的，通常使用商用软件来实现。

4.11　有限元网格划分

先介绍一下网格划分的一些原则。

首先，由于网格细分的收益递减，而计算量增长越来越快，因此网格划分并不是越细越好。对于静力学问题，一般情况下，在边界形状变化比较剧烈处，往往应力比较集中，网格应划分得密一点，然后由密到疏向其他位置平缓过渡。如果静力学不需要求应力，只需要求位移，那么网格可以划分得粗一点。决定网格疏密的方法：先初分网格进行计算，然后将网格细化，重新求解。如果两者计算结果偏差不大，就无需再细化；如果偏差较大，则在偏差较大的部位局部细化，继续求解。

另一方面，网格的质量也会影响计算精度。对于三角形单元和四边形单元，各边长不能相差太多，最好都比较接近，一般要求最长边和最短边之比小于 5。对于单元的内角，通常希望各角度不能太大，也不能太小，通常要求角度在 60°～120° 之间。

如果要求解的结构是对称的，那么网格的划分也要尽量对称。如图 4－25 所示，右下图的网格是对称的，因此计算结果也是对称的，而右上图的计算结果不对称。

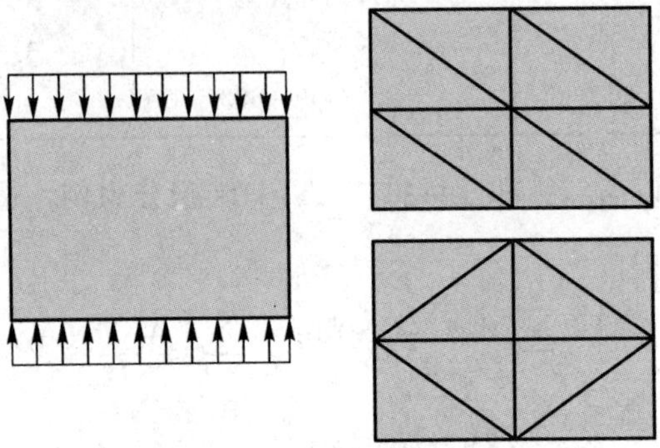

图 4－25　网格的对称性

其他划分原则与一维杆单元、刚架结构一样，不同的材料应划分到不同单元，有集中载荷处或分布载荷变化处，一般应安排结点。

对于复杂的二维和三维区域，网格划分的算法比较复杂，而且对于复杂区域的问题，网格划分是有限元工作中最重要的一环。不过目前大部分的商用有限元软件都具备强大的网格划分功能，还有一些软件专精于网格划分。下面讲授 ANSYS 的网格工具对话框 MeshTool，之前的算例中我们已经用过。ANSYS 的网格工具对话框如图 4－26 所示，分为单元属性分配、智能尺寸控制、局部网格尺寸控制、单元形状控制、网格划分器选择、局部细化几个模块。

(1) 单元属性分配。该模块用于对将要划分的各单元分配单元属性。可以选择为全局、体、面、点、线。点击[Set]后，可以选中需要设置的几何体，对其单元类型、材料、截面等进行设置。例如，杆梁混合结构中，一些线需要建模为杆单元，另一些线需要建模为梁单元，在实现定义了两种单元的情况下，就需要在这里进行设置哪些线是杆单元，哪些是梁单元。刚架结构中若各构件有不同的截面或材料，也需要在这里设置。

(2) 智能尺寸控制。该模块用于对网格划分进行智能化控制，但这个命令只在自由网格划分时有效，不能用于映射网格划分。勾中[SmartSize]，可以设置网格尺寸，尺寸的范围从 1（精细）到 10（粗糙），缺省为 6。

(3) 局部网格尺寸控制。该模块可以对不同几何元素的网格划分进行尺寸控制。该功能我们在杆梁的算例中已经用过，可以用来将一根线划分为多份，也可以直接指定网格的尺寸。

(4) 单元形状控制。若是二维区域，可以选择使用三角形或者四边形，若是三维区域，可选择使用六面体或四面体。

(5) 网格划分器选择。可以选择三种主要的网格划分方法：Free(自由)、Mapped(映射)和 Sweep(扫掠)。

① 自由网格划分对待划分区域形状没有要求，对单元形状也没有限制。划分出的网格无固定的模式。该方法适用于不规则形状的面和体。自由网格划分的尺寸可以通过勾选网

格划分控制中的 SmartSize 来设置。

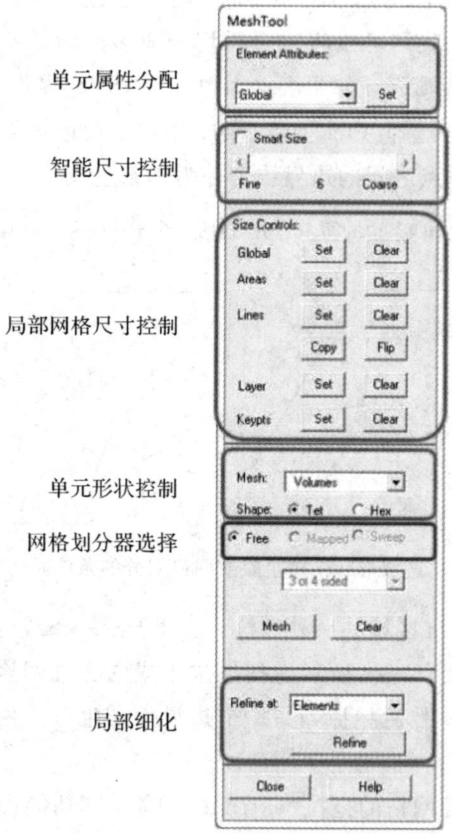

图 4-26　ANSYS 的网格工具对话框

② 映射网格划分对待划分区域形状有要求，其中面的单元形状限制为四边形或三角形，体的单元形状限制为六面体方块。对于有一定规则的区域，划分的网格也要有一定规律，例如对称区域就要尽量划分出具备同样对称性的网格。因此对于有一定规则的区域，建议使用映射网格划分。图 4-27 给出了平面区域自由网格划分和映射网格划分的对比，左图为映射网格划分，右图为自由网格划分。

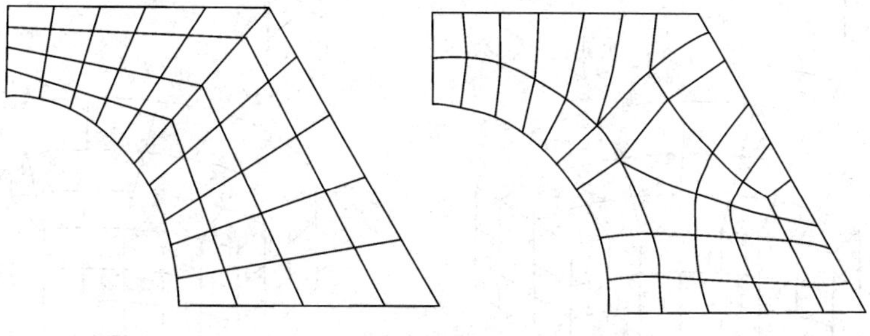

图 4-27　映射网格划分与自由网格划分

但是，映射网格划分的要求较多：面必须包含 3 或 4 条线，体必须包含 4、5 或 6 个面。对边的单元分割必须匹配，不然没法相互连接。对三角形面或四面体，各条边的单元分割数还必须为偶数。

当区域形状不满足映射网格划分的条件时，可以通过一些操作将它们转换成满足要求的形状。以平面区域为例，我们可以将一个面切割成多个满足要求的面，或者把两条线合并成一条折线，如图 4－28 所示。如果要合并线，ANSYS 提供了另外一种更加方便的选项：可以在网格划分器下方选择[Pick corners]，用户手动选择面的 4 个(或者 3 个)顶点并确认，ANSYS 会自动将顶点之间的边界线合并为一条直线。

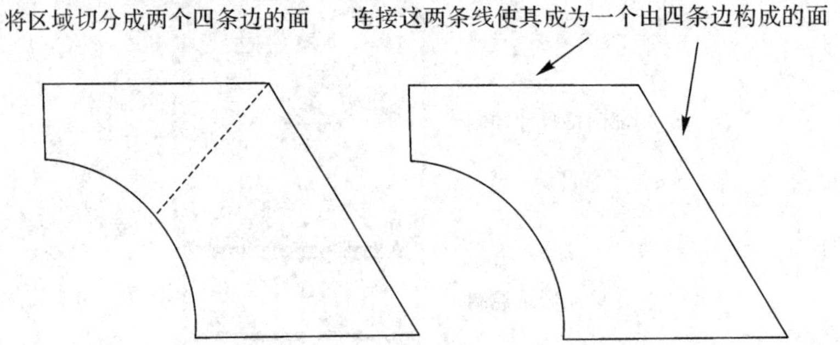
将区域切分成两个四条边的面
连接这两条线使其成为一个由四条边构成的面

图 4－28　区域形状不满足映射网格划分的条件时的处理方法

③ 扫掠分网方法是三维区域的一种方法，适合于沿一条线(可以是曲线)所有横截面都具有相同形状的区域。如图 4－29 所示为扫掠法生成的三维网格。此时可以在一个边界面(源面)上划分好二维网格，然后扫掠到另一个边界面产生三维网格。可以指定扫掠方向上的网格尺寸或单元数。

ANSYS 还有一个二维网格的拖拉(extrude)功能，其功能类似于扫掠，但使用更加方便，如图 4－30 所示，拖拉网格不需要事先建立三维几何模型，只需要建立一个源面的几何模型和一条路线(拖拉的方向)即可。将源面划分二维网格后，沿这条路线拖拉即可直接生成三维网格。

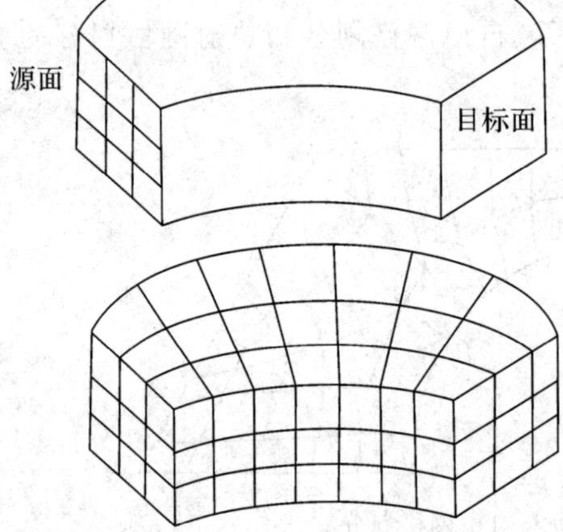
源面
目标面

图 4－29　扫掠法生成三维网格

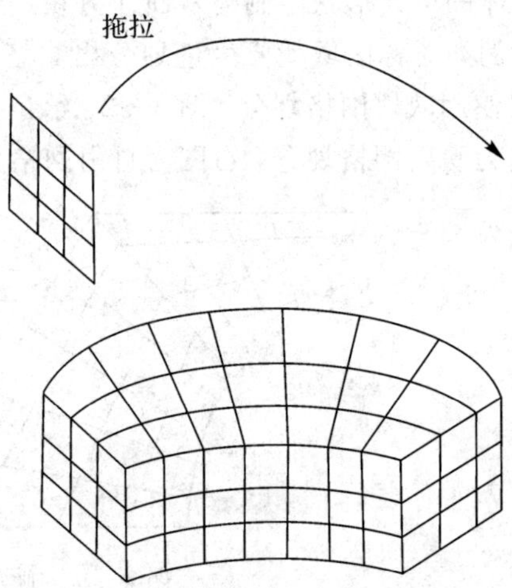
拖拉

图 4－30　二维网格的拖拉

在使用扫掠和拖拉功能时，首先要生成一个二维网格，假如我们用了弹性力学的平面单元，那么扫掠或者拖拉后，源面上会附着一层平面单元，对求解产生影响，要将其删去。ANSYS 也提供了没有物理性质的纯辅助单元，专门用来划分后进行拖拉或扫掠。

（6）局部细化。该模块可以选中需要加密的区域，将其网格进一步细化。

4.12 平面问题 ANSYS 算例

如图 4－31 所示的平面应变问题，弹性模量为 210 GPa，泊松比为 0.3，斜面所受均布压强为 1000 Pa。下底边和右竖直边固定约束。利用 ANSYS 进行平面问题分析。

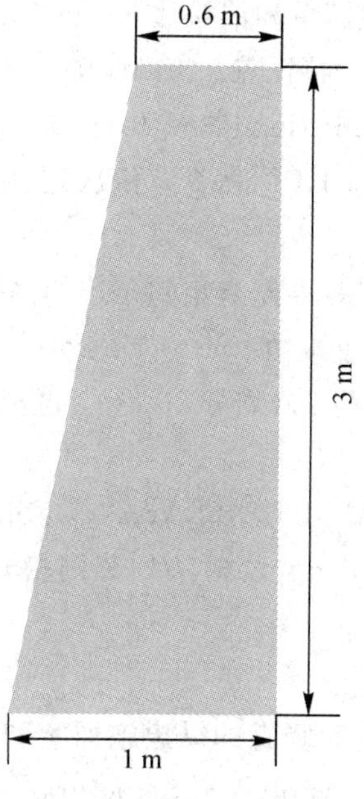

图 4－31 平面问题 ANSYS 算例

首先介绍使用 ANSYS 求解平面单元的问题。本例我们选择单元类型为 PLANE182，在单元的[Option]中，单元行为[K3]可以设置为平面应力、平面应变、带厚度的平面应力(Plane strs w/thk)、轴对称问题、广义平面应变等。其中平面应力和平面应变的单元厚度默认为 1。

对于平面应力问题，使用 ANSYS 定义载荷时，求解域上集中力的量纲是力，因此，如果是集中力(实际上是沿厚度均匀分布的线分布力)，则施加的力是总的合力。

因此对于平面应力问题，建议当作带厚度的平面应力单元问题来处理，厚度设为实际厚度(在实常数中设置)，力设置为实际的合力大小。

如果要采用不带厚度的平面应力单元，就需要把力折算成单位厚度的力进行计算。

对于平面应力问题，如果是求解域上的线分布力(实际上是面力)，其量纲是力/面积。此时计算结果与厚度无关(总载荷、刚度矩阵都跟厚度成正比)。建议用不带厚度的平面应力问题计算，由于厚度是 1，因此即使误把单位当成力/长度，因为乘的是 1，在这种情况下计算结果也不会出错。

对于平面应变问题，使用ANSYS定义载荷时，集中力的单位是力，线分布力的单位是力/面积。不过，由于平面应变问题的单元厚度也是默认单位厚度，因此即使把量纲搞错，计算结果也不会出错。

下面列出该问题求解的简要过程：

(1) 定义工作名称。

(2) 选择问题类型：结构分析。

(3) 选择单元：选择单元类型为[Solid-Quad 4 node 182](PLANE182单元)，这是一种四结点平面四边形单元，也可以退化成三结点平面三角形单元使用。在[Element Types]对话框中点击[Options]，将[K3]设置为[Plane strain](平面应变)。

(4) 设置材料属性，填入弹性模量和泊松比。

(5) 建立几何模型。先建立四个特征点：(0，0，0)、(1，0，0)、(1，3，0)、(0.4，3，0)。之后由四个点连成面：执行[Main Menu]→[Preprocessor]→[Modeling]→[Create]→[Areas]→[Arbitrary]→[Through KPs]命令，依次连接四个特征点1、2、3、4，生成一个面。

(6) 采用映射法划分网格，需要事先指定四条边的网格数，对边网格数必须一致。

流程：打开[Mesh Tool]对话框，在[Size Controls]模块中选择[Lines]右侧的[Set]，依次拾取两条横边，将[NDIV]设为10(划分10份)，再把两条纵边的[NDIV]设为30(划分30份)。

回到[Mesh Tool]对话框，[Mesh]选择[Areas]，[Shape]中选择[Quad](四边形)，在网格划分器选择模块中选择[Mapped](映射法划分网格)，点击[Mesh]按钮，选中唯一的面，对其划分网格。

(7) 合并对象，压缩编号。

(8) 施加约束：分别给下底边和竖直的纵边施加 x 和 y 方向的约束：执行[MainMenu]→[Solution]→[Define Loads]→[Apply]→[Structural]→[Displacement]→[On Lines]命令，选中两条需要被约束的线，选中[ALL DOF](所有自由度)进行约束。也可以选择[On nodes]，然后选中所有被约束的结点进行约束施加。

(9) 施加载荷：给斜边施加均布载荷，执行[Main Menu]→[Solution]→[DefineLoads]→[Apply]→[Structural]→[Pressure]→[On Lines]命令，拾取斜边，在对话框的Load PRESS value中输入均布载荷为1000(如果输入−1000，载荷会垂直边界指向区域外侧)。

(10) 求解，后处理。这里主要讲一下应力云图的绘制，应力云图的绘制既可以按结点绘制，也可以按单元绘制。按单元绘制的方法是：执行[Main Menu]→[General Postproc]→[Plot Results]→[Contour Plot]→[Element Solution]→[Stress]→[Von Mises Stress]命令(或者其他应力分量)。按单元绘制出的应力，其实就是有限元法算出的单元应力场。而按结点绘制的应力，是把单元应力处理后得到各结点的应力，再进行绘制(类似于之前讲过的三角形单元应力磨平)。方法是：执行[Main Menu]→[General Postproc]→[Contour Plot]→[Nodal Solution]→[Stress]→[Von Mises Stress]命令(或者其他应力分量)。按结点绘制的应力云图更加光滑一些。

4.13　轴对称问题 ANSYS 算例

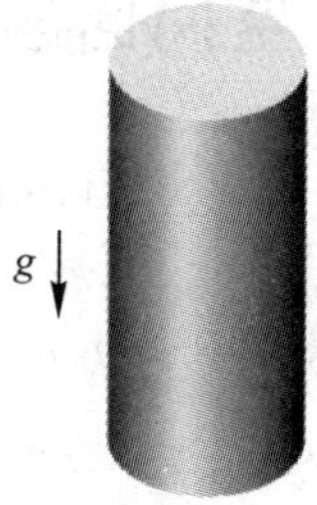

图 4-32　轴对称问题 ANSYS 算例

算例如图 4-32 所示，计算圆柱体在自重作用下的应力分布，圆柱体密度为 7900 kg/m^3，弹性模量为 200 GPa，泊松比为 0.3，半径为 0.1 m，高为 0.4 m，底面被完全约束。作为轴对称问题，本算例的求解域为长 0.4 m，宽 0.1 m 的矩形区域。

同样先说明一下使用 ANSYS 求解轴对称问题时的载荷。与平面问题类似，轴对称问题求解域上的集中力的量纲是力，也就是集中载荷实际是沿轴对称物体 360°分布的线分布力，需要算出合力。而求解域上的线分布力实际是指面力，其量纲是力/面积。本例中的载荷是惯性力，处理相对简单，只需输入重力加速度即可。

其次，ANSYS 轴对称分析要求模型位于总体坐标系 XY 平面内，对称轴必须是总体坐标系 Y 轴。总体坐标系 X 轴表示径向，其坐标不能为负，总体 Z 轴表示环向。

最后需要注意的是，除了给定的约束条件外，对称轴上的结点一定要额外施加径向的约束。正如上文所述，轴对称问题要求对称轴是总体坐标系 Y 轴，软件会自动在其上施加径向约束 UX=0。

该算例计算过程比较简单，下面列出该问题求解的简要过程：

(1) 定义工作名称。

(2) 选择问题类型：结构分析。

(3) 选择单元：选择单元类型为 PLANE182，在[Element Types]对话框中点击[Options]，将 K3 设置为[Axisymmetric](轴对称)。

(4) 设置材料属性，填入弹性模量、泊松比和密度。

(5) 建立几何模型。直接建立矩形区域：执行[Main Menu]→[Preprocessor]→[Modeling]→[Create]→[Areas]→[Rectangle]→[By Dimensions]命令，在 X1 和 X2 中输入 0 和 0.1，Y1 和 Y2 中输入 0 和 0.4。

(6) 通过[Mesh Tools]使用映射法划分网格，采用四边形单元，指定上下两边网格数为 5，左右两边为 20，并划分网格。

(7) 合并对象，压缩编号。

(8) 施加约束：执行[Main Menu]→[Solution]→[Define Loads]→[Apply]→[Structural]→[Displacement]→[On Lines]命令，拾取 $y=0$ 的边，选中[ALL DOF](所有自由度)，将其值约束为 0。

(9) 施加载荷：执行[Main Menu]→[Solution]→[Define Loads]→[Apply]→[Structural]→[Inertia]→[Gravity]→[Global]命令，在[ACELY]中输入 9.8。

(10) 求解，后处理。注意位移有 X(径向)和 Y(轴向)两个分量，而应力则有 X、Y、Z(环向)三个分量。可以将结果扩展为三维显示，执行[Utility Menu]→[Plot Ctrls]→[Style]→[Symmetry Expansion]→[2D Axis-Symmetric]，弹出轴对称扩展设置对话框，勾选[Full Expansion]，单击[OK]。

4.14 空间问题 ANSYS 算例

本节算例为 ANSYS 经典算例，一内六角螺栓扳手，其轴线与横截面的形状与尺寸如图 4-33 所示，拧紧力为 600N，计算扳手拧紧时的应力分布。其中材料的弹性模量为 200 GPa，泊松比为 0.3。施加边界条件时，将短臂端面进行约束，载荷均匀施加在长臂端面的 6 个顶点上，方向垂直于纸面。

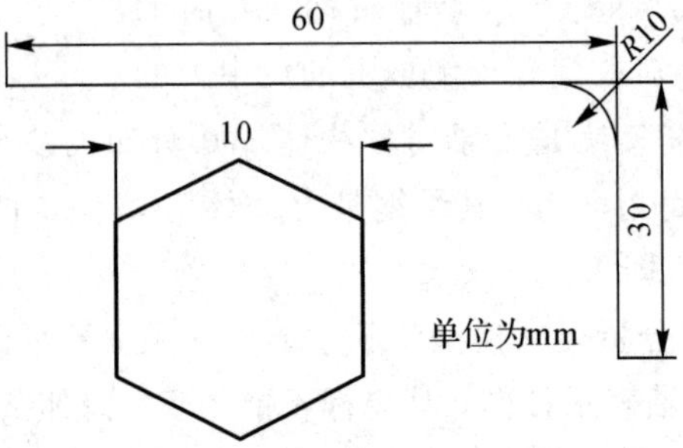

图 4-33 空间问题 ANSYS 算例

本算例的建模思路如下，先建立一个正六边形并划分网格，然后直接沿轴线拖拉出实体网格。

(1) 定义工作名称。

(2) 选择问题类型：结构分析。

(3) 选择单元：这里选择两种单元类型，单元类型 1 是辅助单元[Not Solved-Mesh Facet 200](MESH200 单元)。MESH200 单元不影响计算结果，在本例中只是生成纯粹的二维网格以供拖拉之用。注意需要在 MESH200 的[Options]中将 K1 设置为[QUAD 4-NODE]。单元类型 2 是空间问题要用到的[Solid-Brick 8node 185](SOLID185 单元)。

(4) 设置材料属性，填入弹性模量、泊松比和密度。

(5) 创建正六边形：执行[Main Menu]→[Preprocessor]→[Modeling]→[Create]→[Areas]→[Polygon]→[Hexagon]命令，弹出[HexagonalArea]拾取窗口，在[WP X]、[WP Y]和[Radius]文本框中分别输入 0、0 和 0.003，点击[OK]按钮。将会在工作平面的 xy 面上创建一个正六边形。由于本例是空间问题，为了便于观察，可以切换一个视角。执行[Utility Menu]→[PlotCtrls]→[Pan Zoom Rotate]命令，在所弹出的对话框中，依次点击[Iso]、[Fit]按钮，或者点击图形窗口右侧显示控制工具条上的第一个按钮。

(6) 显示关键点号、线号：为了方便接下来的操作，将关键点编号和线编号显示打开。执行[Utility Menu]→[PlotCtrls]→[Numbering]命令，在所弹出对话框中，将[KP]和[Lines]勾选上。可以看出，在创建正六边形后，自动创建了低级别的图形元素：关键点 1～6 和线 1～6。

(7) 创建关键点。为了生成轴线，需要继续创建关键点 7～9，其坐标分别为：7(0,0,0)、8(0,0,0.03)、9(0,0.06,0.03)。

(8) 创建未倒角的轴线：连接关键点 7 和 8、8 和 9，创建两条直线 L7 和 L8。

(9) 轴线倒角：执行[Main Menu]→[Preprocessor]→[Modeling]→[Create]→[Lines]→[Line Fillet]命令，弹出对话框，拾取直线 7 和 8，点击[OK]按钮，弹出[Line Fillet]对话框，在[RAD]中输入 0.01，将在直角处倒角产生圆弧线 L9。

(10) 分割六边形：连接六面体上的关键点 3 和 6(其他相对的两个点也行，如 4 和 1、2 和 5)，创建一条线 L10。然后执行[Main Menu]→[Preprocessor]→[Modeling]→[Operate]→[Booleans]→[Divide]→[Area by Line]命令，弹出拾取窗口，拾取六边形面，点击[OK]按钮，再次弹出拾取窗口，拾取 L10 进行分割。分割后图形窗口中的部分图形元素编号如图 4-34 所示。

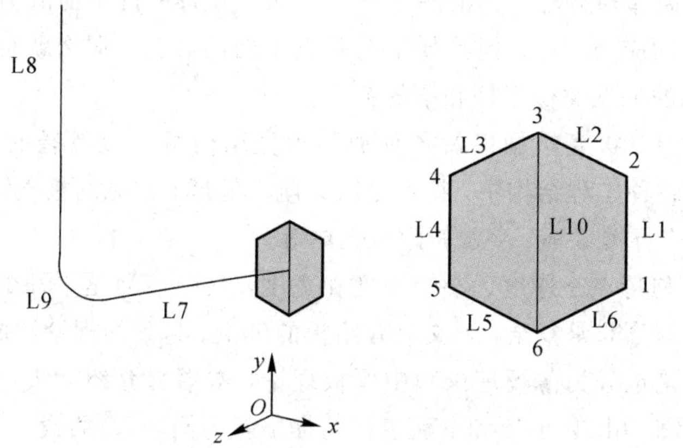

图 4-34　部分关键点和线的编号

(11) 划分网格：先设置网格尺寸，打开[MeshTool]对话框，拾取 L1、L2 和 L3(六边形的边)，将[Element Sizes on Picked Lines]对话框中的[NDIV]设为 3。拾取 L7、L8 和 L9(轴线)，对[Element Sizes on Picked Lines]对话框中的[NDIV]不设置，而是将[SIZE]设为 0.003(L7～L9 长度不一致，因此统一尺寸)。设置轴线的网格尺寸是为了后续拖拉网格之用。

在 MeshTools 对话框中的单元形状控制区域，选择单元形状为 Quad(四边形)，选择划分单元的方法为 Mapped(映射)，点击[Mesh]按钮，拾取六边形面的两部分进行面网格划分。

(12) 显示线：划分网格后，图形窗口会只显示单元，不再显示线。由于拖拉网格需要拾取线，将线显示出来。方法是执行[Utility Menu]→[Plot]→[Lines]命令。

(13) 拖拉出体：执行[Main Menu]→[Preprocessor]→[Modeling]→[Operate]→[Extrude]→[Areas]→[Along Lines]命令。弹出拾取窗口，拾取六边形面的两部分，点击[OK]按钮，再次弹出对话框，按顺序拾取 L7、L9、L8，点击[OK]按钮。

(14) 合并重复对象、压缩编号。

(15) 显示单元：由于拖拉出体之后，图形窗口不再显示单元，因此需要重新显示单元才能查看，执行[Utility Menu]→[Plot]→[Elements]命令。

(16) 施加约束：执行[Main Menu]→[Solution]→[Define Loads]→[Apply]→

[Structural]→[Displacement]→[On Areas]命令，拾取短臂端面(注意其被分割成了两个面)，将所有自由度约束。

(17) 施加载荷：执行[Main Menu]→[Solution]→[Define Loads]→[Apply]→[Structural]→[Force/Moment]→[On Keypoints]命令，弹出拾取窗口，拾取长臂端面的六个顶点，Lab 中选择 FX，VALUE 中输入 100。

(18) 求解，查看结果。

4.15　板壳问题简介与 ANSYS 算例

对于薄板，我们都知道若受到沿厚度均匀分布、方向平行于面的力(包括约束力)，那么问题可以归为平面应力问题。但是如果有垂直于面的载荷，那么就是板壳问题。平面应力问题和板壳问题的关系类似于杆和梁的关系。

通过合适的设计，板壳结构以及各种加筋板壳结构可以以较轻的重量实现较高的刚度，因此广泛用于各种工程结构中，特别是航天航空领域。常见的板壳结构有机壳、天线面板、印制电路板、飞行器壁板、潜水艇耐压壳体等。

板壳结构的几何特点是厚度远小于长度和宽度，其中表面是平面的称为板，表面是曲面的称为壳。壳的理论非常复杂，下文只介绍板的理论。与梁的理论类似，按照厚度与长宽尺寸的比值，板理论也分为薄板理论和中厚板理论，本书只介绍薄板理论，又称为克希霍夫(Kirchhoff，与 Kirchhoff 电压和电流定律的提出者为同一人)假设。

薄板如图 4-35 所示，克希霍夫假设与细长梁的假设比较类似，假设板厚远小于板的长宽尺寸。当薄板弯曲时，中面的横向(即垂直于中面方向的)位移称为挠度。虽然板厚已经很小，但还是假设挠度远小于板厚。在所受载荷均垂直于板面的条件下，提出如下假设：

(1) 直法线假设。板中面法线在板变形后仍保持直线且垂直于弯曲的中面，并且没有伸缩。也就是有：

$$\gamma_{zx}=0\quad \gamma_{zy}=0\quad \varepsilon_z=0 \tag{4-150}$$

根据几何方程，可知：

$$\varepsilon_z=0=\frac{\partial w}{\partial z} \tag{4-151}$$

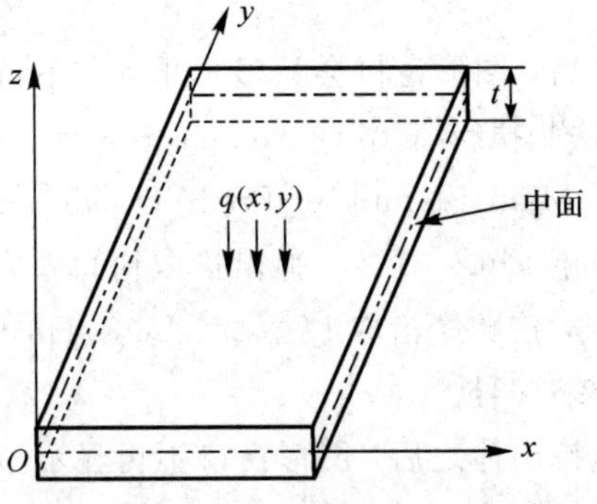

图 4-35　薄板示意图

因此，挠度 w 只是 x、y 的函数，不随 z 变化。中面的任一根法线上，各点都具有相同的垂直位移，也就等于挠度。

（2）忽略法向应力 σ_z 对面内应变 ε_x 和 ε_y 的影响。

（3）在中面上，没有面内的位移，也就是有：

$$u(0,0,0)=0 \quad v(0,0,0)=0 \tag{4-152}$$

选择薄板的挠度 $w(x, y)$ 作为基本变量，可得到用挠度 w 表达的微分方程：

$$D\left(\frac{\partial^4 w}{\partial x^4}+2\frac{\partial^4 w}{\partial x^2 \partial y^2}+\frac{\partial^4 w}{\partial y^4}\right)=q \tag{4-153}$$

其中：

$$D=\frac{Et^3}{12(1-\mu^2)} \tag{4-154}$$

D 称为薄板的弯曲刚度。可以看出方程(4-153)与细长梁的微分方程(2-19)很相似，相当于扩充了一维。

对于不受面内载荷的薄板，可以采用板单元，板单元的每个结点有 3 个自由度(一个是挠度，也就是 z 方向的位移，一个是绕 x 轴的转角，一个是绕 y 轴的转角)。如果薄板还承受平行于面的载荷，那么需要采用壳单元。此时通常假设面内载荷是沿厚度均匀分布的，然后在板单元刚度矩阵的基础上，叠加入平面应力问题的刚度矩阵(类似于由平面纯弯梁单元得到平面一般梁单元)，就可得到壳单元的刚度矩阵。因此，壳单元的每个结点有 5 个自由度(x、y、z 方向的位移，绕 x、y 轴的转角)。一些商用有限元软件，如 ANSYS，为了方便坐标转换等问题，壳单元的每个结点还虚设了一个绕 z 轴的转动自由度(称为 Drilling DOF)。

对于壳体，可以将其曲面用平板形状的壳单元离散，得到类似于折板的形状，也可以用更复杂的曲面壳单元。

板壳单元与平面单元类似，有三角形、矩形、任意四边形。由于板壳单元比较复杂，这里不再进行介绍。

算例 4-2　四边固定支撑的矩形板，受到垂直于面、均匀分布的载荷作用。对其进行静力学分析。其中矩形板长宽均为 1 m，板厚为 0.01 m，弹性模量为 210 GPa，泊松比为 0.3，均布力强度为 1000 N/m^2。

下面列出该问题求解的简要过程：

（1）定义工作名称。

（2）选择问题类型：结构分析。

（3）选择单元：选择单元类型为[Shell-3D 4node 181](SHELL181 单元)。

（4）设置材料属性，填入弹性模量和泊松比。

（5）设置厚度：执行[Main Menu]→[Preprocessor]→[Sections]→[Shell]→[Lay-up]→[Add/Edit]命令，将厚度[Thickness]设为 0.01。

（6）建立几何模型：这里换一种方法生成矩形区域，先生成两个关键点 1(0，0，0)、2(1，1，0)，之后由这两个点生成矩形面，执行[Main Menu]→[Preprocessor]→[Modeling]→[Create]→[Areas]→[Rectangle]→[By 2 corners]命令，点击拾取两个点，生成矩形面。

(7) 在[MeshTools]对话框中利用映射法划分网格，采用四边形单元，指定四条边网格数均为 20，并划分网格。

(8) 合并对象，压缩编号。

(9) 施加约束：将四条边选中，对所有自由度 (ALL DOF)进行约束。

(10) 施加载荷：执行[Main Menu]→[Solution]→[DefineLoads]→[Apply]→[Structural]→[Pressure]→[On Areas]，拾取面，点击[OK]，在弹出的对话框中，VALUE输入 1000，LKEY 输入 2。

这里要讲一下 LKEY 的设置方法。ANSYS 单元坐标系下的 SHELL181 单元如图 4-36 所示，其中单元坐标系 x 轴方向由结点 i 指向结点 j，z 轴通过结点 i 且与壳面垂直，其正方向由单元的 i、j、k 结点按右手法则确定。y 轴与 x、z 轴正交。

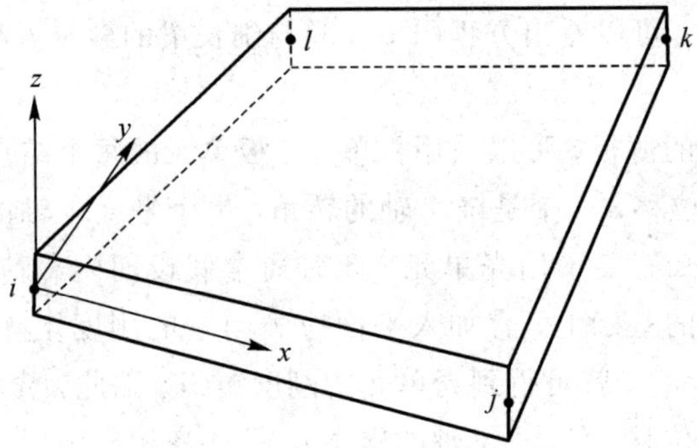

图 4-36　单元坐标系下的 SHELL181

[LKEY]后填入的不同数字代表壳单元六个不同的面，其中：面 1(i-j-k-l，底部)，面 2 (i-j-k-l，顶部)，面 3(j-i)，面 4(k-j)，面 5(l-k)，面 6(i-l)。载荷以指向单元内部为正。对于面 1 和面 2，面载荷的量纲是力/面积，而对于面 3～面 6 四个侧面，面载荷的量纲是力/长度。

(11) 求解。

(12) 查看结果。为了便于查看应力沿厚度的分布，可以将单元实体显示，执行[PlotCtrls]→[Style]→[Size and Style]命令，在弹出的对话框中，将[Display of element]项设置为 on。

如果不实体显示，也可以通过控制壳单元的结果输出层查看结果，方法是：执行[Main Menu]→[General Postproc]→[Options for Outp]命令，在[SHELL]选项中可以选择[Top layer](顶面)、[Middle layer](中面)、[Bottom layer](底面)。可以发现中面无应力(应力云图全红)，与薄板理论相符。

4.16　有限元模型简化

通常情况下，几何模型不可能也没必要反映结构的全部细节，有限元模型往往是实际模型的简化。例如桁架利用杆单元来建模、平面问题和轴对称问题等，都是对实际问题进行了简化。本节再举出一些常用的简化手段。

（1）忽略细节。许多实际结构都有一些小的细节，如小圆孔、小圆角、小凸台、浅沟槽等。如果将这些细节全部考虑在几何模型中，不仅增加了几何建模的难度，而且在划分网格时，这些小的细节会导致无法采用结构化网格（如映射网格），只能采用非结构化网格。在小的细节处，网格一般要加密，这使得计算量大大增加。另一方面，许多结构，特别是机械零件，如果将一些细节忽略，则可以作为轴对称问题考虑，从而大大减少计算量。

不过，如果细节位于应力较高的区域，则可能会出现应力集中，那么这些细节处应力不但不能忽略还要在划分网格时重点对待。如果细节处的应力不大则可以将细节忽略。这一点可以根据经验来进行判断。例如悬臂类结构，一般情况下根部应力较大，端部应力较小，因此端部的细节可以忽略。如果不能通过经验来确定应力分布，那么只能先建立完整的模型，再根据应力分布情况进行简化。

如果计算的物理量是位移而不是应力，那么细节基本上都可以忽略。对于第 6 章的模态分析，模态就代表了各自由度之间位移的比值，因此也可以大量地忽略细节。比如对于印制电路板，如果要进行模态分析的话，板上小的孔洞和元件几乎都可忽略，甚至将其等效成一块均质板，误差也不会太大。

（2）提取局部进行研究。有很多工程结构，我们比较关心的只是其某一局部，或者是只在这一局部具有显著的应力、位移，就可以只对这部分进行研究。例如，对于卫星上的太阳能帆板或者天线，在特定情况下，我们可以单独对帆板或天线进行建模，而不考虑星体。对于齿轮，有时也可以只对轮齿进行建模，认为轮齿固定支撑在基础上。

（3）利用对称性。利用对称性可以减小问题的规模。之前讲过的轴对称问题就是一种利用对称性降维的方法。对称性不仅要求结构在几何上对称，其材料、载荷、约束等也需要对称。

在对称问题中，要特别注意的是几何对称轴上的结点需要额外施加约束，以体现对称性。例如之前讲过的轴对称问题中，对称轴上的结点必须约束其径向位移。图 4－37 绘出了对称和反对称的梁，这两种情况均可只取梁的一半进行计算，但对称轴上的结点施加的约束不同。

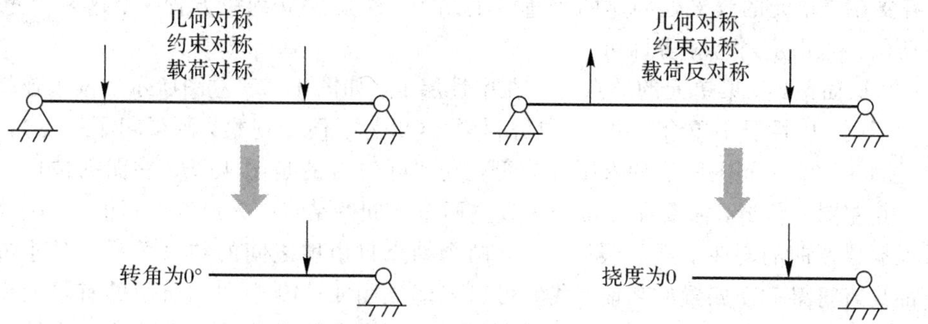

图 4－37　对称和反对称的梁

为了方便用户使用，ANSYS 软件可直接施加对称、反对称边界条件，用户可以直接把几何对称轴的约束设置成对称或反对称类型，而无须考虑具体约束了哪些自由度。在 4.17 节中将举出实例。

除了对称和反对称之外，还有一种旋转周期对称。具有旋转周期对称性的典型结构如图 4－38 所示。对于此类问题，可以只对一个扇区进行建模计算，但是同样需要注意边界条件的问题。*OA* 和 *OB* 两条线上的结点分布情况应保持一致，而且两条线上对应结点位移的切向和法向分量应分别相等，以图 4－38 中的两个结点为例，要求位移分量：

$$\begin{cases} u_{n1} = u_{n2} \\ u_{v1} = u_{v2} \end{cases} \tag{4-155}$$

在建立约束方程时，还要注意把这些位移分量转换到总体坐标系下。

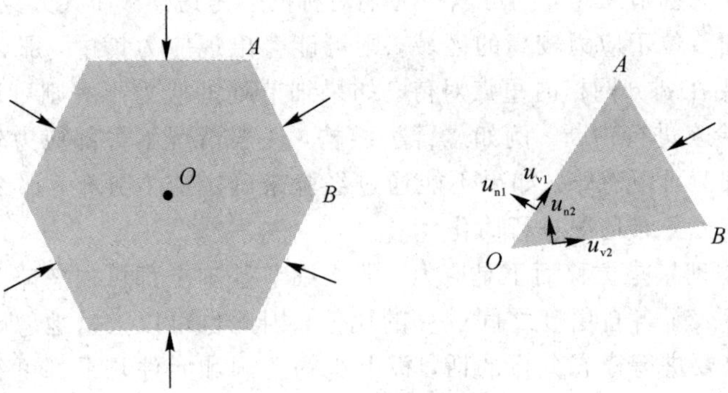

图 4－38　旋转周期对称

需要注意的是，后续内容中的模态分析和稳定性分析，是研究结构可能发生的潜在变形模式，对于初学者，在这两种情形中不要使用对称性简化模型。

4.17　有限元模型的特殊连接

在有限元的实际应用中，不论是相同单元之间，还是不同类型单元之间的连接，都有许多需要注意的点，下面列举一些常见问题进行简单介绍。这些问题大部分需要引入约束方程，也有一些问题可以通过简单巧妙的近似方法来处理。

(1) 梁单元铰接。梁单元之间的结点默认是刚结点，可以传递弯矩。当两个梁单元铰接时，需要在梁单元的铰接处创建两个重合的结点，然后建立约束方程：令这两个重合结点的平动位移自由度对应相等即可。

(2) 截面偏置。梁单元的结点默认在中性层上。如图 4－39 左图所示的两根连接的、截面高度不同、中性层不重合的欧拉-伯努利梁(这里为了便于观察，画得粗了一点)，如果直接建立图 4－39 中间图所示的有限元模型，则实际对应的是图 4－39 右图的情形。因此对于 4－40 左图的情形，需要在连接处先设立两个不同的结点，分别位于两根梁的中性层上，然后根据梁弯曲的刚性平截面假设，建立两个结点自由度之间的约束关系。不过许多商用软件都具有将梁截面偏置的功能。我们可以先建立图 4－40 中间图所示的有限元模型，然后将右边的梁单元截面偏置即可。除了梁单元外，板壳单元的结点也默认在中性面上，因此当不同厚度的板相互连接时，如果中性面不在同一平面上，也需要做类似的处理。对于图 4－40 中的加筋板问题，也需要建立结点 A 和结点 B 自由度之间的约束关系，或者用商用软件的梁截面偏置来实现。

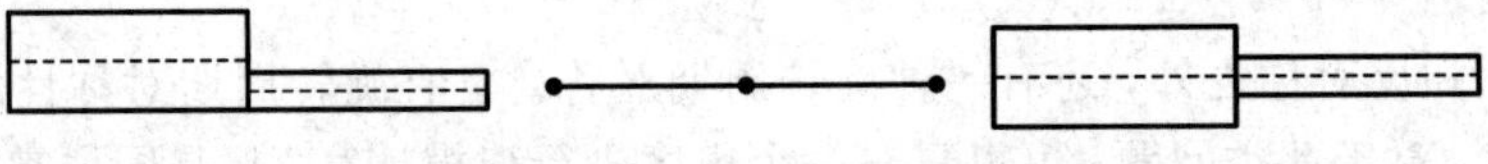

图 4－39　梁单元的截面偏置

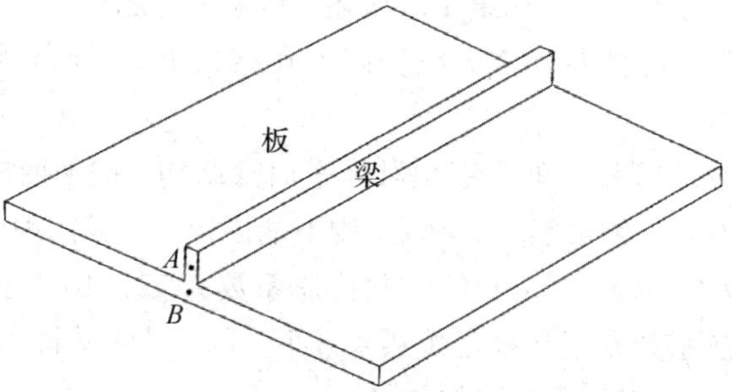

图 4－40　加筋板

(3) 不同类型单元的连接。不同单元结点的自由度数不同，而且各自由度的含义也可能不同，因此将不同类型单元通过公共结点进行连接时，必须特别小心。

例如，平面杆单元结点有两个自由度，平面三角形单元也有两个自由度，而且这两种单元的两个自由度都是 x、y 方向的平动自由度，因此它们之间可以通过公共结点直接连接。

问题一般都出在具有转角自由度的单元上，例如平面梁与平面结构刚接。如果直接通过公共结点连接，由于平面单元只有两个平动自由度，而平面梁单元，无论是纯弯梁还是一般梁，都要多出一个转角自由度。由于实体单元不能为梁结点的转角提供刚度，而是需要直接通过公共结点连接的效果是梁与平面结构铰接。解决这个问题的方法是引入约束方程，建立平面结构临近公用结点的其他结点(图 4－41 中结点 A、B)的平动自由度与公用结点转动自由度之间的约束关系。另外还有一种近似的方法，将梁单元多插入一截，这样相当于梁有两个点与平面结构铰接，从而避免了梁单元产生刚性转动。

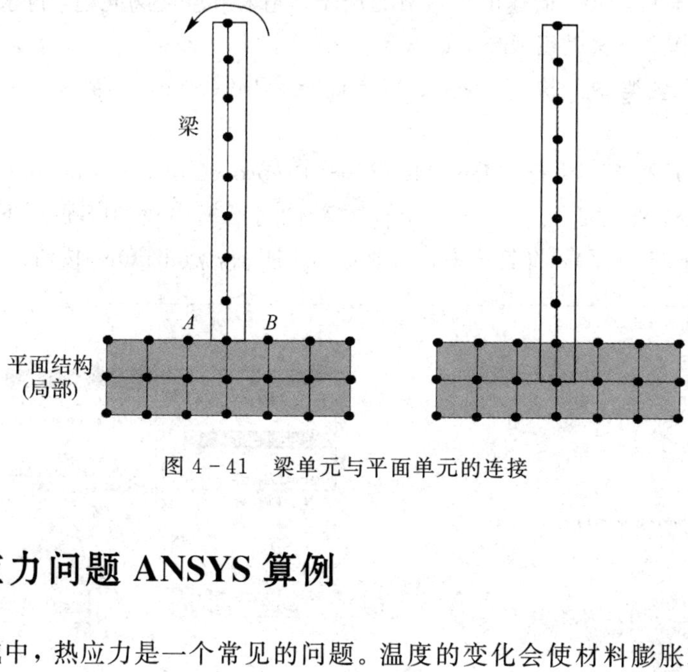

图 4－41　梁单元与平面单元的连接

4.18　热应力问题 ANSYS 算例

在工程领域中，热应力是一个常见的问题。温度的变化会使材料膨胀或收缩，对于超静定结构，或是不同材料组成的结构，由于材料的体积变化受阻，会产生应力。对于电子设备而言，热应力问题尤为突出。正如第 1 章所述，热应力问题可以不作为耦合问题来考虑，而是先进行温度场计算，再将温度作为载荷施加在结构上。下面介绍一个简单的 ANSYS 算例。

算例 4-3　如图 4-42 所示的门字型对称平面微结构，按平面应变问题，计算其应力场。其中外侧恒温 80℃，内侧恒温 0℃，该结构下端固定，材料的弹性模量为 200 GPa，泊松比为 0.3，导热系数为 70 W /(m · ℃)，热膨胀系数为 12×10^{-6}/℃，该结构的安装温度为室温 20℃。其中导热系数是指在稳定传热条件下，1 m 厚的材料，两侧表面的温差为 1℃时，在 1 s 内，通过 1 平方米面积传递的热量。

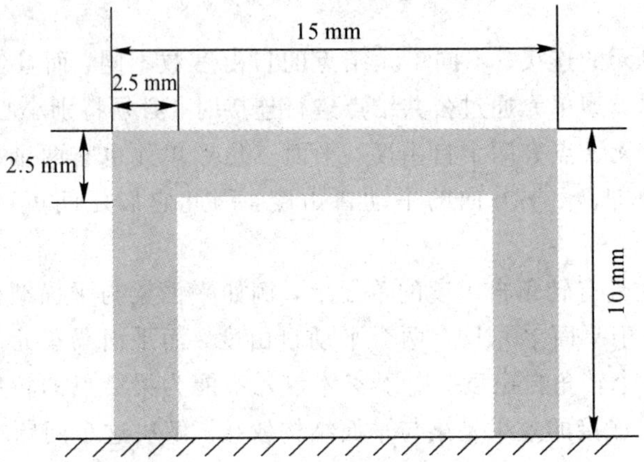

图 4-42　门字型平面微结构

由于结构是对称的，无论是温度场还是应力场，都可以只取一半进行计算。但要注意在对称轴处施加对称约束。问题的求解分为两步，先求解温度场问题，再求解应力场问题。

(1) 定义工作名：这里用 thermal。

(2) 选择问题类型。执行[Main Menu]→[Preferences]命令，在对话框中勾选[Thermal](热)。

(3) 选择单元类型。执行[Main Menu]→[Preprocessor]→[Element Type]→[Add/Edit/Delete]命令，在对话框中点击[Add]，在新的对话框中找到[Solid]下的[Quad 4node 55]单元(PLANE55 单元)，将其选中，如图 4-43 所示，点击[OK]按钮。

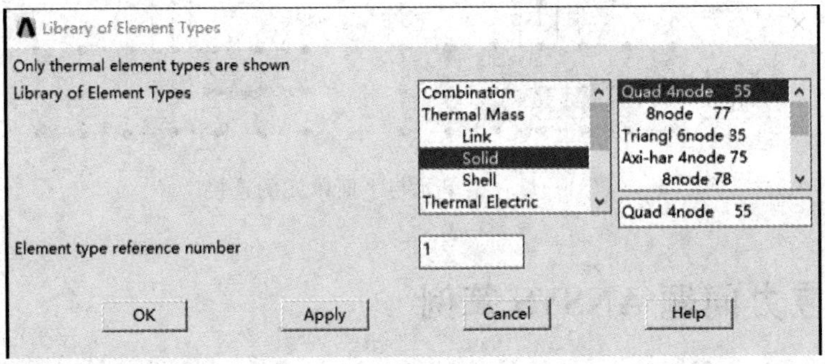

图 4-43　PLANE55 单元

(4) 设置材料热属性。执行[Main Menu]→[Preprocessor]→[Material Props]→[Material Models]命令，在弹出的[Define Material Model Behavior]对话框中选择[Thermal]→[Conductivity]→[Isotropic]，在弹出的对话框中，在[KXX]中填入导热系数 70。

(5) 几何建模。如图 4-44 所示，先建立两个矩形：1-2-3-4 和 4-5-6-7。然后执行[Main Menu]→[Preprocessor]→[Modeling]→[Operate]→[Booleans]→[Overlap]→[Areas]命令，在弹出的对话框中，选中两个矩形，点击[OK]。这样会把重叠部分去掉，并生成新的面 A3-A5。

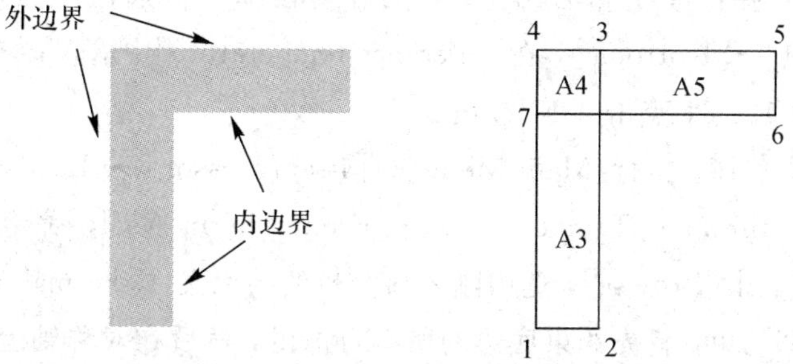

图 4-44　几何建模

(6) 划分单元。打开[MeshTool]对话框，在[Size Controls]模块下点击[Area]右侧的[Set]按钮，选中 A3-A5，在新弹出的对话框中的[SIZE]后面输入 0.005，点击[OK]按钮。网格形状选四边形，方法选映射。在[MeshTool]对话框中点击[Mesh]按钮，在弹出的对话框中选中 A3-A5 进行单元划分。

(7) 合并对象，压缩编号。

(8) 定义求解类型。执行[Main Menu]→[Solution]→[Analysis Type]→[New Analysis]命令，在弹出的对话框中，将分析类型选为[Steady-State]。

(9) 施加边界条件。执行[Main Menu]→[Solution]→[DefineLoads]→[Apply]→[Thermal]→[Temperature]→[On Lines]命令，在弹出的对话框中，拾取外边界的所有线(由于之前执行了 Overlap 操作，目前外边界有四条线)，点击[OK]按钮又将弹出新的对话框。在[Lab2]中选择 TEMP，[VALUE]中输入 80，点击[OK]按钮。然后同样将内边界的所有线选中，将温度设为 0。底边和对称轴上不设置温度边界条件。

(10) 求解。执行[Main Menu]→[Solution]→[Solve]→[Current LS]命令。

(11) 查看温度场云图。执行[Main Menu]→[General Postproc]→[Plot Results]→[Contour Plot]→[Nodal Solu]命令，在弹出的对话框中，依次选择[Nodal Solu]下的[DOF Solution]→[Nodal Temperature]进行查看。

(12) 退出后处理。执行[Main Menu]→[Finish]命令。

(13) 重新设置问题类型。执行[Main Menu]→[Preferences]命令，在弹出的对话框中勾选[Structural]。

(14) 转换单元类型。将温度场所用的平面单元 PLANE55 转换成结构分析用的 PLANE182。执行[Main Menu]→[Preprocessor]→[Element Type]→[Switch Elem Type]命令，在弹出的对话框中选择[Thermal to Struc]，点击[OK]。

(15) 设置为平面应变问题。执行[Main Menu]→[Preprocessor]→[Element Type]→[Add/Edit/Delete]命令，在弹出的对话框中，可以看到已经有了 PLANE182 单元，无需再添加。点击[Options]按钮，将[K3]选为 Plane strain。

(16) 设置材料的力学属性。执行[Main Menu]→[Preprocessor]→[Material Props]→[Material Models]命令，在弹出的对话框中选择[Structural]→[Linear]→[Elastic]→[Isotropic]，并填入弹性模量和泊松比。然后在对话框中再选择[Thermal Expansion]→[Secant Coefficient]→[Isotropic]，在[reference temperature]中输入参考温度 20，[ALPX]中输入热膨胀系数 12e-6，点击[OK]按钮。

(17) 施加温度载荷。执行[Main Menu]→[Preprocessor]→[Loads]→[Define Loads]→[Apply]→[Structural]→[Temperature]→[From Therm Analy]命令，在弹出的对话框中的[Fname]一栏点击[Browse]，选中刚才热分析的结果文件 thermal. rth。

(18) 施加位移约束。首先约束底边的所有自由度，然后在对称轴上施加对称约束，方法为：执行[Main Menu]→[Preprocessor]→[Loads]→[Define Loads]→[Apply]→[Structural]→[Displacement]→[Symmetry B. C.]→[On Lines]命令，在弹出的对话框中，拾取对称轴对应的线，点击[OK]。

(19) 求解。执行[Main Menu]→[Solution]→[Solve]→[Current LS]命令。

(20) 查看结果。

习题

4.1 列举平面应力问题的实例。

4.2 列举平面应变问题的实例。

4.3 列举轴对称问题的实例。

4.4 列举板壳问题的实例。

4.5 证明平行四边形等参单元的雅可比矩阵是常数。

4.6 已知 3 结点三角形单元的弹性模量和泊松比分别为 200 GPa 和 0.3，结点坐标为 $i(0, 0)$，$j(6, 0)$，$k(5, 6)$。结点位移为 $u_i=0$，$v_i=0$，$u_j=1$，$v_j=0.5$，$u_k=0.5$，$v_k=0.6$。其中单位均为 mm，求单元应力和应变。

4.7 一个平面 4 结点四边形单元，其结点坐标为 $i(0, 0)$，$j(2, 0)$，$k(1.5, 1)$，$l(0.5, 1.25)$，单位为 m。弹性模量和泊松比分别为 200 GPa 和 0.25，厚度为 0.1 m。按 4 结点高斯积分公式(x 和 y 方向各 2 点)求解单元刚度矩阵，建议用 MATLAB 实现。

4.8 基于 MATLAB 编程，利用 3 结点三角形单元求解图 4-45 所示的深梁问题，其中板厚为 0.1 m。要求绘制变形示意图和冯米泽斯应力场云图。

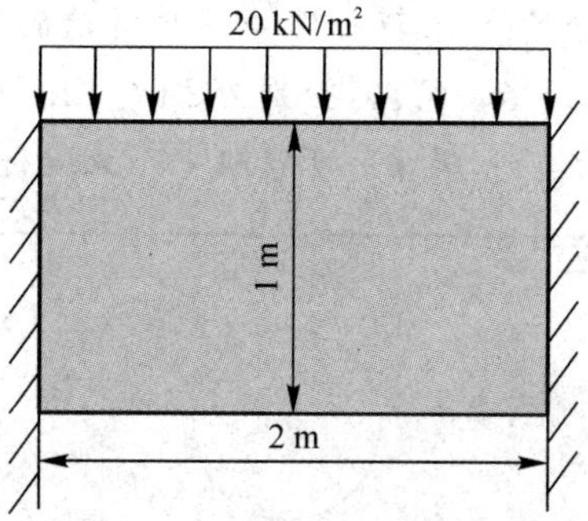

图 4-45　受均布力的深梁

4.9　用 ANSYS 计算如图 4-46 所示零件的应力分布。其中零件厚度为 1 cm，图中所示载荷为厚度方向合力。计算结束后，在直线 L1 和 L2 折角处设计倒角，重新计算应力分布并进行比较。

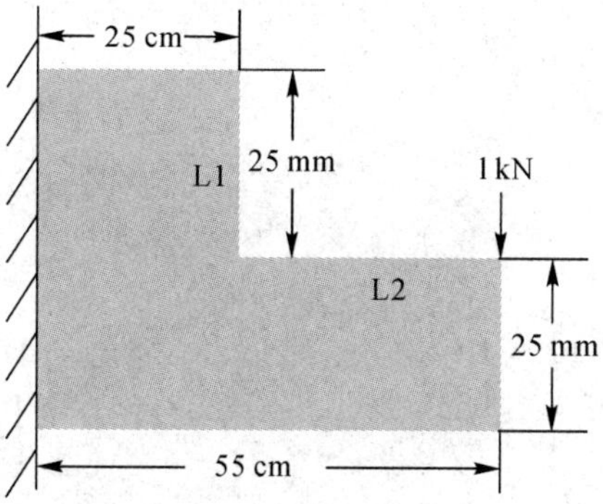

图 4-46　零件示意图

4.10　利用 ANSYS，将 4.12 节中轴对称问题的算例作为空间问题重新计算，并与轴对称问题的计算结果进行比较。

4.11　一个承受内压的空心圆管，底面固定，长为 250 mm，内径为 80 mm，外径为 100 mm，承受内压为 1 MPa。试用 ANSYS 进行应力分析。弹性模量和泊松比分别为 200 GPa和 0.3。

4.12　如图 4-47 所示的悬臂薄板，长、宽、厚分别为 1 m、0.3 m、0.05 m，所受均布线载荷的大小为 0.5 kN/m，材料弹性模量和泊松比分别为 210 GPa 和 0.3，利用 ANSYS 求解位移和应力。

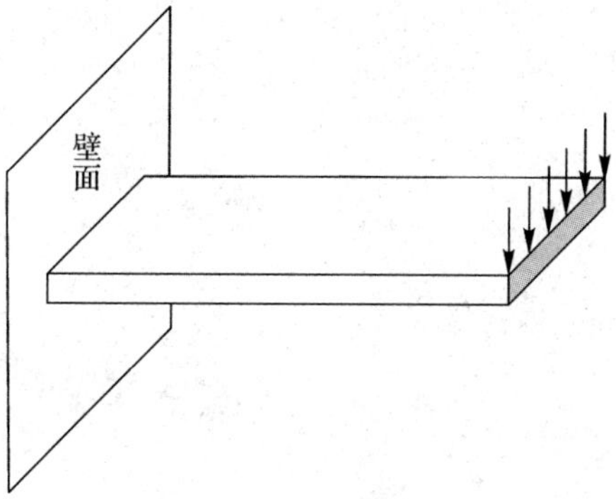

图 4-47　悬臂薄板

4.13　利用对称性，用 ANSYS 求解如图 4-48 所示的带孔平板问题。材料弹性模量和泊松比分别为 200 GPa 和 0.3，长、宽、厚分别为 2 m、1 m、0.05 m。均布力为 1 kN/m^2。孔的半径为 0.25 m。结构没有约束。(提示：可以取 1/4 板进行计算)

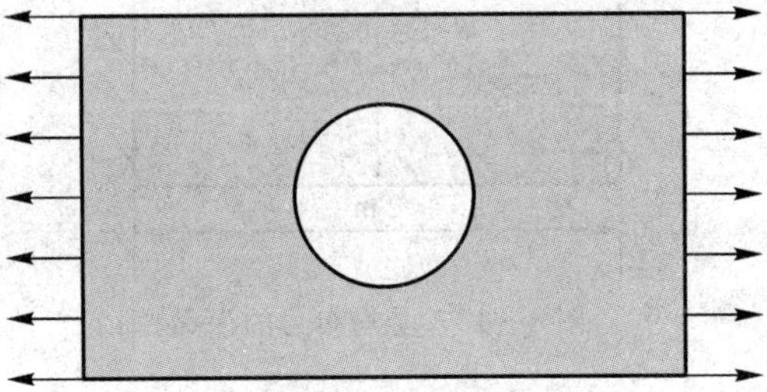

图 4-48　带孔平板

第 5 章　结构稳定性及有限元方法

结构稳定性是结构分析中的一个经典问题，有时也把结构的失稳称为屈曲(buckling)。结构稳定性问题属于非线性问题，板壳结构的稳定性问题尤为复杂。许多力学大师，包括我国的钱学森、钱伟长等人都对板壳结构稳定性的理论研究做出过重要贡献。

我们在材料力学中学习过单个压杆的稳定性问题。除了压杆以外，桁架、刚架、板壳等结构都存在稳定性问题。本章对结构的稳定问题展开进一步讨论，为简单起见，以杆系结构为主。之后引入结构稳定性的有限元分析方法，以及几何刚度矩阵的重要概念，最后介绍利用 ANSYS 软件进行结构稳定性分析的流程。

5.1　结构稳定性概述

结构的失稳可以分为两类，一类是分支点失稳，一类是极值点失稳。

首先介绍平衡的稳定性。

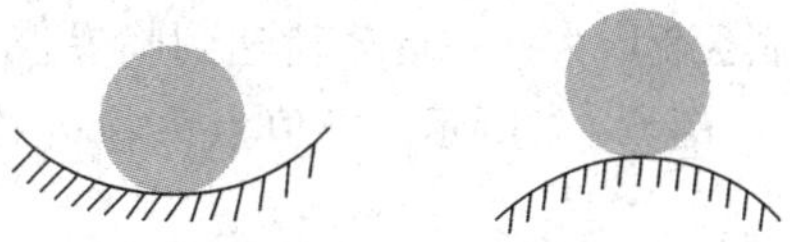

图 5-1　平衡的稳定性

如图 5-1 所示，两个小球都处于平衡状态，左侧小球若受小扰动偏离平衡位置，则扰动消失后会回到原先的平衡位置，而右侧的小球受扰动后即使扰动消失，仍然会继续远离平衡位置。因此左侧小球的平衡状态是稳定的，而右侧的则不稳定。

平衡稳定性还有很多实例。如图 5-2 所示的均匀理想流场中放置一个椭圆形柱体，其中心固定，则柱体有两个平衡状态，分别是长轴沿流场方向平衡和短轴沿流场方向平衡。其中前者稳定而后者不稳定。早在唐代，我国诗人韦应物就发现了这一现象，并写出了“野渡无人舟自横”的著名诗句。

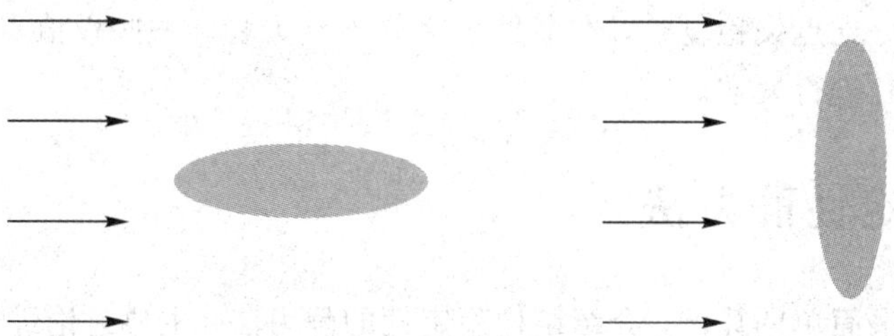

图 5-2　流场中的椭圆形柱体

下面以压杆稳定性为例来说明分支点失稳。如图 5-3 所示的压杆，假设其没有内部缺陷，轴向压力载荷 F 完全沿轴心方向(完善体系)，则当 F 小于临界载荷 F_{cr} 时，若在杆上横向作用一微小的干扰力使杆弯曲，撤去干扰力后，杆会恢复到原先的直线平衡态，此时，压杆的直线平衡是稳定的。而当力 F 大于临界载荷 F_{cr} 时，同样在杆的横向作用一微小的干扰力使杆弯曲，但取消干扰力后，杆不会恢复直线状态而仍保持弯曲平衡，也就是说出现了新的、稳定的平衡状态——微弯状态，而原先的直线平衡位置虽然还存在，但已经不再稳定，即载荷大于临界值之后，出现了平衡形式的分支。压载越大，新平衡位置的挠度就越大。实际上，由于对称性，新出现的平衡位置有两个，图中只画出了一个。具体稳定到哪个平衡位置，与扰动的方向有关。

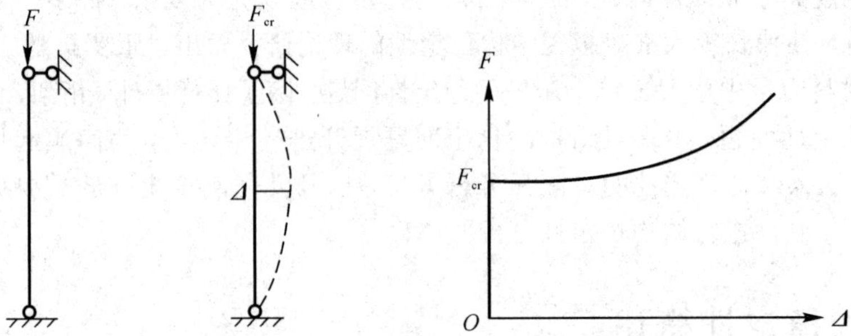

图 5-3　分支点失稳

极值点失稳是针对非完善体系的。结构要么轴线有初曲率，要么载荷是偏心的，等等，总之无论压力多大，压杆始终处于受压和弯曲的复合受力状态，并处于弯曲平衡状态。弯曲平衡状态的挠度随载荷增加逐渐增大。一旦载荷达到临界值 F_{cr}，即使不增加载荷甚至减小载荷，挠度仍会继续增大，如图 5-4 所示。极值点失稳的特点是平衡形式不发生改变，没有新的平衡形式产生。

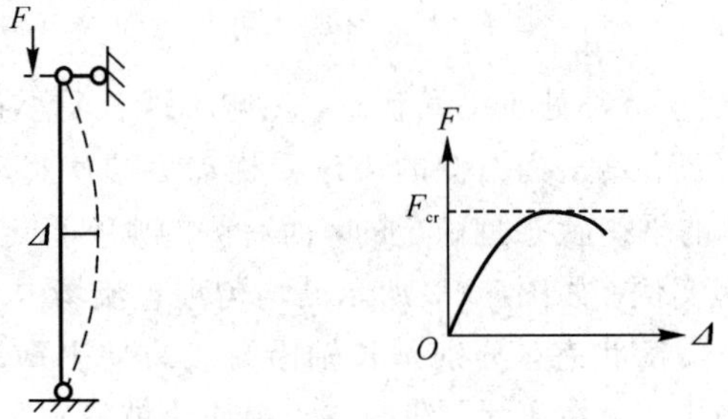

图 5-4　极值点失稳

极值点失稳较分支点失稳复杂，本书只介绍分支点失稳。一些极值点失稳问题也可转化为分支点失稳问题进行处理。

5.2　结构稳定性静力法

本节通过一个最简单的算例，介绍结构稳定性的静力法，主要讨论进行小变形假设后，对求解带来的影响。

如图 5-5 所示，一根长度为 l 的刚体杆件铰支于地面，铰链处有一扭簧，刚度为 k，顶部受到压力 F 作用，求临界载荷以及载荷与角位移之间的关系。

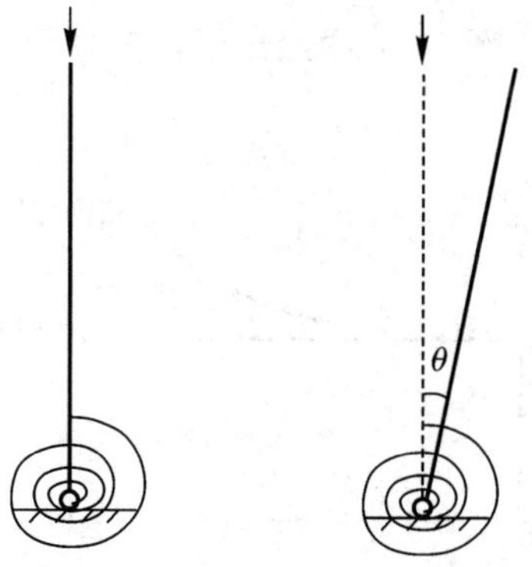

图 5-5　带扭簧的刚性杆

解　容易列出系统的平衡方程为

$$Fl\sin\theta - k\theta = 0 \tag{5-1}$$

(1) 按小变形假设求解。

当变形量较小时，有：

$$\sin\theta \approx \theta \tag{5-2}$$

等式(5-1)近似为

$$Fl\theta - k\theta = 0 \tag{5-3}$$

整理为

$$(Fl - k)\theta = 0 \tag{5-4}$$

可见等式的成立有以下两种情况：

① 情况一：当转角 θ 为零时，无论 F 取值多少，等式都成立。

② 情况二：当 $F=k/l$ 时，无论 θ 取值多少，等式都成立。

情况一显然是合理的，无论压力有多大，竖直状态都是平衡状态。但情况二表明，当 $F=k/l$ 时，转角可以是任意值，这显然并不合理。

最后讨论临界力的大小。由于当力 $F=k/l$ 时，转角 θ 有非零解，因此临界载荷就是 $F=k/l$。

这种基于小变形的稳定性分析方法，无法处理载荷大于临界载荷之后的情形。例如，当载荷大于临界值后，转角又只有零解了，也就是说过了临界点，系统又只有直线平衡状态了，这显然不正确。这是因为载荷大于临界载荷时，结构将产生明显的大变形，小变形假设已经无效，必须采用精确的方程。

(2) 按精确理论求解。

根据式(5-1)可以求得：

$$F = \frac{k\theta}{l\sin\theta} \tag{5-5}$$

可以看出压力和转角的取值是一一对应的。当转角 θ 趋近于零时的载荷为临界载荷，即

$$F_{cr} = \frac{k}{l} \tag{5-6}$$

因此，小变形假设下计算出的临界载荷是正确的。由于工程中一般只需要求出临界载荷，因此采用小变形假设已经足够。图 5-6 中绘出了小变形假设和精确理论两种方法的转角-压力曲线。

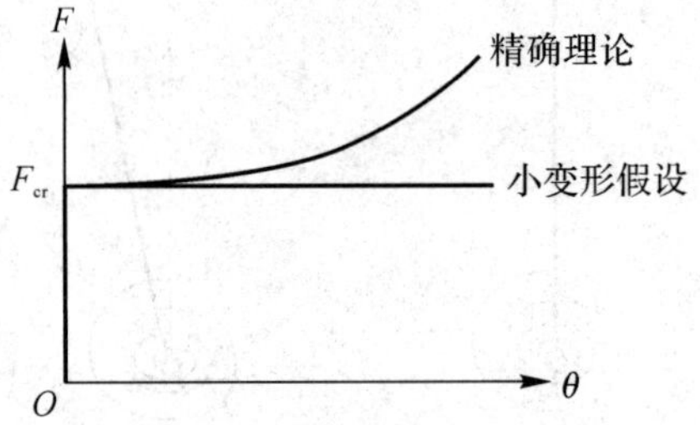

图 5-6 两种方法的转角-压力曲线比较

5.3 线性特征值法

结构稳定性问题的关键就是确定临界载荷。本节针对两个自由度的简单结构，介绍多自由度系统临界载荷的计算方法：线性特征值法。对于连续体，除了一些简单的梁、板、壳结构可以进行理论推导以外，其他结构都无法直接进行稳定性分析的推导。因此一般的工程结构需要采用有限元方法将连续体离散为有限个自由度的系统进行求解，这就需要以本节的内容作为基础。

结构如图 5-7(a)所示，由杆件和弹簧构成，两根杆件均为刚体，长度均为 l，弹簧刚度均为 k，结构一共有两个自由度，分别用 x_1 和 x_2 表示。

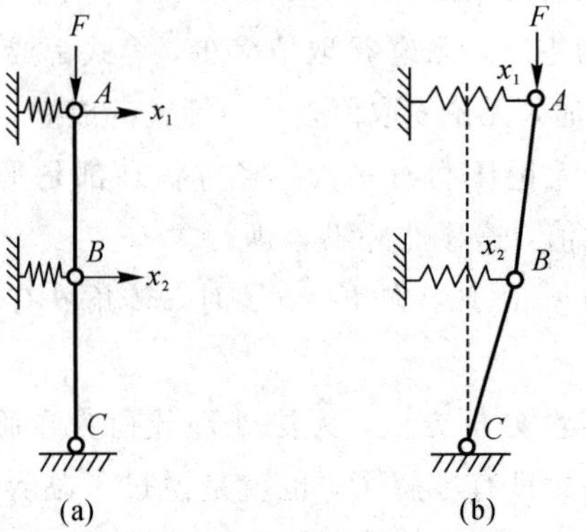

图 5-7 受压的刚性杆-弹簧体系

下面推导系统的平衡方程，对于变形后的体系，假设变形量较小，变形后各杆件的位置示意图如图 5-7(b)所示。考虑刚杆 AB，对 B 点取矩，列出平衡方程：

$$F(x_1 - x_2) = k x_1 l \tag{5-7}$$

将整体结构对 C 点取矩，列出：

$$F x_1 = k x_1 \cdot 2l + k x_2 l \tag{5-8}$$

图中画出的位移 x_1 和 x_2 均为正，如果 x_1 和 x_2 的方向不是都沿正向，仍可推导出平衡关系式(5－7)和式(5－8)。

将式(5－7)和式(5－8)整理可得

$$\begin{cases}(F-kl)x_1-Fx_2=0\\(F-2kl)x_1-klx_2=0\end{cases}\tag{5-9}$$

用最小势能原理也可以推导出平衡方程式(5－9)，但是略显烦琐，主要是在计算外力势能时，A 点的竖直位移计算需要进行较复杂的几何关系推导，还要根据小变形忽略高阶项。读者们可以尝试。

将式(5－9)写成矩阵形式：

$$\begin{bmatrix}F-kl & -F\\F-2kl & -kl\end{bmatrix}\begin{bmatrix}x_1\\x_2\end{bmatrix}=\begin{bmatrix}0\\0\end{bmatrix}\tag{5-10}$$

可以看出，总体刚度矩阵与参量 F 有关。例如当 $F=0$ 时，总体刚度矩阵显然是非奇异的，方程有唯一解。由于式(5－10)是齐次方程组，也就是只有零解，这个零解就对应杆件的直线平衡状态。

如果结构发生失稳，那么就会出现新的平衡状态，此时方程组除了零解还会有非零解。根据克莱姆法则，此时矩阵的行列式应为零，即

$$\begin{vmatrix}F-kl & -F\\F-2kl & -kl\end{vmatrix}=0\tag{5-11}$$

式(5－11)称为稳定性问题的特征方程，展开后是一个二次方程，可求出两个解(特征值)：

$$\begin{cases}F_1=\dfrac{3+\sqrt{5}}{2}kl\approx 2.618kl\\[2ex]F_2=\dfrac{3-\sqrt{5}}{2}kl\approx 0.382kl\end{cases}\tag{5-12}$$

也就是说，当载荷增大到 F_1 或者 F_2 时，就会出现平衡形式的分支。由于 $F_1>F_2$，所以取 F_2 为临界载荷。将 F_2 的精确值代入式(5－10)，根据线性代数知识，可以求出此时的通解为

$$C\begin{bmatrix}1\\-\dfrac{1+\sqrt{5}}{2}\end{bmatrix}\approx C\begin{bmatrix}1\\-1.618\end{bmatrix}\tag{5-13}$$

注意，这里计算时一定要代入带根号的精确值，不然行列式不为零，系统只有零解。式(5－13)中 C 为任意常数。当 C 为零时对应的状态为直线平衡状态；当 C 不为零时，对应新的平衡状态——**屈曲模态**，此时式(5－13)反映了新的平衡位置各自由度之间的位移比例关系，通俗讲就是新平衡位置的形状，每一个特征值都对应一个特征向量。本例临界载荷对应的屈曲模态示意图如图 5－8 所示。

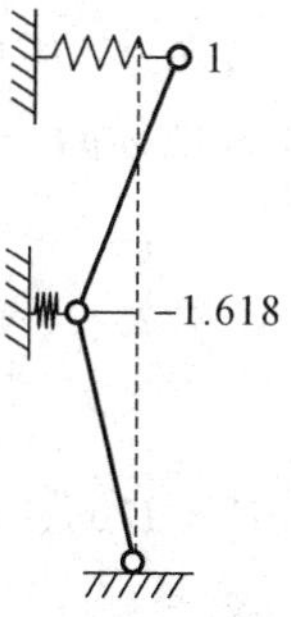

图 5－8　屈曲的模态

本算例在列写平衡方程时，虽然考虑了刚杆转动后压载 F 引起的力矩，但整体上还是在未变形的位置上进行受力分析，因此实际上还是用到了小变形假设。这一点在采用最小势能原理建模时能更明显地

看出。因此这种方法通常称为线性特征值法。由于采用了小变形假设，无法分析屈曲后的结构特性。例如，当载荷大于临界值 F_2 但不等于 F_1 时，方程又只有零解了，也就是说过了临界点，系统又只有直线平衡状态了，这显然不正确。

屈曲模态只是在临界载荷时求出的，当载荷略大于临界载荷时，我们只知道新出现的平衡位置形状取向趋向于屈曲模态，但是不知道具体的位移。而当载荷远大于临界载荷时，结构将产生明显的大变形，之前列写的平衡方程肯定已经无效，因此结构的具体平衡位置就完全不得而知了。这种失稳后结构的具体行为，是线性特征值法无法解决的，需要采用大变形稳定性分析，本书不讲。也就是说线性特征值法只能求出失稳的临界载荷，无法分析屈曲后的具体变形量。

最后注意，不要利用对称性对有限元模型进行简化，不然可能会丢失屈曲模态。

5.4　几何刚度矩阵

本节详细推导杆单元的几何刚度矩阵。为此，首先需要引入小变形、大位移时的位移-应变关系。许多书中都采用张量的理论体系对杆单元的几何刚度矩阵进行推导，这里我们尽量讲得简单，回避张量的概念。

考虑如下的平面杆，上有距离无限接近的 A、B 两点（为了方便观察，画得有一定距离），x 是沿变形前杆件的轴线。产生大位移、小变形后，A、B 两点移至 A'、B' 两点。为了计算正应变，需要计算变形前后 AB 点之间的距离。变形前后的坐标如图 5-9 所示。变形前，A、B 两点的距离是 $\mathrm{d}x$，变形后的距离为

$$\sqrt{(\mathrm{d}x+\mathrm{d}u)^2+\mathrm{d}v^2} \tag{5-14}$$

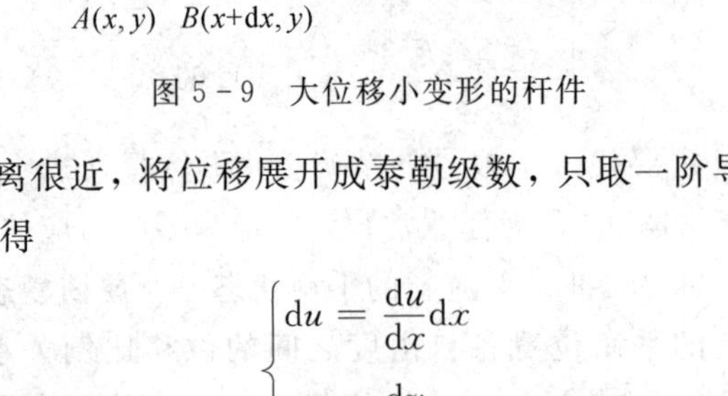

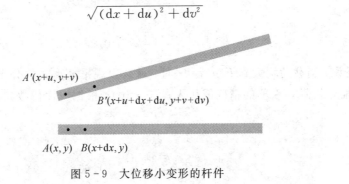

图 5-9　大位移小变形的杆件

因为 A、B 点的距离很近，将位移展开成泰勒级数，只取一阶导数项，并注意 A、B 点只有 x 坐标的差异，可得

$$\begin{cases}\mathrm{d}u=\dfrac{\mathrm{d}u}{\mathrm{d}x}\mathrm{d}x\\[2ex]\mathrm{d}v=\dfrac{\mathrm{d}v}{\mathrm{d}x}\mathrm{d}x\end{cases} \tag{5-15}$$

将式(5-15)代入式(5-14)，可求出：

$$\sqrt{(\mathrm{d}x+\mathrm{d}u)^2+\mathrm{d}v^2}=\mathrm{d}x\sqrt{\left(\frac{\mathrm{d}u}{\mathrm{d}x}\right)^2+2\left(\frac{\mathrm{d}u}{\mathrm{d}x}\right)+\left(\frac{\mathrm{d}v}{\mathrm{d}x}\right)^2+1} \tag{5-16}$$

根据应变的计算公式可得

$$\begin{aligned}\varepsilon_x &= \frac{\sqrt{(\mathrm{d}x+\mathrm{d}u)^2+\mathrm{d}v^2}-\mathrm{d}x}{\mathrm{d}x}\\ &= \frac{\mathrm{d}x\sqrt{\left(\frac{\mathrm{d}u}{\mathrm{d}x}\right)^2+2\left(\frac{\mathrm{d}u}{\mathrm{d}x}\right)+\left(\frac{\mathrm{d}v}{\mathrm{d}x}\right)^2+1}-\mathrm{d}x}{\mathrm{d}x}\\ &= \sqrt{\left(\frac{\mathrm{d}u}{\mathrm{d}x}\right)^2+2\left(\frac{\mathrm{d}u}{\mathrm{d}x}\right)+\left(\frac{\mathrm{d}v}{\mathrm{d}x}\right)^2+1}-1\end{aligned} \tag{5-17}$$

由于应变是小应变，根据高等数学中的相关知识，有

$$\begin{aligned}\varepsilon_x &= \sqrt{\left(\frac{\mathrm{d}u}{\mathrm{d}x}\right)^2+2\left(\frac{\mathrm{d}u}{\mathrm{d}x}\right)+\left(\frac{\mathrm{d}v}{\mathrm{d}x}\right)^2+1}-1\\ &\approx \frac{\mathrm{d}u}{\mathrm{d}x}+\frac{1}{2}\left(\frac{\mathrm{d}u}{\mathrm{d}x}\right)^2+\frac{1}{2}\left(\frac{\mathrm{d}v}{\mathrm{d}x}\right)^2\end{aligned} \tag{5-18}$$

与之前学过的弹性力学几何方程相比较，可以看出式(5-18)多了两个二次项。

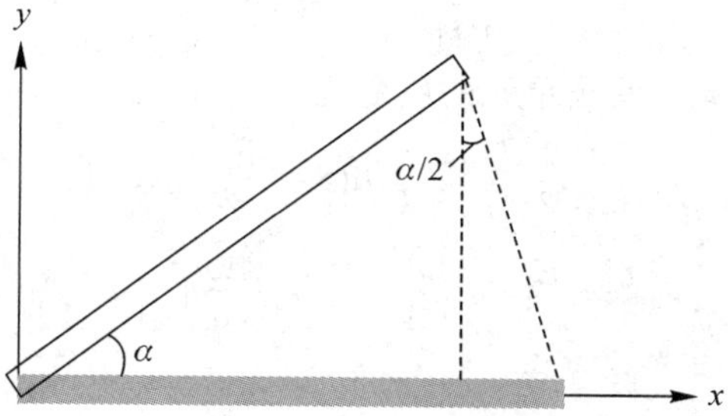

图 5-10　刚性大转角的杆件

下面用公式(5-18)计算图 5-10 中刚性大转角的杆件的应变。根据几何关系可以计算出杆件的位移场为

$$\begin{cases} u(x) = -2x\sin\frac{\alpha}{2}\sin\frac{\alpha}{2}\\ v(x) = 2x\sin\frac{\alpha}{2}\cos\frac{\alpha}{2}\end{cases} \tag{5-19}$$

显然，如果直接按式(4-17)计算，会得到 x 方向应变不为零的错误结论，但是若采用公式(5-18)，则可得到应变为零的正确结论，即

$$\begin{aligned}\varepsilon_x &= \frac{\mathrm{d}u}{\mathrm{d}x}+\frac{1}{2}\left(\frac{\mathrm{d}u}{\mathrm{d}x}\right)^2+\frac{1}{2}\left(\frac{\mathrm{d}v}{\mathrm{d}x}\right)^2\\ &= -2\sin^2\frac{\alpha}{2}+2\sin^4\frac{\alpha}{2}+2\sin^2\frac{\alpha}{2}\cos^2\frac{\alpha}{2}\\ &= 0\end{aligned} \tag{5-20}$$

在桁架中，大位移通常都来自大转角，此时有：

$$\begin{cases}\frac{\mathrm{d}u}{\mathrm{d}x} \ll 1\\ \frac{\mathrm{d}u}{\mathrm{d}x} \ll \frac{\mathrm{d}v}{\mathrm{d}x}\end{cases} \tag{5-21}$$

此时(5-18)可简化为

$$\varepsilon_x = \frac{\mathrm{d}u}{\mathrm{d}x} + \frac{1}{2}\left(\frac{\mathrm{d}v}{\mathrm{d}x}\right)^2 \tag{5-22}$$

下面重新考虑大位移时杆单元的单元刚度矩阵。杆单元长度为 l，弹性模量和截面积分别为 E 和 A，有两个结点，分别为结点 i、结点 j，两个结点的 x、y 方向位移分别为 u_i、v_i、u_j、v_j。x 方向的位移场为

$$u(x) = \left(1 - \frac{x}{l}\right)u_i + \frac{x}{l}u_j \tag{5-23}$$

类似地，y 方向的位移场模式也是线性变化的：

$$v(x) = \left(1 - \frac{x}{l}\right)v_i + \frac{x}{l}v_j \tag{5-24}$$

可求出

$$\begin{cases} \dfrac{\mathrm{d}u}{\mathrm{d}x} = \dfrac{u_j - u_i}{l} \\ \dfrac{\mathrm{d}v}{\mathrm{d}x} = \dfrac{v_j - v_i}{l} \end{cases} \tag{5-25}$$

为了得到单元刚度矩阵，写出单元的应变能：

$$\begin{aligned} U^e &= \frac{1}{2}\int_{\Omega^e} \sigma_x \varepsilon_x \mathrm{d}\Omega = \frac{EA}{2}\int_0^l \varepsilon_x^2 \mathrm{d}x \\ &= \frac{EA}{2}\int_0^l \left[\frac{\mathrm{d}u}{\mathrm{d}x} + \frac{1}{2}\left(\frac{\mathrm{d}v}{\mathrm{d}x}\right)^2\right]^2 \mathrm{d}x \end{aligned} \tag{5-26}$$

忽略四次项，有：

$$U^e \approx \frac{EA}{2}\int_0^l \left[\left(\frac{\mathrm{d}u}{\mathrm{d}x}\right)^2 + \left(\frac{\mathrm{d}u}{\mathrm{d}x}\right)\left(\frac{\mathrm{d}v}{\mathrm{d}x}\right)^2\right]\mathrm{d}x \tag{5-27}$$

将式(5-25)代入式(5-27)，有：

$$U^e = \frac{EA}{2l}(u_i^2 - 2u_i u_j + u_j^2) + \frac{EA}{2l^2}(u_j - u_i)(v_i^2 - 2v_i v_j + v_j^2) \tag{5-28}$$

注意，杆件的轴力 N 为

$$N = \frac{EA}{l}(u_j - u_i) \tag{5-29}$$

将式(5-29)代入式(5-28)可得

$$U^e = \frac{EA}{2l}(u_i^2 - 2u_i u_j + u_j^2) + \frac{N}{2l}(v_i^2 - 2v_i v_j + v_j^2) \tag{5-30}$$

将式(5-30)写成二次型：

$$\boldsymbol{U}^e = \frac{1}{2}\begin{bmatrix} u_i \\ v_i \\ u_j \\ v_j \end{bmatrix}^{\mathrm{T}} \frac{EA}{l}\begin{bmatrix} 1 & 0 & -1 & 0 \\ 0 & 0 & 0 & 0 \\ -1 & 0 & 1 & 0 \\ 0 & 0 & 0 & 0 \end{bmatrix}\begin{bmatrix} u_i \\ v_i \\ u_j \\ v_j \end{bmatrix} + \frac{1}{2}\begin{bmatrix} u_i \\ v_i \\ u_j \\ v_j \end{bmatrix}^{\mathrm{T}} \frac{N}{l}\begin{bmatrix} 0 & 0 & 0 & 0 \\ 0 & 1 & 0 & -1 \\ 0 & 0 & 0 & 0 \\ 0 & -1 & 0 & 1 \end{bmatrix}\begin{bmatrix} u_i \\ v_i \\ u_j \\ v_j \end{bmatrix} \tag{5-31}$$

可以看出，等式右边第一项就是未考虑大位移的杆单元应变能，第二项是考虑了大位移之后增加的，此时单元刚度矩阵为

$$
\boldsymbol{U}^{\mathrm{e}}=\frac{EA}{l}\begin{bmatrix}1 & 0 & -1 & 0\\ 0 & 0 & 0 & 0\\ -1 & 0 & 1 & 0\\ 0 & 0 & 0 & 0\end{bmatrix}+\frac{N}{l}\begin{bmatrix}0 & 0 & 0 & 0\\ 0 & 1 & 0 & -1\\ 0 & 0 & 0 & 0\\ 0 & -1 & 0 & 1\end{bmatrix} \tag{5-32}
$$

其中,第一项为二维局部坐标系中杆单元的单元刚度矩阵式(3-28),而第二项

$$
\boldsymbol{K}_{\mathrm{G}}^{\mathrm{e}}=\frac{N}{l}\begin{bmatrix}0 & 0 & 0 & 0\\ 0 & 1 & 0 & -1\\ 0 & 0 & 0 & 0\\ 0 & -1 & 0 & 1\end{bmatrix} \tag{5-33}
$$

称为杆单元的**几何刚度矩阵**或**应力刚度矩阵**，而原先未考虑大位移的刚度矩阵称为单元的弹性刚度矩阵。

类似地，可以推导出平面一般梁单元的几何刚度矩阵为

$$
\boldsymbol{K}_{\mathrm{G}}^{\mathrm{e}}=\frac{N}{l}\begin{bmatrix}0 & 0 & 0 & 0 & 0 & 0\\ 0 & \frac{6}{5} & \frac{l}{10} & 0 & -\frac{6}{5} & \frac{l}{10}\\ 0 & \frac{l}{10} & \frac{2}{15}l^2 & 0 & -\frac{l}{10} & -\frac{l^2}{30}\\ 0 & 0 & 0 & 0 & 0 & 0\\ 0 & -\frac{6}{5} & -\frac{l}{10} & 0 & \frac{6}{5} & -\frac{l}{10}\\ 0 & \frac{l}{10} & -\frac{l^2}{30} & 0 & -\frac{l}{10} & \frac{2}{15}l^2\end{bmatrix} \tag{5-34}
$$

5.5　桁架结构稳定性有限元方法

通过上一节中的推导发现，对于大位移的杆件，需要在单元刚度矩阵上附加一个几何刚度矩阵。几何刚度矩阵也是需要进行坐标变换的，通常先写出各杆件的弹性刚度矩阵和几何刚度矩阵，转换到总体坐标系下之后，分别进行组装。之前我们进行平面杆单元的坐标变换时，局部坐标系下只用到各结点的 x 方向位移，因此当时的转换关系式为

$$
\begin{bmatrix}u_i\\ u_j\end{bmatrix}=\begin{bmatrix}\cos(x,x') & \cos(x,y') & 0 & 0\\ 0 & 0 & \cos(x,x') & \cos(x,y')\end{bmatrix}\begin{bmatrix}u_i'\\ v_i'\\ u_j'\\ v_j'\end{bmatrix} \tag{5-35}
$$

由于稳定性问题中，局部坐标系下的单元刚度矩阵与 x、y 位移都有关，因此需要基于坐标转换关系式(3-31)，写出两个结点在 x、y 两个方向的位移在局部和全局坐标系的变换关系：

$$
\begin{bmatrix}u_i\\ v_i\\ u_j\\ v_j\end{bmatrix}=\begin{bmatrix}\cos(x,x') & \cos(x,y') & & \\ \cos(y,x') & \cos(y,y') & & \\ & & \cos(x,x') & \cos(x,y')\\ & & \cos(y,x') & \cos(y,y')\end{bmatrix}\begin{bmatrix}u_i'\\ v_j'\\ u_i'\\ v_j'\end{bmatrix} \tag{5-36}
$$

对于单元弹性刚度矩阵式(3-28)，有

$$\boldsymbol{K}^{e'} = \boldsymbol{T}^{eT}\boldsymbol{K}^{e}\,\boldsymbol{T}^{e} \tag{5-37}$$

对于单元几何刚度矩阵式(5-33)，也有：

$$\boldsymbol{K}_G^{e'} = \boldsymbol{T}^{eT}\boldsymbol{K}_G^{e}\,\boldsymbol{T}^{e} \tag{5-38}$$

其中单元坐标变换矩阵为

$$\boldsymbol{T}^{e}=\begin{bmatrix}\cos(x,\ x') & \cos(x,\ y') & 0 & 0\\ \cos(y,\ x') & \cos(y,\ y') & 0 & 0\\ 0 & 0 & \cos(x,\ x') & \cos(x,\ y')\\ 0 & 0 & \cos(y,\ x') & \cos(y,\ y')\end{bmatrix} \tag{5-39}$$

假设结构受压载 F，组装后的平衡方程为

$$(\boldsymbol{K}+\boldsymbol{K}_G)\boldsymbol{q} = 0 \tag{5-40}$$

其中 $\boldsymbol{K}$ 和 $\boldsymbol{K}_G$ 为坐标转换后组装成的总体弹性刚度矩阵和总体几何刚度矩阵。组装后由于压载的影响已包含在了几何刚度矩阵 $\boldsymbol{K}_G$ 中，因此右侧的结点载荷向量为零向量。注意，几何刚度矩阵是与轴力成正比的，而轴力与压载 F 有关。因此，几何刚度矩阵，乃至总体刚度矩阵，是 F 的函数。根据稳定性的线性特征值方法，我们希望找到 F 值，令

$$|\boldsymbol{K}+\boldsymbol{K}_G| = 0 \tag{5-41}$$

在解出的所有 F 值中，取最小的即为临界载荷。

最后注意，由于需要求出用压载 F 表示的、各杆件的轴力，因此在做稳定性分析之前，需要先做一般的静力学分析，求出各杆件轴力。

例 5-1　桁架结构如图 5-11 所示，两杆件的弹性模量和截面积均为 E、A。求稳定性临界载荷。

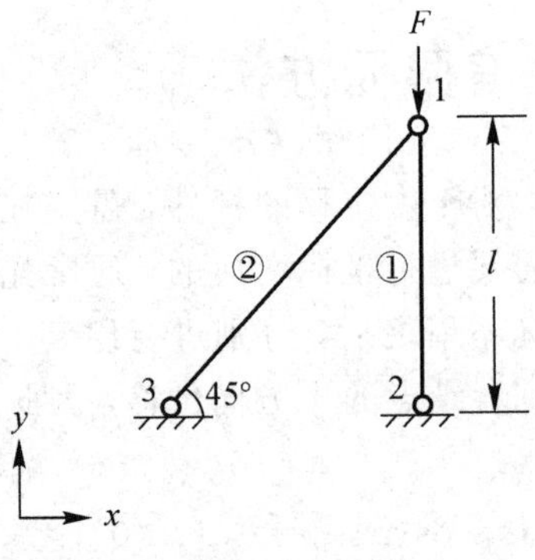

图 5-11　桁架结构稳定性算例

解　单元及结点编号列入表 5-1。

表 5-1　桁架结构局部和总体结点编号对应关系

单　元	结点 i	结点 j
①	2	1
②	3	1

杆件的局部 x 轴由结点 i 指向结点 j，而局部 y 轴由局部 x 轴逆时针转动 90°得到。

虽然杆件内力很容易求出，但为了规范流程，首先还是做静力学分析。由于施加约束后，只剩下两个自由度 u_1 和 v_1，因此可以只组装约束后的总体弹性刚度矩阵。约束后的平衡方程为

$$\frac{EA}{2\sqrt{2}}\begin{bmatrix}1 & 1\\ 1 & 1+2\sqrt{2}\end{bmatrix}\begin{bmatrix}u_1\\ v_1\end{bmatrix}=\begin{bmatrix}0\\ -F\end{bmatrix} \tag{5-42}$$

求解，可得结点位移，进而得到杆件应力，乘以面积，可得内力为

$$N_1=-F,\quad N_2=0 \tag{5-43}$$

因此杆件②的几何刚度矩阵为零矩阵，而杆件①在全局坐标下的几何刚度矩阵为

$$\begin{bmatrix}0 & 1 & 0 & 0\\ -1 & 0 & 0 & 0\\ 0 & 0 & 0 & 1\\ 0 & 0 & -1 & 0\end{bmatrix}^{\mathrm{T}}\left(-\frac{F}{l}\right)\begin{bmatrix}0 & 0 & 0 & 0\\ 0 & 1 & 0 & -1\\ 0 & 0 & 0 & 0\\ 0 & -1 & 0 & 1\end{bmatrix}\begin{bmatrix}0 & 1 & 0 & 0\\ -1 & 0 & 0 & 0\\ 0 & 0 & 0 & 1\\ 0 & 0 & -1 & 0\end{bmatrix}=-\frac{F}{l}\begin{bmatrix}1 & 0 & -1 & 0\\ 0 & 0 & 0 & 0\\ -1 & 0 & 1 & 0\\ 0 & 0 & 0 & 0\end{bmatrix} \tag{5-44}$$

总体几何刚度矩阵等于杆件①在全局坐标下的几何刚度矩阵，施加约束后为

$$-\frac{F}{l}\begin{bmatrix}1 & 0\\ 0 & 0\end{bmatrix} \tag{5-45}$$

施加约束后的总体刚度矩阵等于施加约束后的总体弹性刚度矩阵与总体几何刚度矩阵之和，对其求行列式并令行列式为零：

$$\begin{vmatrix}\dfrac{\sqrt{2}EA}{4}-\dfrac{F}{l} & \dfrac{\sqrt{2}EA}{4}\\ \dfrac{\sqrt{2}EA}{4} & \dfrac{(\sqrt{2}+4)EA}{4}\end{vmatrix}=0 \tag{5-46}$$

这是个一次方程，可以求得临界载荷：

$$F=\frac{2\sqrt{2}-1}{7}EA \tag{5-47}$$

根据临界载荷，还可以求出屈曲模态，这里不再求解。

正如上一章内容所述，有限元模型刚度比实际结构刚度要大，因此有限元法计算出的临界载荷比实际的临界载荷要大。

5.6　桁架结构稳定性 ANSYS 算例

本节介绍利用 ANSYS 进行稳定性问题求解的方法。正如上文所述，由于单元几何刚度矩阵与内力有关，因此利用 ANSYS 进行结构稳定性分析之前，要先进行一次静力学分析，才能进行稳定性分析。

这里直接选取例 5-1 作为算例。令 $l=1$ m，$E=100$ GPa，$A=0.01$ m^2，$\mu=0.3$。由于之前已经讲过桁架结构的静力学，这里对流程只做简要说明。

(1) 首先进行前处理，之后加约束和载荷，注意要对所有结点的 z 自由度都加约束。加

载荷时力的方向按图 5－11 中的方向，力值可以任意设置。ANSYS 求出的特征值乘以载荷的大小，就是实际的力。加载荷时如果将载荷大小设置为 1，则求出的最小的特征值就是临界力，比较方便。此例中力是向下的，因此填入－1。

(2) 执行[Main Menu]→[Solution]→[Solve]→[Current LS]命令，进行静力学求解。然后点击[Main Menu]→[Finish]，结束静力学分析。

(3) 然后执行[Main Menu]→[Solution]→[Analysis Type]→[New analysis]命令，选择[Eigen Buckling](特征值屈曲分析)，如图 5－12 所示。

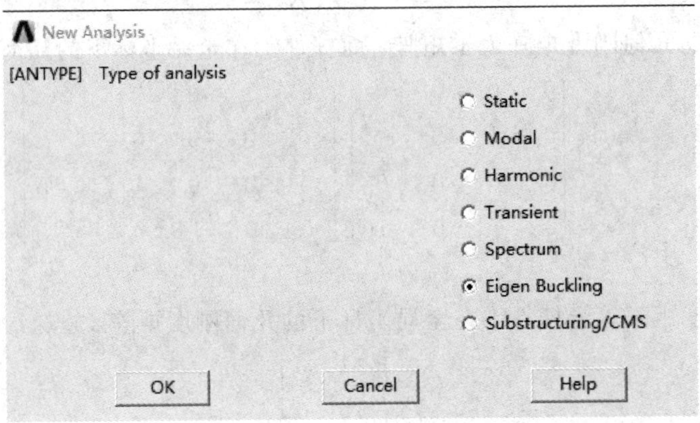

图 5－12　ANSYS 选择求解类型

可以看出，ANSYS 求解类型有 Static(静力学)、Modal(模态分析)、Harmonic(谐响应分析)、Transient(瞬态分析)、Spectrum(谱分析)、Eigen Buckling(特征值屈曲分析)、Substructuring/CMS(子结构或部件模态综合)。默认为静力学分析，因此之前我们做静力学分析时都不用选择求解类型。

(4) 执行[Main Menu]→[Solution]→[Analysis Type]→[Analysis Options]命令，在弹出的对话框中将[NMODE]设置为 1。[NMODE]指需要计算的屈曲模态数，也就是需要求的特征值的个数。因为稳定性分析只用求出最小的特征值，因此填 1 即可。当然这个算例总共也只有一个特征值。

(5) 执行[Main Menu]→[Solution]→[Analysis Type]→[Solve]命令，完成计算。

(6) 后处理。执行[Main Menu]→[General Postproc]→[Read Result]→[By Pick]命令，会打开一个对话框，列出了所有计算出的特征值。这里只有一个特征值，为了观察屈曲模态，我们将其选中，再点击[Read]，最后点击[Close]关闭对话框。

(7) 执行[Main Menu]→[General Postproc]→[Plot Results]→[Deformed Shape]命令，与静力学问题类似，可以观察读入的特征值所对应的屈曲模态变形示意图。

习题

5.1　列举出一些稳定平衡和不稳定平衡的例子，不限于力学领域。

5.2　查阅资料，列举我国科研工作者在结构稳定性(屈曲)领域做出的贡献。

5.3　利用 ANSYS 求解图 5-13 所示空间桁架的稳定性临界载荷。其中 $A=0.02\ \text{m}^2$，$E=210$ GPa。

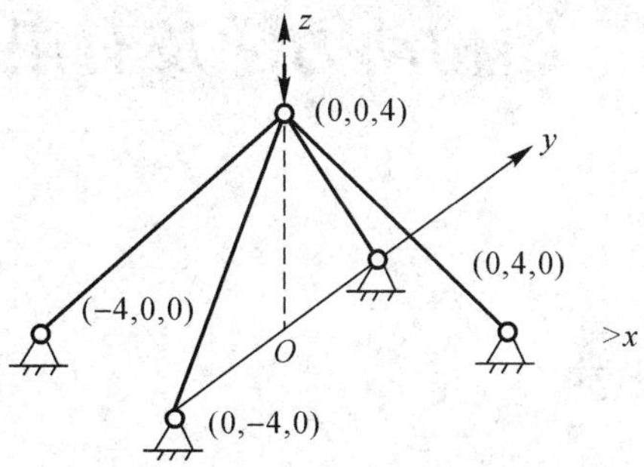

图 5-13　空间桁架稳定性

5.4　利用 ANSYS 求解一端固定、另一端自由的梁的压杆稳定性临界载荷。其中截面、弹性模量、长度等数据自定。要求划分不同单元数目进行计算，并与采用材料力学进行计算得到的结果进行比较。

5.5　一端固定支撑、另一端受均布压力的薄板如图 5-14 所示，板长 1 m，宽 0.5 m，厚 0.01 m。弹性模量 $E=210$ GPa，泊松比 $\mu=0.25$。利用 ANSYS 求该薄板的稳定性临界载荷。

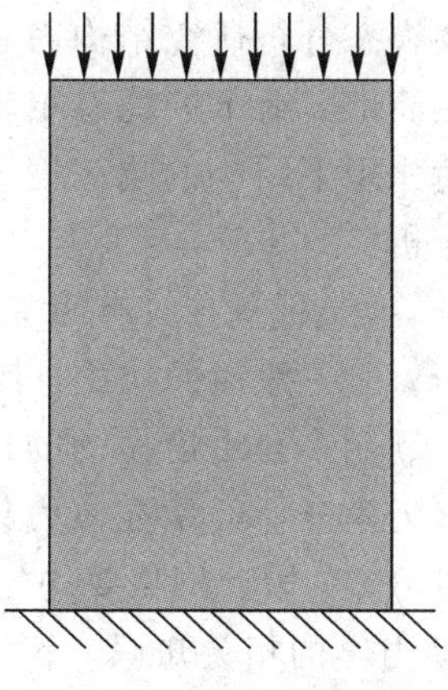

图 5-14　受均布压力的薄板

第 6 章　结构动力学及有限元方法

6.1　结构动力学概述

之前主要讨论的是结构的静力学问题，但在实际工程结构的设计中，动力学设计和分析也是必不可少的一部分。在航空、航天、船舶等行业中，绝大部分的工程结构都需要进行动力学分析。对电子设备和装备而言，动力学分析也相当重要，例如印制电路板需要进行抗振设计，雷达天线则需要分析其在风载作用下的动变形等。

静力学问题中，结构所受载荷为静力载荷，其要么不随时间变化，要么随时间变化很慢，以致结构产生的惯性力可以忽略不计。而动力载荷是指随时间变化，且作用于结构时，结构的惯性力不能忽略的载荷。此时结构的应力、应变、位移不仅是空间坐标的函数，还是时间的函数。常见的动力载荷有冲击载荷、周期载荷、随机载荷等。

动力学分析有多种类型，其中模态分析研究结构固有的动力学特性，即结构的固有频率和振型；谐响应分析研究结构在简谐载荷下的稳态响应特性；瞬态分析计算结构的暂态响应曲线；谱分析研究在随机载荷作用下结构的响应情况。由于谱分析需要补充随机过程相关的大量知识，本书不涉及谱分析。

实际结构都是连续体，其中杆、梁、板这种具有简单形状的结构，在边界条件比较简单时，可以对其进行动力学理论分析。但一般性的结构，其动力学分析往往需要借助有限元方法将系统离散为多自由度系统，利用多自由度振动的理论进行研究。动力学分析对网格的要求与静力学分析有所不同。静力学分析经常在应力集中部位加密网格，而动力学分析中，有限元网格的划分会影响质量分布，因此网格要均匀一些。

考虑到读者不一定学习过振动力学的相关知识，下面先对该部分相关知识进行必要的补充。本章中，变量上面加点表示对时间求导数，若非特别指出，t 均代表时间变量。

6.2　单自由度系统的无阻尼自由振动

考虑图 6-1 所示的单自由度振动系统，假设其位移为 x，质量为 m，刚度为 k，在不受外力时，其动力学方程为

$$m\ddot{x} + kx = 0 \tag{6-1}$$

初始条件为

$$\begin{cases} x(0) = x_0 \\ \dot{x}(0) = \dot{x}_0 \end{cases} \tag{6-2}$$

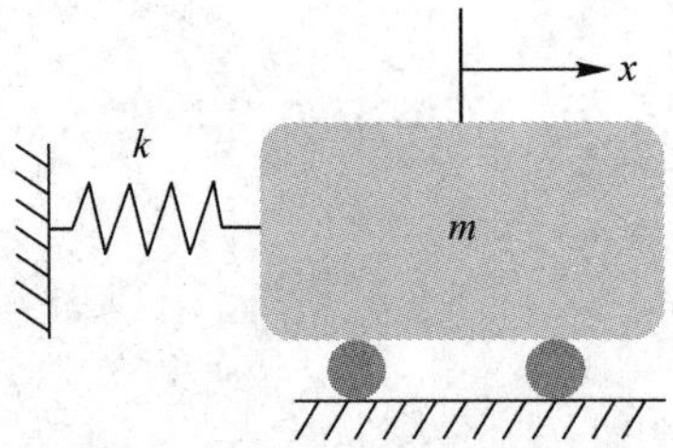

图 6-1　单自由度振动系统

假设式(6－1)的解具有如下形式：

$$x(t)=Ce^{st} \tag{6-3}$$

由于是考察系统的振动，因此关注非平凡解，即不恒为零的解，$C\neq 0$。将式(6－3)代入式(6－1)，并注意 $C\neq 0$，可得微分方程(6－1)的特征方程：

$$ms^2+k=0 \tag{6-4}$$

求解可得特征根为

$$s_{1,2}=\pm \mathrm{j}\sqrt{\frac{k}{m}} \tag{6-5}$$

其中 j 为虚数单位。定义系统的固有频率为

$$\omega_0=\sqrt{\frac{k}{m}} \tag{6-6}$$

可计算出振动周期为

$$T_0=\frac{2\pi}{\omega_0}=2\pi\sqrt{\frac{m}{k}} \tag{6-7}$$

根据常微分方程理论，可知式(6－1)的通解为

$$x(t)=C_1e^{s_1t}+C_2e^{s_2t}=C_1e^{\mathrm{j}\omega_0t}+C_2e^{-\mathrm{j}\omega_0t} \tag{6-8}$$

其中 C_1、C_2 为复常数，由初始条件确定。虽然从形式上看，式(6－8)可能是复数，但实际上，由于初始条件为实数，代入初始条件求出 C_1、C_2 后，$x(t)$ 的表达式必然为实数。利用高等数学中的欧拉公式，可将式(6－8)写成：

$$\begin{aligned}x(t)&=C_1e^{s_1t}+C_2e^{s_2t}=C_1e^{\mathrm{j}\omega_0t}+C_2e^{-\mathrm{j}\omega_0t}\\&=(C_1+C_2)\cos\omega_0t+\mathrm{j}(C_1+C_2)\sin\omega_0t\\&=A_1\cos\omega_0t+A_2\sin\omega_0t\end{aligned} \tag{6-9}$$

常数 A_1、A_2 在理论上同样为复数，但只要初始条件为实数，A_1、A_2 必然为实数。将式(6－9)进一步整理为

$$x(t)=A_1\cos\omega_0t+A_2\sin\omega_0t=A\sin(\omega_0t+\theta) \tag{6-10}$$

可以看出，系统的自由振动规律为正弦函数，其频率就是固有频率。振幅 A 和相位 θ 由初始条件确定：

$$A=\sqrt{x_0^2+\frac{\dot{x}_0}{\omega_0}},\quad \tan\theta=\frac{\omega_0x_0}{\dot{x}_0} \tag{6-11}$$

6.3　单自由度系统的谐响应

本节介绍受简谐激励作用的单自由度系统的稳态响应，此时必须考虑系统的阻尼，不然产生共振时振幅将无界。系统如图 6－2 所示，其中阻尼器的阻尼系数为 c，其动力学方程为

$$m\ddot{x}+c\dot{x}+kx=F\sin\omega t \tag{6-12}$$

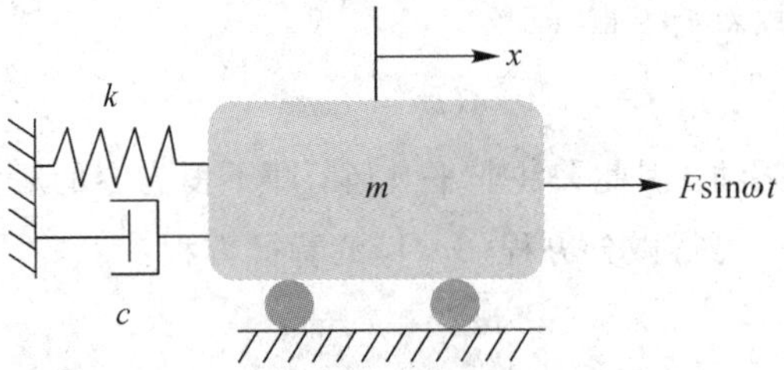

图 6-2　单自由度受迫振动系统

方程式(6-12)两边同除以 m，将其改写为

$$\ddot{x} + 2\xi\omega_0\dot{x} + \omega_0^2 x = \frac{F}{m}\sin\omega t \tag{6-13}$$

其中

$$\xi = \frac{c}{2\sqrt{km}} \tag{6-14}$$

称为阻尼比。根据信号与系统理论的相关知识，系统是线性时不变系统，因此在简谐激励下，其稳态的响应也是简谐的，而且频率与激励频率相同，只是相位有所不同。因此，假设位移具有如下形式：

$$x = X\sin(\omega t - \phi) \tag{6-15}$$

实际上式(6-15)是非齐次微分方程(6-12)的特解。由于激励和响应是因果关系，响应落后激励一个相位差 ϕ，因此为了方便，相角之前为负号。将式(6-15)代入式(6-13)可得：

$$(k - m\omega^2)X\sin(\omega t - \phi) + c\omega X\cos(\omega t - \phi) = F\sin\omega t \tag{6-16}$$

利用三角公式将式(6-16)等号右端改写成：

$$\begin{aligned} F\sin\omega t &= F\sin[(\omega t - \phi) + \phi] \\ &= F\cos\varphi\sin(\omega t - \phi) + F\sin\phi\cos(\omega t - \phi) \end{aligned} \tag{6-17}$$

用式(6-17)替换式(6-16)的等式右端，比较等式两端系数可得

$$\begin{cases} (k - m\omega^2)X = F\cos\phi \\ c\omega X = F\sin\phi \end{cases} \tag{6-18}$$

从而可得系统稳态响应的振幅和相位：

$$\begin{cases} X = \dfrac{F_0}{\sqrt{(k - m\omega^2)^2 + (c\omega)^2}} \\ \tan\phi = \dfrac{c\omega}{k - m\omega^2} \end{cases} \tag{6-19}$$

注意，这个响应是稳态响应。当简谐载荷施加到系统上之后，通常还有一个过渡阶段，也就是一开始系统的响应中还有暂态响应的成分，暂态响应与初始条件有关，它是式(6-12)对应的齐次微分方程的通解，由于阻尼的存在，这个暂态响应最终会衰减消失。可以看出，稳态响应与初始条件无关。

由于我们通常只关心稳态的振动，其频率又与激励频率相同，因此只需要振幅和相位两个参数即可确定稳定振动的规律。定义：

$$r = \frac{\omega}{\omega_0} \qquad X_0 = \frac{F}{k} \tag{6-20}$$

其中，r 称为频率比，X_0 为静载作用时的位移，则稳态振动的幅值和相位滞后可以写作：

$$\begin{cases} X = \dfrac{X_0}{\sqrt{(1-r^2)^2+(2\xi r)^2}} \\ \tan\phi = \dfrac{2\xi r}{1-r^2} \end{cases} \tag{6-21}$$

定义振幅放大因子

$$\beta = \frac{1}{\sqrt{(1-r^2)^2+(2\xi r)^2}} \tag{6-22}$$

它表示不同频率简谐激励下的振幅与静力变形的比值。

图 6-3 绘制出了不同阻尼比时，振幅放大因子和相角滞后随频率比(横轴)变化的曲线，称为幅频特性曲线和相频特性曲线，若将振幅放大因子取为 20 lgβ，即为控制理论中的伯德(Bode)图。

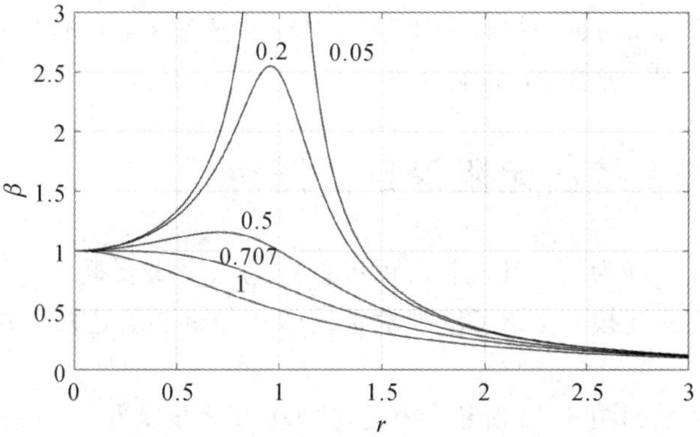

(a) 幅频特性曲线

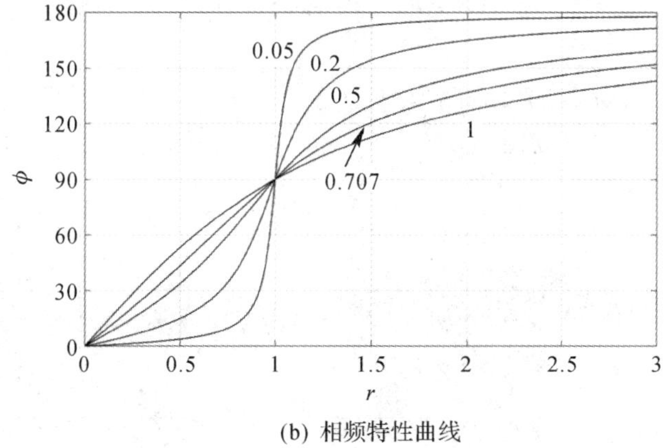

(b) 相频特性曲线

图 6-3　幅频和相频特性曲线

图 6-3 展现的信息较为丰富，主要总结如下：

(1) 当阻尼较小，激励频率较低时，激励近似于静态，此时惯性力很小，刚度起主导作用。系统振幅放大因子接近 1，由于加载较慢，响应可以认为是静位移，几乎没有相位滞后。

(2) 当阻尼较小，激励频率较高时，加速度很大，质量起主导作用。力和加速度相位近似相同，由于位移与加速度差 180°相位，因此位移响应的相角滞后近似为 180°。

(3) 当激励频率等于系统无阻尼固有频率时，惯性力和弹性力抵消，阻尼力占主导地位，力与速度相位相同，因此位移响应的相角滞后为90°。

(4) 若增大阻尼，阻尼力增加，无论是低频区还是高频区，相位滞后都向90°逼近。

(5) 对式(6-22)求极值可发现，当阻尼比

$$\xi \leqslant \frac{1}{\sqrt{2}} \tag{6-23}$$

时，曲线有极值点，取极值时的频率值为

$$\omega_m = \omega_0\sqrt{1-2\xi^2} \tag{6-24}$$

该频率称为共振频率。共振频率处振幅取最大值，称为共振峰。当阻尼比不满足式(6-23)时，曲线单调减小，此时振幅总小于静变形。

(6) 总体来看，同一频率处，阻尼越大，振幅越小。但频率越远离共振频率，阻尼对振幅的影响越小。而共振峰附近的振幅受阻尼影响较为显著。无阻尼时，共振频率为系统固有频率，振幅无穷大。阻尼越大，共振峰越平缓。

6.4 多自由度系统的无阻尼自由振动

本节以两自由度振动为例，引入多自由度系统的一个重要概念——质量矩阵。同时为了后续的有限元动力学建模，介绍了动力学系统的一种重要的建模方法——**第二类拉格朗日方程**。

两自由度振动系统如图6-4所示，容易得到动力学方程为

$$\begin{cases} m_1\ddot{x}_1 + k_1x_1 + k_2(x_1 - x_2) = 0 \\ m_2\ddot{x}_2 + k_2(x_2 - x_1) = 0 \end{cases} \tag{6-25}$$

将式(6-25)写成矩阵形式：

$$\begin{bmatrix} m_1 & 0 \\ 0 & m_2 \end{bmatrix}\begin{bmatrix} \ddot{x}_1 \\ \ddot{x}_2 \end{bmatrix} + \begin{bmatrix} k_1+k_2 & -k_2 \\ -k_2 & k_2 \end{bmatrix}\begin{bmatrix} x_1 \\ x_2 \end{bmatrix} = \begin{bmatrix} 0 \\ 0 \end{bmatrix} \tag{6-26}$$

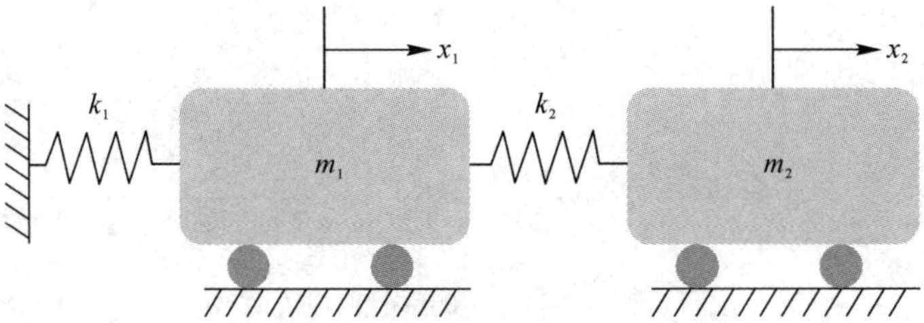

图6-4　两自由度振动系统

令

$$\boldsymbol{q} = \begin{bmatrix} x_1 \\ x_2 \end{bmatrix} \tag{6-27}$$

将式(6-26)写成：

$$\boldsymbol{M}\ddot{\boldsymbol{q}} + \boldsymbol{K}\boldsymbol{q} = \boldsymbol{0} \tag{6-28}$$

其中

$$\boldsymbol{K}=\begin{bmatrix}k_1+k_2 & -k_2\\ -k_2 & k_2\end{bmatrix}\tag{6-29}$$

$\boldsymbol{K}$ 为系统的刚度矩阵。而

$$\boldsymbol{M}=\begin{bmatrix}m_1 & 0\\ 0 & m_2\end{bmatrix}\tag{6-30}$$

$\boldsymbol{M}$ 称为**质量矩阵**。动力学问题的有限元方法除了需要求出系统的刚度矩阵以外，还需要求出系统的质量矩阵。

这个例子比较简单，动力学方程很容易根据牛顿定理求出。但是对于有限元模型，必须采用其他方法。静力学中我们基于最小势能原理建立平衡方程，对于动力学问题，能量方程的建立依据的是哈密顿(Hamilton)原理。由于有限元法是把连续体离散为有限自由度的体系，对于有限自由度体系，哈密顿原理与第二类拉格朗日方程等价，而后者的使用比哈密顿原理简单。

下面介绍第二类拉格朗日方程，由于其推导过程非常冗长，这里直接给出其公式。假设系统的位移向量为 $\boldsymbol{q}$，载荷向量为 $\boldsymbol{f}$，动能为 T，势能(应变能)为 U，则系统的动力学方程为

$$\frac{\mathrm{d}}{\mathrm{d}t}\left(\frac{\partial T}{\partial \dot{\boldsymbol{q}}}\right)+\frac{\partial (T-U)}{\partial \boldsymbol{q}}=\boldsymbol{f}\tag{6-31}$$

本书中的动能都只与速度向量有关,本例中，动能表达式为

$$T=\frac{1}{2}m_1\dot{x}_1^2+\frac{1}{2}m_2\dot{x}_2^2=\frac{1}{2}\dot{\boldsymbol{q}}^{\mathrm{T}}\boldsymbol{M}\dot{\boldsymbol{q}}\tag{6-32}$$

势能表达式为

$$U=\frac{1}{2}\boldsymbol{q}^{\mathrm{T}}\boldsymbol{K}\boldsymbol{q}\tag{6-33}$$

将式(6-32)和式(6-33)代入式(6-31)，注意质量和刚度矩阵的对称性，同样可得式(6-28)。

由此可以看出，与刚度矩阵类似，只要把系统的动能写成式(6-32)这样的二次型，其中的矩阵便是质量矩阵。下面以杆单元为例，来说明如何推导单元的质量矩阵。

6.5 质量矩阵

首先考虑图 3-2 中的一维杆单元，其长度为 l，横截面积为 A，密度为 ρ。之前我们假设位移场为线性插值模式：

$$u(x)=\left(1-\frac{x}{l}\right)u_i+\frac{x}{l}u_j=\boldsymbol{N}(x)\boldsymbol{q}^{\mathrm{e}}\tag{6-34}$$

为了写出单元的动能，需要将速度场表达出来。现在我们假设速度场与结点速度之间具有同样的线性插值形式：

$$\dot{u}(x)=\left(1-\frac{x}{l}\right)\dot{u}_i+\frac{x}{l}\dot{u}_j=u(x)=\boldsymbol{N}(x)\dot{\boldsymbol{q}}^{\mathrm{e}}\tag{6-35}$$

计算杆单元的动能

$$T=\int_0^l \frac{1}{2}\rho A\left[\dot{u}(x)\right]^2 \mathrm{d}x=\frac{1}{2}\dot{\boldsymbol{q}}^{\mathrm{eT}}\left[\int_0^l \rho A(\boldsymbol{N}\boldsymbol{N}^{\mathrm{T}})\mathrm{d}x\right]\dot{\boldsymbol{q}}^{\mathrm{e}}$$

$$=\frac{1}{2}\dot{\boldsymbol{q}}^{\mathrm{eT}}\left\{\int_0^L \rho A\begin{bmatrix}\left(1-\frac{x}{l}\right)^2 & \frac{x}{l}\left(1-\frac{x}{l}\right)\\ \frac{x}{l}\left(1-\frac{x}{l}\right) & \left(\frac{x}{l}\right)^2\end{bmatrix}\mathrm{d}x\right\}\dot{\boldsymbol{q}}^{\mathrm{e}}$$

$$=\frac{1}{2}\dot{\boldsymbol{q}}^{\mathrm{eT}}\left\{\rho Al\begin{bmatrix}\frac{1}{3} & \frac{1}{6}\\ \frac{1}{6} & \frac{1}{3}\end{bmatrix}\right\}\dot{\boldsymbol{q}}^{\mathrm{e}}=\frac{1}{2}\dot{\boldsymbol{q}}^{\mathrm{eT}}\boldsymbol{M}^{\mathrm{e}}\dot{\boldsymbol{q}}^{\mathrm{e}} \tag{6-36}$$

可以看出，杆单元的质量矩阵为

$$\boldsymbol{M}^{\mathrm{e}}=\rho Al\begin{bmatrix}\frac{1}{3} & \frac{1}{6}\\ \frac{1}{6} & \frac{1}{3}\end{bmatrix}=\frac{m}{6}\begin{bmatrix}2 & 1\\ 1 & 2\end{bmatrix} \tag{6-37}$$

其中 m 为杆单元的总质量。

下面考虑图 3-4 中平面杆单元的质量矩阵。与刚度矩阵不同，杆单元只在 x 方向有刚度，从一维扩充到二维，刚度矩阵只是添加了零元素。而杆单元在 x、y 两个方向都有相同的惯性，其速度场插值也是一样的。因此，扩充到二维的杆单元质量矩阵为

$$\boldsymbol{M}^{\mathrm{e}}=\frac{m}{6}\begin{bmatrix}2 & 0 & 1 & 0\\ 0 & 2 & 0 & 1\\ 1 & 0 & 2 & 0\\ 0 & 1 & 0 & 2\end{bmatrix} \tag{6-38}$$

同理，空间杆单元质量矩阵为

$$\boldsymbol{M}^{\mathrm{e}}=\frac{m}{6}\begin{bmatrix}2 & 0 & 0 & 1 & 0 & 0\\ 0 & 2 & 0 & 0 & 1 & 0\\ 0 & 0 & 2 & 0 & 0 & 1\\ 1 & 0 & 0 & 2 & 0 & 0\\ 0 & 1 & 0 & 0 & 2 & 0\\ 0 & 0 & 1 & 0 & 0 & 2\end{bmatrix} \tag{6-39}$$

这类质量矩阵采用了与位移相同的插值函数，故称为“一致质量矩阵”或“协调质量矩阵”。另外还有一种质量矩阵，它把单元的总质量平均分配给两个结点，且忽略结点的转动惯量(对于梁、板单元)，其实就是把单元简化成了两个质点。这种质量矩阵称为“集中质量矩阵”，表示质量集中在结点上。

例如，平面杆单元的集中质量矩阵为

$$\boldsymbol{M}^{\mathrm{e}}=\frac{m}{2}\begin{bmatrix}1 & 0 & 0 & 0\\ 0 & 1 & 0 & 0\\ 0 & 0 & 1 & 0\\ 0 & 0 & 0 & 1\end{bmatrix} \tag{6-40}$$

下面直接给出平面纯弯梁单元的一致质量矩阵：

$$\boldsymbol{M}^{\mathrm{e}} = \frac{m}{420}\begin{bmatrix} 156 & 22l & 54 & -13l \\ 22l & 4l^2 & 13l & -3l^2 \\ 54 & 13l & 156 & -22l \\ -13l & -3l^2 & -22l & 4l^2 \end{bmatrix} \tag{6-41}$$

其中，m 为梁单元总质量，l 为梁单元长度。而平面纯弯梁单元的集中质量矩阵为

$$\boldsymbol{M}^{\mathrm{e}} = \frac{m}{2}\begin{bmatrix} 1 & 0 & 0 & 0 \\ 0 & 0 & 0 & 0 \\ 0 & 0 & 1 & 0 \\ 0 & 0 & 0 & 0 \end{bmatrix} \tag{6-42}$$

其他单元的质量矩阵不再给出。可以看出集中质量矩阵都是对角阵，其形式比一致质量矩阵简单许多。

与刚度矩阵相同，质量矩阵也是对称的。理论上，在速度向量不为零向量时，单元的动能必然为正，因此质量矩阵都应该是正定的。不过对于采用了具有集中质量矩阵的梁、板、壳单元，其质量矩阵是半正定的。

无论采用哪种质量矩阵，总体质量矩阵的组装方法与刚度矩阵相同，对于杆、梁等结构的一致质量矩阵，还需要进行坐标变换。不过，对于一些单元，如杆单元，其一致质量矩阵的形式不随坐标变换而变化，读者可以自行证明。因此，杆单元的质量矩阵没必要进行坐标变换，总体质量矩阵也是对称的。如果结构有限元模型中没有采用具有集中质量矩阵的梁、板之类单元，那么总体质量矩阵还是正定的。与刚度矩阵一样，总体质量矩阵也需要施加约束。

6.6 模态分析

模态分析用于确定结构固有的振动特性，也就是固有频率和振型，它们是结构动力学设计中的重要参数。下面介绍多自由度系统的固有频率与振型。

考虑如下无阻尼 n 自由度振动系统：

$$\boldsymbol{M}\ddot{\boldsymbol{x}} + \boldsymbol{K}\boldsymbol{x} = \boldsymbol{0} \tag{6-43}$$

其中 $\boldsymbol{M}$、$\boldsymbol{K}$ 分别为质量矩阵和刚度矩阵，均为 n 阶方阵。设系统存在这样一种振动：各自由度以同一频率和相位做不同振幅(振幅可正可负)的振动，也就是说各自由度同时达到位移最大处，同时达到平衡位置，振动方向可以不同。这种驻波解写为

$$\boldsymbol{x} = \boldsymbol{A}\sin(\omega t + \phi) \tag{6-44}$$

将式(6-44)代入式(6-43)可得齐次线性方程组：

$$(\boldsymbol{K} - \omega^2\boldsymbol{M})\boldsymbol{A} = 0 \tag{6-45}$$

齐次线性方程组总有零解，但零解代表不振动的情形。式(6-45)的系数矩阵为方阵，与稳定性问题的特征值方法类似，根据克莱姆法则，其有非零解的充要条件为系数矩阵行列式为零，即

$$|\boldsymbol{K} - \omega^2\boldsymbol{M}| = 0 \tag{6-46}$$

根据式(6-46)可以解出 n 个 ω^2(特征值)，相应求得 n 个正的 ω。这 n 个 ω 称为系统的固有频率，注意是圆频率。当系统的约束足够时，不存在零固有频率(刚体位移)。当式

(6－46)没有重根时，每阶固有频率 ω_i 对应一个式(6－45)的非零通解(特征向量)：

$$\boldsymbol{A}^{(i)}=\boldsymbol{\varphi}^{(i)}=C\left(a_1^{(i)}\quad a_2^{(i)}\quad \cdots\quad a_n^{(i)}\right)^{\mathrm{T}} \tag{6-47}$$

其中 C 为非零常数。该通解称为第 i 阶模态，由于 C 可以取任意非零值，模态向量不唯一，但该向量中各元素的比值是不变的，代表了系统以频率 ω_i 自由振动时，各自由度振幅的比值，因此该非零通解又称为振型。显然其满足：

$$(\boldsymbol{K}-\omega_i^2\boldsymbol{M})\boldsymbol{\phi}^{(i)}=0 \tag{6-48}$$

将式(6－48)写成：

$$\boldsymbol{K}\boldsymbol{\phi}^{(i)}=\omega_i^2\boldsymbol{M}\boldsymbol{\phi}^{(i)} \tag{6-49}$$

对于第 j 阶模态同样有：

$$\boldsymbol{K}\boldsymbol{\phi}^{(j)}=\omega_j^2\boldsymbol{M}\boldsymbol{\phi}^{(j)} \tag{6-50}$$

将式(6－49)各项转置后右乘 $\boldsymbol{\phi}^{(j)}$，注意质量和刚度矩阵均对称，有：

$$\boldsymbol{\phi}^{(i)\mathrm{T}}\boldsymbol{K}\boldsymbol{\phi}^{(j)}=\omega_i^2\boldsymbol{\phi}^{(i)\mathrm{T}}\boldsymbol{M}\boldsymbol{\phi}^{(j)} \tag{6-51}$$

将式(6－50)各项左乘 $\boldsymbol{\phi}^{(i)\mathrm{T}}$，可得

$$\boldsymbol{\phi}^{(i)\mathrm{T}}\boldsymbol{K}\boldsymbol{\phi}^{(j)}=\omega_j^2\boldsymbol{\phi}^{(i)\mathrm{T}}\boldsymbol{M}\boldsymbol{\phi}^{(j)} \tag{6-52}$$

式(6－51)和式(6－52)相减可得

$$(\omega_i^2-\omega_j^2)\boldsymbol{\phi}^{(i)\mathrm{T}}\boldsymbol{M}\boldsymbol{\phi}^{(j)}=0 \tag{6-53}$$

若第 i 阶固有频率与第 j 阶不等，则有关系式：

$$\boldsymbol{\phi}^{(i)\mathrm{T}}\boldsymbol{M}\boldsymbol{\phi}^{(j)}=0 \tag{6-54}$$

将式(6－54)代入式(6－51)可得

$$\boldsymbol{\phi}^{(i)\mathrm{T}}\boldsymbol{K}\boldsymbol{\phi}^{(j)}=0 \tag{6-55}$$

同时定义二次型：

$$\begin{aligned}\boldsymbol{\phi}^{(i)\mathrm{T}}\boldsymbol{M}\boldsymbol{\phi}^{(i)}&=M_{\mathrm{p}i}\\ \boldsymbol{\phi}^{(i)\mathrm{T}}\boldsymbol{K}\boldsymbol{\phi}^{(i)}&=K_{\mathrm{p}i}\end{aligned} \tag{6-56}$$

根据式(6－49)可知：

$$\omega_i=\sqrt{\frac{K_{\mathrm{p}i}}{M_{\mathrm{p}i}}} \tag{6-57}$$

可以证明，各阶模态向量线性无关。当式(6－46)存在 k 重特征值时，重特征值对应的解空间仍可以构造出 k 个线性无关的向量，满足式(6－54)和式(6－55)。

将各阶模态列向量组成模态矩阵：

$$\boldsymbol{\Phi}=\left[\boldsymbol{\phi}^{(1)}\quad \boldsymbol{\phi}^{(2)}\quad \cdots\quad \boldsymbol{\phi}^{(n)}\right] \tag{6-58}$$

由于各阶模态向量线性无关，所以方阵式(6－58)可逆，定义模态坐标向量 $\boldsymbol{x}_{\mathrm{p}}$：

$$\boldsymbol{x}_{\mathrm{p}}=\begin{bmatrix}x_{\mathrm{p}1}\\ x_{\mathrm{p}2}\\ \vdots\\ x_{\mathrm{p}n}\end{bmatrix}=\boldsymbol{\Phi}^{-1}\boldsymbol{x} \tag{6-59}$$

其中的元素 $x_{\mathrm{p}i}$ 称为第 i 阶模态坐标，则有

$$\boldsymbol{x}=\boldsymbol{\Phi}\boldsymbol{x}_{\mathrm{p}} \tag{6-60}$$

将式(6－60)代入式(6－43)，再左乘 $\boldsymbol{\Phi}^{\mathrm{T}}$，可得

$$\boldsymbol{M}_{\mathrm{p}}\ddot{\boldsymbol{x}}_{\mathrm{p}}+\boldsymbol{K}_{\mathrm{p}}\boldsymbol{x}_{\mathrm{p}}=\boldsymbol{0} \tag{6-61}$$

根据式(6-54)～式(6-56)可知，矩阵 $\boldsymbol{M}_{\text{p}}$、$\boldsymbol{K}_{\text{p}}$ 均为对角矩阵：

$$\begin{cases}\boldsymbol{M}_{\text{p}}=\boldsymbol{\Phi}^{\text{T}}\boldsymbol{M}\boldsymbol{\Phi}=\text{diag}(M_{\text{p1}}\quad M_{\text{p2}}\quad\cdots\quad M_{\text{p}n})\\ \boldsymbol{K}_{\text{p}}=\boldsymbol{\Phi}^{\text{T}}\boldsymbol{K}\boldsymbol{\Phi}=\text{diag}(K_{\text{p1}}\quad K_{\text{p2}}\quad\cdots\quad K_{\text{p}n})\end{cases}\tag{6-62}$$

式(6-61)为 n 个独立的微分方程，这就是把系统的坐标变换到模态坐标的好处。式(6-61)中第 i 个方程的解是以第 i 阶固有频率为频率的简谐振动：

$$x_{\text{p}i}=a_i\sin(\omega_i t+\theta_i)\tag{6-63}$$

其中的振幅和相位与初始条件有关。为了求解(6-61)，需要把物理坐标中的初始条件转换到模态坐标下，转换方法类似式(6-59)。

由于模态向量不唯一，方程(6-61)也不唯一。为了统一，可以采用简正模态的概念。在计算出各阶模态向量后，先计算矩阵 $\boldsymbol{M}_{\text{p}}$，之后将每一阶模态 $\boldsymbol{\phi}^{(i)}$ 的每个元素都除以 $(M_{\text{p}i})^{(1/2)}$，这样就得到了各阶模态对应的简正模态。利用简正模态组成简正模态矩阵：

$$\boldsymbol{\Phi}_N=[\boldsymbol{\phi}_N^{(1)}\quad\boldsymbol{\phi}_N^{(2)}\quad\cdots\quad\boldsymbol{\phi}_N^{(n)}]\tag{6-64}$$

此时有

$$\begin{cases}\boldsymbol{\Phi}_N^{\text{T}}\boldsymbol{M}\boldsymbol{\Phi}_N=\boldsymbol{E}\\ \boldsymbol{\Phi}_N^{\text{T}}\boldsymbol{K}\boldsymbol{\Phi}_N=\boldsymbol{\Lambda}=\text{diag}(\omega_1^2\quad\omega_2^2\quad\cdots\quad\omega_n^2)\end{cases}\tag{6-65}$$

其中 $\boldsymbol{E}$ 表示单位矩阵。利用简正模态定义的坐标称为简正坐标。

由于把系统转换到主坐标系之后，系统变成了 n 个独立的单自由度系统，可以分别进行求解。因此在求解多自由度系统时通常先将其转换到模态坐标下，求解后再利用式(6-60)转换回原坐标。利用分块矩阵乘法，将式(6-60)写成：

$$\boldsymbol{x}=\boldsymbol{\phi}^{(1)}x_{\text{p1}}+\boldsymbol{\phi}^{(2)}x_{\text{p2}}+\cdots+\boldsymbol{\phi}^{(n)}x_{\text{p}n}\tag{6-66}$$

可以看出，系统的实际位移向量可以看成各阶模态向量的线性叠加。因此这种在模态坐标下求解后再得到实际响应的方法，称为模态叠加法。

某一阶模态坐标的振幅越大，响应中“贡献”就越多。例如，如果模态坐标向量中，除了 x_{p1} 外，其他模态坐标振幅均为零，则系统振动的形状将与第 1 阶模态的振型一模一样。各阶模态坐标的振幅与初始条件有关。例如，如果结构初始位移和初始速度均与第 i 阶模态向量一致，那么响应的成分中就会只含有第 i 阶模态的成分。

采用主坐标还有一个好处就是可以采用模态截断法。通常情况下，低阶模态对应的振动形状较为简单，高阶模态则比较复杂(可以自学“模态有效质量”的概念，低阶模态的有效质量大于高阶模态)。与低阶模态相比，高阶模态难以被激发，在系统响应中的“贡献”较小。因此，对于 n 个自由度的系统，我们可以只求出前 r 阶模态(r 远小于 n)，然后将式(6-66)的模态叠加截断为

$$\boldsymbol{x}\approx\boldsymbol{\phi}^{(1)}x_{\text{p1}}+\boldsymbol{\phi}^{(2)}x_{\text{p2}}+\cdots+\boldsymbol{\phi}^{(r)}x_{\text{p}r}\tag{6-67}$$

这样可以在满足精度的前提下，极大地减少计算量。

固有频率和模态振型是很重要的概念，是系统的固有特性。通过模态坐标的概念，可以将系统看成 n 个独立单自由度系统的叠加。模态叠加和截断的方法不仅适用于求解自由响应，还适用于求解谐响应、瞬态响应等。

有限元模态分析可以采用集中质量矩阵或一致质量矩阵。采用集中质量矩阵时，算出的固有频率会偏低，但有限元模型矩阵本身刚度偏大，这样相互抵消，计算出的固有频率

反而更精确。一致质量矩阵由于质量分布较合理，计算出的振型更准确，尤其是高阶模态的振型。而使用集中质量矩阵时尤其要注意网格一定要尽量划分均匀。

6.7　桁架结构模态分析 MATLAB 编程

如图 6-5 所示的平面一字型桁架结构，横杆和竖杆的长度均为 1 m。弹性模量 E=200 GPa，横截面积 A=0.01 m^2，密度 ρ=7800 kg/m^3。用 MATLAB 编程求结构的前 6 阶固有频率，并绘制振型示意图。

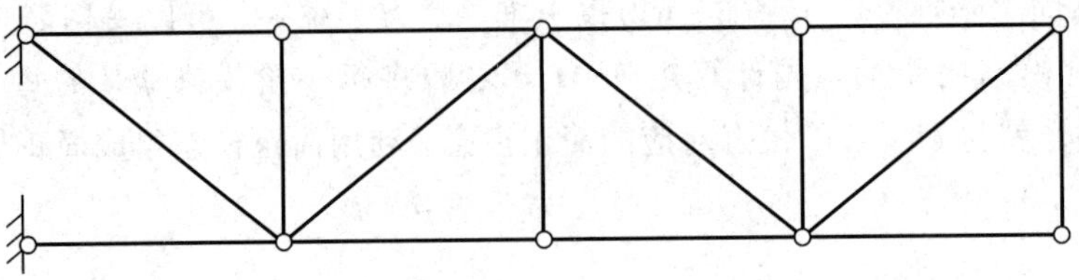

图 6-5　一字型桁架结构

选左上角的铰接点作为坐标原点，程序大部分代码与之前求解静力学问题的代码相同，主要是加入了组装质量矩阵的相关代码，另外，此例中最后需要求解特征值，而非代数方程组。MATLAB 求特征值的命令有 eig 和 eigs，可以求解类似式(6-46)这种广义特征值问题。其中后者采用迭代法，可以只求指定的前 r 个最大或最小的特征值及对应的特征向量，因此更为实用。代码如下(由于与之前静力学的算例类似，故此处省去了许多注释)。

程序 3　平面桁架结构模态分析程序。

```
clear all
E=200e9;
A=0.01;
%密度
rou=7800;
node=[0 0; 0 -1; 1 -1; 1 0; 2 0; 2 -1; 3 -1;
        3 0; 4 0; 4 -1];
element=[1 4; 1 3; 2 3; 3 4; 3 6; 3 5; 4 5; 5 6; 5 8; 5 7; 6 7;
            7 8; 7 10; 7 9; 8 9; 9 10];
%画出模型，检查
for i=1: length(element)
line([node(element(i, 1), 1), node(element(i, 2), 1)], [node(element(i, 1), 2), ...
     node(element(i, 2), 2)]);
end
axis equal
%初始化总体质量矩阵
M=zeros(2 * length(node));
%初始化总体刚度矩阵
K=zeros(2 * length(node));
for i=1: length(element)
```

```
n1=element(i, 1);
n2=element(i, 2);
x1=node(n1, 1);
y1=node(n1, 2);
%取出第二个结点的 x、y 坐标
x2=node(n2, 1);
y2=node(n2, 2);
L=sqrt((x2-x1).^2+(y2-y1).^2); %单元长度
m=rou*A*L; %单元总质量
%单元质量矩阵，无须坐标变换
Me=(m/6)*[2 0 1 0; 0 2 0 1;
          1 0 2 0; 0 1 0 2];
%单元坐标系下的单元刚度矩阵
Ke0=(E*A/L)*[1 -1; -1 1];
%坐标变换矩阵
T=[(x2-x1)/L (y2-y1)/L 0 0;
   0 0 (x2-x1)/L (y2-y1)/L];
%总体坐标系下的单元刚度矩阵
Ke=T'*Ke0*T;
%质量矩阵和刚度矩阵分成四块累加，写入对应位置
M(n1*2-1:n1*2, n1*2-1:n1*2)=M(n1*2-1:n1*2, n1*2-1:n1*2)+Me(1:2, 1:2);
M(n1*2-1:n1*2, n2*2-1:n2*2)=M(n1*2-1:n1*2, n2*2-1:n2*2)+Me(1:2, 3:4);
M(n2*2-1:n2*2, n1*2-1:n1*2)=M(n2*2-1:n2*2, n1*2-1:n1*2)+Me(3:4, 1:2);
M(n2*2-1:n2*2, n2*2-1:n2*2)=M(n2*2-1:n2*2, n2*2-1:n2*2)+Me(3:4, 3:4);
K(n1*2-1:n1*2, n1*2-1:n1*2)=K(n1*2-1:n1*2, n1*2-1:n1*2)+Ke(1:2, 1:2);
K(n1*2-1:n1*2, n2*2-1:n2*2)=K(n1*2-1:n1*2, n2*2-1:n2*2)+Ke(1:2, 3:4);
K(n2*2-1:n2*2, n1*2-1:n1*2)=K(n2*2-1:n2*2, n1*2-1:n1*2)+Ke(3:4, 1:2);
K(n2*2-1:n2*2, n2*2-1:n2*2)=K(n2*2-1:n2*2, n2*2-1:n2*2)+Ke(3:4, 3:4);
end
%施加约束
spc=[1 2 3 4]';
nd=length(K);
fdof=[1:nd]';
fdof(spc)=[];
Ks=K(fdof, fdof);
```

```
56    Ms＝M(fdof，fdof)；
57    %需要计算的模态总数
58    SMode＝6；
59    %求前6阶最小的特征值以及对应的特征向量，其中d为对角矩阵
60    %对角线上元素为特征值，v的第i列为d中第i个特征值对应的特征向量
61    [v，d]＝eigs(Ks，Ms，SMode，'sm')；
62    %取d的对角线
63    ff＝diag(d)；
64    %将特征值从小到大排序，存入数组f
65    [f，ind]＝sort(ff)；
66    %由特征值得到固有频率
67    f＝sqrt(f)/(2 * pi)；
68    vv＝zeros(length(Ks)，SMode)；
69    vn＝zeros(length(Ks)，SMode)；
70    %将特征向量按特征值大小排序，存入矩阵vv
71    for i＝1：SMode
72         vv(：，i)＝v(：，ind(i，1))；
73    end
74    mm＝vv' * Ms * vv；
75    %将模态转化为简正模态，存入vn
76    for i＝1：SMode
77         vn(：，i)＝vv(：，i)/sqrt(mm(i，i))；
78    end
79    %为了画图，将模态维数扩展到所有自由度(被约束的自由度补0)
80    vnc＝zeros(length(K)，SMode)；
81    vnc(fdof，：)＝vn；
82    %将模态进行缩小或放大，防止变形过大或过小造成观察不便
83    vnc0＝10 * vnc；
84    %变形后的结点坐标
85    node_d＝zeros(size(node))；
86    %绘制第一阶模态变形图
87    N_mode＝1；
88    for i＝1：length(node)
89         node_d(i，1)＝node(i，1)＋vnc0(2 * i－1，N_mode)；
90         node_d(i，2)＝node(i，2)＋vnc0(2 * i，N_mode)；
91    end
92    for i＝1：length(element)
93    line([node_d(element(i，1)，1)，node_d(element(i，2)，1)]，...
94         [node_d(element(i，1)，2)，node_d(element(i，2)，2)]，'Color'，'red'，'LineStyle'，'－
            －')；
```

其中[v，d]＝eigs(Ks，Ms，SMode，'sm')用来求解广义特征值问题。当质量矩阵可逆时，
也可以将广义特征值问题转化为一般的特征值问题，定义

$$\boldsymbol{A} = \boldsymbol{M}^{-1}\boldsymbol{K} \tag{6-68}$$

然后求解矩阵 $\boldsymbol{A}$ 的特征值和特征向量即可。这种方法的总计算时间比直接求 $\boldsymbol{K}$ 和 $\boldsymbol{M}$ 的广义特征值更短。在 MATLAB 中，除了用命令 inv(M) * K 以外，还可以用命令 A=M\K，后者计算更快一些。

6.8　模态分析 ANSYS 算例

正如前文所述，模态分析用来确定研究对象的内在振动特性，是其他动力学分析的基础。对于模态分析而言，由于模态分析求解的物理量是位移，因此不用考虑应力集中的情形，可以忽略结构上一些小的细节以简化模型。另外，网格如果划分得不均匀，会影响模型的质量分布，因此网格要尽量划分得均匀。

利用 ANSYS 进行模态分析需要注意以下几点：

(1) 目前的模态分析还是基于 6.6 节中的线性理论。如果结构中引入了非线性因素，那么在模态分析中会被忽略。

(2) 只允许零位移约束。如果约束不够，将会出现零固有频率(刚体模态)。例如，一个完全自由的体系，其前 6 阶固有频率都为 0(3 个平动模态，3 个转动模态)。

(3) 对于平面结构，一定要把所有结点的自由度约束在平面内，否则会计算出沿 z 方向位移的模态。

(4) 与稳定性问题类似，不要利用对称性去简化模型，否则会丢失模态。

算例 6-1　平面简支梁，横截面为圆截面，半径为 0.01 m，长度为 1 m，弹性模量为 210 GPa，泊松比为 0.3，密度为 7900 kg/m^3。利用 ANSYS 对其进行模态分析，求前 6 阶模态和振型。

下面列出求解的简要流程：

(1) 定义工作名称，选择问题类型。

(2) 选择 BEAM188 单元。

(3) 设置材料属性，填入弹性模量、密度和泊松比。

(4) 设置截面，选择圆截面，输入半径 0.01。因为是圆截面，所以无须设置方位。

(5) 建立几何模型。生成两个关键点：1(0, 0, 0)，2(1, 0, 0)，连接两个点生成一条直线。

(6) 将直线划分为 40 个 BEAM188 单元，并将单元实体显示。

(7) 合并对象，压缩编号。

(8) 选择分析类型。执行[Main Menu]→[Solution]→[Analysis Type]→[New Analysis]命令，在弹出的对话框中选取[Modal]。

(9) 定义模态分析方法。执行[Main Menu]→[Solution]→[Analysis Type]→[Analysis Options]命令，选择默认的[Block Lanczos]分析方法，在[No. of modes to extract](需要计算的模态数)中输入“6”，在[Expand mode shapes]和[Elcalc](计算单元结果，例如显示应力的相对大小)后面打钩，[NMode]后面也输入“6”(需要观察的模态数)，其他选项接受默认设置，点击[OK]，弹出[Block Lanczos Method]对话框，全部接受默认设置，点击[OK]。

(10) 施加约束。由于是平面结构，因此首先约束所有结点 z 方向的平动(UZ)以及绕 x 轴、y 轴的转动(ROTX, ROTY)。之后再约束左端结点 x、y 方向的平动(UX, UY)以及右端结点 y 方向的平动(UY)。

(11) 计算。执行[Main Menu]→[Solution]→[Solve]→[Current LS]命令。

(12) 列表显示各阶模态的固有频率。执行[Main Menu]→[General Postproc]→[Results Summary]命令。

(13) 查看模态振型。与稳定性问题类似，需要先选取要查看的模态阶数。执行[Main Menu]→[General Postproc]→[Read Results]→[By Pick]命令。在弹出的对话框中选取要观察的模态，点击[Read]，然后点击[Close]。之后，与稳定性问题类似，可以画出这阶模态的变形图。另外也可以在后处理中查看动应力分布。此时的位移和应力的绝对大小没有意义，只表示各点的相对大小。模态振型也可以用动画显示，方法是：执行[Utility Menu]→[Plot Ctrls]→[Animate]→[Mode Shape]命令。

6.9 振动的频响函数

在 6.3 节中，我们学习了单自由度系统的谐响应特性。对于谐响应，用复指数比用三角函数更方便，因为对指数函数求导比较容易，电路中的相量法就是基于这样一种思想。

单自由度受迫振动的动力学方程为

$$m\ddot{x} + c\dot{x} + kx = F\sin\omega t \tag{6-69}$$

其稳态响应(特解)为

$$x = X\sin(\omega t - \phi) \tag{6-70}$$

现将激励项和稳态响应写成复指数形式：

$$m\ddot{x} + c\dot{x} + kx = F\mathrm{e}^{\mathrm{j}\omega t} \tag{6-71}$$

$$x = X\mathrm{e}^{\mathrm{j}(\omega t - \phi)} \tag{6-72}$$

由于

$$\begin{cases} F\mathrm{e}^{\mathrm{j}\omega t} = F(\cos\omega t + \mathrm{j}\sin\omega t) \\ X\mathrm{e}^{\mathrm{j}(\omega t - \phi)} = X[\cos(\omega t - \phi) + \mathrm{j}\sin(\omega t - \phi)] \end{cases} \tag{6-73}$$

可以看出，实际上只是用复数的虚部表示激励和位移。求出复数解之后，取其虚部即可。式(6-72)中的振幅 X 为实数，为了方便后面推导，定义一个复振幅：

$$X_c = X\mathrm{e}^{(-\mathrm{j}\phi)} \tag{6-74}$$

则

$$x = X_c\mathrm{e}^{\mathrm{j}\omega t} \tag{6-75}$$

相应地，我们认为式(6-71)中的 F 也可以是复数(也就是说携带相位信息)，下文将其表示成 F_c。将式(6-75)代入式(6-71)，整理可得

$$(-\omega^2 m + \mathrm{j}\omega c + k)X_c = F_c \tag{6-76}$$

可以得到复数的位移响应幅值与激励的比值，称为位移频率响应函数，简称频响函数：

$$H(\omega) = \frac{X_c}{F_c} = \frac{1}{k - m\omega^2 + \mathrm{j}\omega c} \tag{6-77}$$

如果学过信号与系统，可以对式(6－77)进行拉普拉斯(Laplace)变换，得到传递函数后再令 $s=\mathrm{j}\omega$，也可以得到频响函数。对于无阻尼系统，频响函数为实函数，反映响应与激励之间没有相位差；对于有阻尼系统，频响函数为复函数，说明响应与激励之间存在相位差。无阻尼时，频响函数在极值点处振幅为无穷大，因此谐响应分析一定要引入阻尼。

将频响函数式(6－77)写成复指数形式，根据其模和辐角同样可以得到系统的幅频特性和相频特性。

下面考虑多自由度系统的频响函数。考虑引入阻尼矩阵的 n 自由度有阻尼受迫振动系统：

$$\boldsymbol{M}\ddot{\boldsymbol{x}}+\boldsymbol{C}\dot{\boldsymbol{x}}+\boldsymbol{K}\boldsymbol{x}=\boldsymbol{f} \tag{6-78}$$

其中 $\boldsymbol{C}$ 为阻尼矩阵，也是对称矩阵。激励 $\boldsymbol{f}$ 为简谐激励向量，即

$$\boldsymbol{f}(t)=\boldsymbol{F}\mathrm{e}^{\mathrm{j}\omega t} \tag{6-79}$$

稳态响应的形式为

$$\boldsymbol{x}=\boldsymbol{X}\mathrm{e}^{\mathrm{j}\omega t} \tag{6-80}$$

其中 $\boldsymbol{X}$ 为复向量，因为各点的响应一般不是同相位的。式(6－79)中的 $\boldsymbol{F}$ 也可以是复向量，代表各点的简谐激励也不是同相位的。将式(6－80)代入式(6－78)，可得

$$\boldsymbol{X}=\boldsymbol{H}(\omega)\boldsymbol{F} \tag{6-81}$$

其中多自由度系统的频响函数矩阵为

$$\boldsymbol{H}(\omega)=(\boldsymbol{K}-\omega^2\boldsymbol{M}+\mathrm{j}\omega\boldsymbol{C})^{-1} \tag{6-82}$$

由于质量、阻尼、刚度矩阵均为对称矩阵，因此频响函数矩阵也是对称矩阵。

下面讨论频响函数矩阵元素的物理意义，写出式(6－81)中的元素：

$$\begin{bmatrix} X_1(\omega) \\ X_2(\omega) \\ \vdots \\ X_n(\omega) \end{bmatrix}=\begin{bmatrix} H_{11}(\omega) & H_{12}(\omega) & \cdots & H_{1n}(\omega) \\ H_{21}(\omega) & H_{22}(\omega) & \cdots & H_{2n}(\omega) \\ \vdots & \vdots & \vdots & \vdots \\ H_{n1}(\omega) & H_{n2}(\omega) & \cdots & H_{nn}(\omega) \end{bmatrix}\begin{bmatrix} F_1(\omega) \\ F_2(\omega) \\ \vdots \\ F_n(\omega) \end{bmatrix} \tag{6-83}$$

结构第 i 个自由度的响应为

$$X_i(\omega)=\begin{bmatrix} H_{i1}(\omega) & H_{i2}(\omega) & \cdots & H_{in}(\omega) \end{bmatrix}\begin{bmatrix} F_1(\omega) \\ F_2(\omega) \\ \vdots \\ F_n(\omega) \end{bmatrix} \tag{6-84}$$

如果仅在第 j 个坐标上(注意这里 j 不是虚数单位)施加单位简谐激励，则第 i 个坐标的响应为

$$X_i(\omega)=H_{ij}(\omega) \tag{6-85}$$

可见，频响函数矩阵中每个元素都是一个单输入单输出系统的频响函数，第 i 行第 j 列的元素代表仅对第 j 个自由度施加单位激励时，第 i 个自由度的响应。

频响函数矩阵的对角线元素称为原点频响函数，因为激励的作用点和观察的响应点是同一点。非对角元素称为跨点频响函数，表示激励的作用点和观察的响应点不是同一点。多自由度系统的频响函数在观测频段内有多个共振峰，共振峰一般都在系统的固有频率附近，但并不是每一阶固有频率都能对应一个峰值。比如，假设第 i 阶模态的第 j 个元素为零，如果在自由度 j 上施加激励，将不会激发第 i 阶模态的振动，自然在第 i 阶模态的频率

附近不会观察到共振峰。

原点频响函数具有一些性质：在幅频曲线中，每两个共振峰之间必有一个反共振谷(峰谷相间)；在相频曲线中，每经过一个共振峰，相位角滞后 180°(从刚度主导区进入质量主导区)，每经过一个反共振谷，相位角超前 180°(从质量主导区进入下一阶模态的刚度主导区)。而跨点频响函数没有这些性质。

由于下一节会给出一个 ANSYS 算例，读者们可以在算例中对频响函数的特性进行观察，这里不再给出多自由度系统原点和跨点频响函数的示意图。

6.10　谐响应分析 ANSYS 算例

首先介绍一下阻尼矩阵的生成。在计算频响函数时，需要定义阻尼矩阵，否则计算出的频响函数曲线中的共振峰将是无穷大的。通常定义如下的比例阻尼，又称为瑞利阻尼：

$$\boldsymbol{C} = \alpha\boldsymbol{M} + \beta\boldsymbol{K} \tag{6-86}$$

这种阻尼的好处是，可以像质量和刚度矩阵一样，被模态矩阵对角化。可以推导出，各阶模态的阻尼比为

$$\xi_i = \frac{1}{2}\left(\frac{\alpha}{\omega_i} + \beta\omega_i\right) \tag{6-87}$$

在工程中，通常利用实验测得前两阶模态的阻尼比，然后反推式(6-86)中的系数 α 和 β，从而得到阻尼矩阵。但这种方法一般会高估高阶模态的阻尼比。

利用 ANSYS 进行谐响应分析，也就是计算频响函数，有三种方法：一是默认的完整法，用式(6-82)直接计算；二是模态叠加法，由于可以选择只使用前几阶模态(模态截断)，因此计算速度更快，但需要先进行模态分析；第三种是缩减法，需要将自由度分为主自由度和从自由度。本书只介绍完整法。注意，谐响应分析也是忽略结构中所有非线性因素的。

算例 6-2　平面简支梁，圆截面半径为 0.01 m，长度为 1 m，弹性模量为 210 GPa，泊松比为 0.3，密度为 7900 kg/m^3。梁的中点受一个向下的单位集中简谐力，求该点的频响函数特性。

这个结构 6.8 节中已经做过模态分析，得到了前 6 阶固有频率。因此这里假设前两阶模态的阻尼比均为 0.02，代入式(6-87)中可得到两个方程，从而求出系数 α 和 β。不过需要注意的是公式(6-87)中的频率是圆频率。

简要流程：

(1) 定义工作名称，选择问题类型。

(2) 选择 BEAM188 单元。

(3) 设置材料属性，填入弹性模量、密度和泊松比。

(4) 设置截面，选择圆截面，输入半径 0.01。因为是圆截面，所以无须设置方位。

(5) 建立几何模型。由于梁的中点受一个集中力，为了方便加载，创建两条线。这样加载点就是一个关键点，也一定会划分为结点。生成三个关键点：1(0,0,0)，2(0.5,0,0)，3(0.5,0,0)。连接 1、2 点，2、3 点，生成两条直线。

(6) 将每条直线划分为 20 个 BEAM188 单元，并将单元实体显示。

(7) 合并对象，压缩编号。

(8) 选择分析类型。执行[Main Menu]→[Solution]→[Analysis Type]→[New Analysis]命令，在弹出的对话框中选取[Harmonic]，点击[OK]。

(9) 定义谐响应分析方法。执行[Main Menu]→[Solution]→[Analysis Type]→[Analysis Options]命令，在[HROUT](结果的输出格式)中选择[Amplitude + phase](幅值和相位)，点击[OK]，还会弹出一个对话框，全部接受默认设置，直接点击[OK]。

(10) 确定计算的频率范围。执行[Main Menu]→[Solution]→[Load Step Opts]→[Time/Frequenc]→[Freq and Substeps]命令，弹出对话框，在[HARFRQ](简谐频率范围)中填写1～1000，在[NSUBST](子步数)中填写200。子步数指在1～1000 Hz范围内计算的频率点个数，频率点越多，曲线越光滑。子步数太大的话算起来慢，太小可能会漏掉共振点，这里计算200个点，也就是每隔5 Hz计算一个频响函数。

[KBC]选[Stepped](阶跃加载)。若选[Ramped](斜坡加载)，则幅值从零开始，在1～1000 Hz范围内线性变化，到1000 Hz时才增加所设置的值，这样各频率处的响应因为载荷的幅值不同，就不再有可比性。

(11) 确定阻尼系数。执行[Main Menu]→[Solution]→[Load Step Opts]→[Time/Frequenc]→[Damping]命令，在弹出的对话框中，[ALPHAD](质量矩阵乘子)填入α，[BETAD](刚度矩阵乘子)填入β，点击[OK]。

(12) 施加约束。由于是平面结构，因此首先约束所有结点z方向的平动(UZ)，绕x轴、y轴的转动(ROTX,ROTY)。之后再约束左端结点x、y方向的平动(UX,UY)，右端结点y方向的平动(UY)。由于载荷在xy平面内，因此除了必须对两个端点约束面外自由度以外，其他点也可以不设置面外约束，因为不会出现平面外的响应。而上一节的模态分析，计算的是所有潜在的变形模式，因此一定要把所有结点的自由度约束在平面内。

(13) 施加载荷。执行[Main Menu]→[Solution]→[Define Loads]→[Apply]→[Structural]→[Force/Moments]→[On Keypoints]命令，选中梁的中点，在弹出的对话框中，[Lab](载荷的方向)选FY，[VALUE](载荷的实部)填入1(因为这里只有一个载荷，无须定义为复数)，点击[OK]。

(14) 计算。执行[Main Menu]→[Solution]→[Solve]→[Current LS]命令。

(15) 查看频响函数。执行[Main Menu]→[TimeHist Postpro]命令，弹出对话框，点击[Add Data](File下方一行的第一个图标)→[DOF Solution]→[Y-Component of displacement](y方向位移)，拾取梁中间的结点，再点击[Graph Data](数据作图，蓝色曲线，第三个图标)，可以得到中点的原点幅频特性曲线。如果拾取其他点，可以观察跨点幅频特性曲线。将对话框右上方的[Amplitude]改为[Phase]可以绘制相频曲线。

(16) 画伯德图：由于各共振峰幅值相差较大，一些共振峰不明显，可以对幅值求对数，画出伯德图。要想画伯德图，首先在设置计算方法时[步骤(9)中]，自由度结果输出格式不要选择幅值和相位，而是要选择[Real+imag](实部和虚部)。

在计算结束并打开对话框添加数据后，利用calculate模块，可以画出伯德图。如图6-6所示，对话框右上角选[Real]。在等号左边输入任意一个新变量名(这里是BD)，点击右边空白框，选中上方[UY_3]，会出现“nsol(5,U,Y)”，然后将新变量编辑为如图 6-6 所示公式。图 6-6 中拾取了编号为 5 的结点的 y 方向位移进行观察，因此 nsol 后面的括号中是 5。最后绘制新变量随频率的变化，即可得到伯德图。

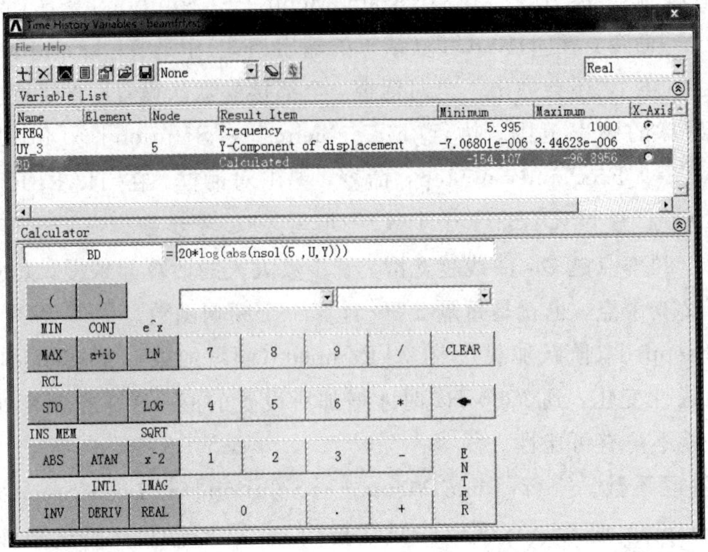

图 6-6　利用 ANSYS 画伯德图

6.11　瞬态响应分析及其 ANSYS 算例

谐响应分析只能研究激励为简谐激励时，稳态响应的幅值和相位。如果要求解简谐激励的暂态响应，或者任意激励下结构的响应时间历程曲线，就需要进行瞬态响应分析。

瞬态响应分析是直接求解如下的常微分方程：

$$\boldsymbol{M}\ddot{\boldsymbol{x}} + \boldsymbol{C}\dot{\boldsymbol{x}} + \boldsymbol{K}\boldsymbol{x} = \boldsymbol{f} \tag{6-88}$$

其中，激励 $\boldsymbol{f}$ 可以是时间的任意函数。对于单自由度系统的瞬态响应，可以用杜哈梅(Duhamel)积分来求解，该方法在电路、信号与系统中称为卷积积分，求解后可以得到响应曲线的具体表达式。对于维数较低的多自由度系统，可以转换到模态坐标下，用杜哈梅积分求解每阶模态的响应，之后再进行叠加。而对于维数较高的多自由度系统通常采用数值积分的方法求解。

利用 ANSYS 进行瞬态响应分析有三种方法：一是默认的完整法，使用式(6-79)直接计算；二是模态叠加法，将系统转换到模态坐标下进行数值求解，并转换回物理坐标，由于可以选择只使用前几阶模态(模态截断)，因此计算速度更快，但需要先进行模态分析；第三种是缩减法，需要将自由度分为主自由度和从自由度。本书只介绍完整法。瞬态响应中，完整法比起模态叠加法和缩减法有一个很大优势，它可以考虑多种非线性因素。模态叠加法由于是基于线性模态的概念，无法考虑非线性因素。而缩减法能考虑的非线性因素种类很有限。

常微分方程的求解方法有欧拉法、龙格-库塔(Runge-Kutta)法等，而对于多自由度振动的微分方程，有很多专用的方法，如纽马克(Newmark)法、威尔逊(Wilson)法等。

ANSYS 的完整法默认采用纽马克法。使用纽马克法时，大部分参数采用默认值即可，但积分时间步长则是根据需要进行设置。时间步长越小，画出的曲线越光滑、越准确，但计算时间也越长。

通常积分步长根据对响应有显著贡献的最高阶模态的频率 f 来确定，如果步长太大，就无法捕捉到高阶频率。由采样定理可知，采样频率太低(采样步长太大)，将会无法捕捉到高阶频率。采样定理中，信号是准确的，我们只需要采集即可，而求解微分方程时，信号需要我们自己积分生成，步长太短的话会有明显的积分误差，因此这里对步长的要求远高于采样定理中。通常要求最高模态每个周期中至少有 20 个时间点(是采样定理要求的 10 倍)，即

$$\Delta t \leqslant \frac{1}{20f} \tag{6-89}$$

式中 f 是最高阶模态的频率。显然这种方法依赖于经验。实际应用中，建议先选取一个最高阶模态并设置步长，然后逐渐减小步长，如果求解出的曲线没有明显变化，就认为步长已满足要求。

算例 6-3　一平面简支梁，圆截面半径为 0.01 m，长度为 1 m，弹性模量为 210 GPa，泊松比为 0.3，密度为 7900 kg/m^3。$t=0$ 时刻各点初始位移、速度均为 0。在梁的中点受一个向下(y 轴负方向)的力，力随时间的变化如图 6-7 所示。求该点 y 方向 1 s 内的位移响应曲线。

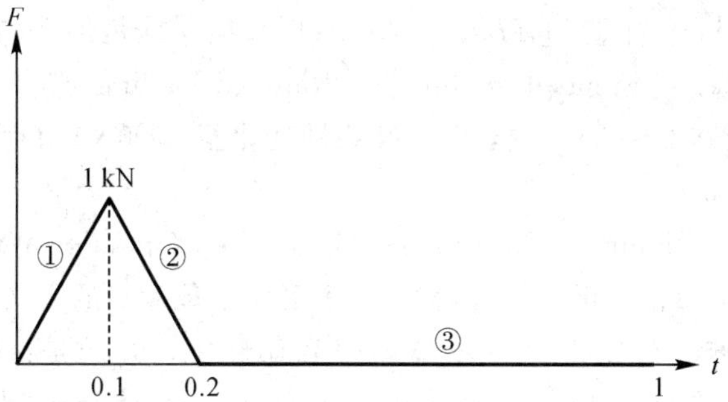

图 6-7　瞬态响应算例的载荷

下面列出求解的简要流程：

(1) 定义工作名称，选择问题类型。

(2) 选择 BEAM188 单元。

(3) 设置材料属性，填入弹性模量、密度和泊松比。

(4) 设置截面，选择圆截面，输入半径 0.01。因为是圆截面，所以无须设置方位。

(5) 建立几何模型。由于梁的中点受一个集中力，为了方便加载，创建两条线。这样加载点就是一个关键点。生成三个关键点：1(0, 0, 0)，2(0.5, 0, 0)，3(0.5, 0, 0)。连接 1、2 点，2、3 点，生成两条直线。

(6) 将每条直线划分为 20 个 BEAM188 单元，并将单元实体显示。

(7) 合并对象，压缩编号。

(8) 选择分析类型。执行[Main Menu]→[Solution]→[Analysis Type]→[New Analysis]命令，在弹出的对话框中选取[Transient]。随后会弹出一个对话框，无须改动，点击[OK]。

(9) 施加约束。由于是平面结构，因此首先约束所有结点 z 方向的平动(UZ)，绕 x 轴、y 轴的转动(ROTX，ROTY)。之后再约束左端结点 x、y 方向的平动(UX，UY)，右端结点 y 方向的平动(UY)。由于载荷在 xy 平面内，因此除了必须对两个端点约束面外自由度以外，其他点也可以不设置面外约束，因为不会出现平面外的响应。

(10) 施加载荷。这一步略显烦琐。如图 6-7 所示，在 1 s 内，载荷分为 3 段，因此需要分 3 个载荷步来施加。

① 第一个载荷步。首先执行[Main Menu]→[Solution]→[Define Loads]→[Apply]→[Structural]→[Force/Moments]→[On Keypoints]命令，选择梁的中点，施加一个 1000N、沿 y 轴负方向的力。之后执行[Main Menu]→[Solution]→[Analysis Type]→[Sol'n Controls]命令，会弹出一个[Solution Controls]对话框，对话框有[Basic]、[Transient]等多个标签。

首先填写[Basic]标签。[Time at end of loadstep]填 0.1，表示第一个载荷步的时间终点。下方的选项舍弃[Number of substeps]，选择[Time increment]，表示指定时间步长，而非指定这个载荷步的步长总数。随后在[Time step size]中填入步长，可以根据电脑性能设置步长。这里由于只是算例而非工程实际，填入 0.001。对话框右侧还有一个[Frequency]选项，表示记录结果(采样)频率，选择[Write every substep]。这里的“substep”指的是第一个载荷步 0.1 s 内又根据步长 0.001 分成了 100 个子步，由于要画出响应曲线，因此必须记录每一个子步的数据，数据越多，画出的曲线越光滑。

然后填写[Transient]标签。[Transient effect]选项默认是勾选的，表示考虑暂态效应(一定要保证其被勾选)。[Stepped loading]和[Ramped loading]选择[Ramped loading](斜坡载荷)。这样，载荷在 0～0.1 s 内，由 0 N 线性变化至 1000N。在[Damping coeffecients]中填入比例阻尼系数 α 和 β。

最后，执行[Main Menu]→[Solution]→[Load Step Opts]→[Write LS File]命令，输入 1(第一个载荷步)，点击[OK]，这样就完成了第一个载荷步的定义。

② 第二个载荷步。首先将上一步施加的载荷删除，方法是：执行[Main Menu]→[Solution]→[Define Loads]→[Delete]→[Structural]→[Force/Moments]→[On Keypoints]命令。将载荷删除后，重新在梁的中点施加一个 0N、沿 y 轴负方向的力。之后的操作与第一个载荷步相同，打开[Solution Controls]对话框，将[Basic]标签中[Time at end of loadstep]改为 0.2，其他选项与第一个载荷步相同。最后执行[Main Menu]→[Solution]→[Load Step Opts]→[Write LS File]命令，输入 2，点击[OK]，完成第二个载荷步的定义。

③ 第三个载荷步。由于第三个载荷步中，载荷保持为 0，因此无须重新施加载荷。打开[Solution Controls]对话框，将[Basic]标签中[Time at end of loadstep]改为 1，其他选项与上一个载荷步相同。最后执行[Main Menu]→[Solution]→[Load Step Opts]→[Write LS File]命令，输入 3，点击[OK]，完成第 3 个载荷步的定义。

(11) 计算。执行[Main Menu]→[Solution]→[Solve]→[From LS Files]命令，在弹出的对话框中，[LSMIN]填 1，[LSMAX]填 3，点击[OK]。

(12) 查看位移时间曲线。执行[Main Menu]→[TimeHist Postpro]命令，弹出类似图 6-6 的对话框，点击[Add Data](绿色加号)添加变量，输出选项选择 y 方向位移，点击[OK]，拾取梁的中点，点击[OK]。然后点击[Graph Data]绘制时间历程曲线。

习题

6.1　举出工程中结构动力学问题的实例。

6.2　如图 6－8 所示的 T 字型平面桁架结构，横杆和竖杆的长度均为 1 m。弹性模量 $E=200$ GPa，横截面积 $A=0.01\ \text{m}^2$，密度 $\rho=7800\ \text{kg/m}^3$。用 MATLAB 编程求结构的前 6 阶固有频率，并绘制振型示意图。

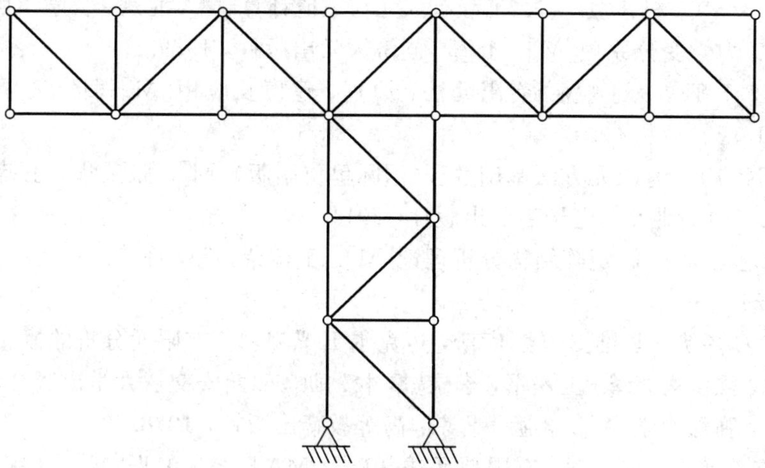

图 6－8　T 字型平面桁架

6.3　四边固支的矩形薄板(SHELL181)，长 2 m，宽 1 m，板厚 0.01 m，弹性模量 210 GPa，泊松比 0.3，密度 8000 kg/m³。用 ANSYS 的 AHELL181 单元建模，求前 6 阶模态振型及固有频率。

6.4　6.3 题的矩形薄板，A、B 两点的位置如图 6－9 所示。利用 ANSYS 求 A、B 两点的原点幅频特性，以及 A、B 两点的跨点幅频特性。

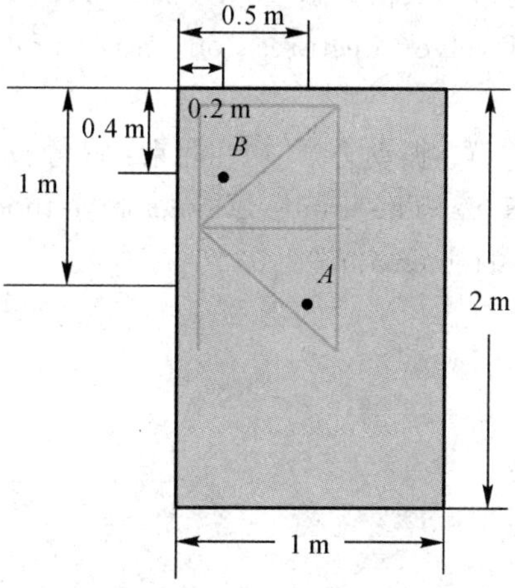

图 6－9　矩形薄板需要求频响函数的点

6.5　对于 6.11 节中的算例，改变积分步长，比较计算结果的差异。

参考文献

[1] 段宝岩. 天线结构分析、优化与测量[M]. 西安：西安电子科技大学出版社，1998.

[2] 曾攀. 有限元基础教程[M]. 北京：高等教育出版社，2009.

[3] 陈雪峰，李兵，杨志勃，等. 工程有限元与数值计算[M]. 北京：科学出版社，2017.

[4] 陈位宫. 力学变分原理[M]. 上海：同济大学出版社，1989.

[5] 杜平安，于亚婷，刘建涛. 有限元法：原理、建模及应用[M]. 北京：国防工业出版社，2015.

[6] LOGAN D L. 有限元方法基础教程(国际单位制版)[M]. 张荣华，王蓝婧，李继荣，等，译. 5 版. 北京：电子工业出版社，2014.

[7] 普齐米尼斯基 J S. 矩阵结构分析理论[M]. 王德荣，等，译校. 北京：国防工业出版社，1974.

[8] 罗伯特 D 库克，戴维 S 马尔库斯，迈克尔 E 普利沙. 有限元分析的概念与应用[M]. 关正西，强洪夫，译. 王铁军，李录贤，校. 西安：西安交通大学出版社，2007.

[9] 徐芝纶，弹性力学[M]. 3 版. 北京：高等教育出版社，1978.

[10] 曾森，王焕定，陈再现. 有限单元法基础及 MATLAB 编程[M]. 3 版. 北京：高等教育出版社，2016.

[11] 曾攀. 有限元分析及应用[M]. 北京：清华大学出版社，2004.

[12] MADENCI E，GUVEN I. The Finite Element Method and Applications in Engineering Using ANSYS[M]. 2nd ed. Berlin：Springer，2015.

[13] 龙驭球，包世华，匡文起，等. 结构力学 II：专题教程[M]. 3 版. 北京：高等教育出版社，2012.

[14] 王新敏. ANSYS 工程结构数值分析[M]. 北京：人民交通出版社，2007.

[15] PREUMONT A. Twelve Lectures on Structural Dynamics [M]. Berlin：Springer，2013.

[16] 刘延柱，陈文良，陈立群. 振动力学[M]. 北京：高等教育出版社，1998.

[17] LIU G R，QUEK S S. The Finite Element Method：a Practical Course [M]. Oxford：Butterworth-Heinemann，2003.